普通高等教育电气电子类工程应用型系列教材

电子电路分析与应用

主　编　徐美清
副主编　陈　斗　刘贤群
参　编　瞿　敏　章若冰　张灵芝　李　玲
主　审　曾树华

机 械 工 业 出 版 社

本书的编写以任务为导向。内容包括简易广告彩灯的制作、调光台灯的制作、声光停电报警器的制作、简易集成功放的制作、三人表决器的制作、数显逻辑笔的制作、十进制计数器的制作、三角波发生器的制作，共8个任务。各任务中均介绍了真实电子产品的制作过程，所配电路原理图完整清晰，可读性、操作性强。

本书可以作为应用型本科、高职院校电气自动化专业、机电一体化专业、应用电子专业及其他电类专业课程教材使用。同时，由于本书所选产品紧扣湖南省电气自动化专业技能抽查标准的“电子电路安装与调试”模块，所以也可以作为技能抽查强化训练配套教材。另外，由于本书是以真实产品制作为任务，所以还可以作为电子制作和科技创新爱好者的实例参考书。

图书在版编目（CIP）数据

电子电路分析与应用/徐美清主编．—北京：机械工业出版社，2020.4（2024.1重印）
普通高等教育电气电子类工程应用型系列教材
ISBN 978-7-111-64990-8

Ⅰ.①电…　Ⅱ.①徐…　Ⅲ.①电子电路—电路分析—高等学校—教材
Ⅳ.①TN702

中国版本图书馆CIP数据核字（2020）第038501号

机械工业出版社（北京市百万庄大街22号　邮政编码100037）
策划编辑：王玉鑫　责任编辑：王玉鑫　张　丽　刘丽敏
责任校对：潘　蕊　封面设计：张　静
责任印制：邓　博
北京盛通数码印刷有限公司印刷
2024年1月第1版第2次印刷
184mm×260mm · 14印张 · 343千字
标准书号：ISBN 978-7-111-64990-8
定价：36.00元

电话服务	网络服务
客服电话：010-88361066	机　工　官　网：www.cmpbook.com
010-88379833	机　工　官　博：weibo.com/cmp1952
010-68326294	金　书　网：www.golden-book.com
封底无防伪标均为盗版	机工教育服务网：www.cmpedu.com

前　言

21 世纪是电子信息技术高速发展的时代，从事电子电气类工作的各类人员都必须熟悉和掌握电子技术的基础知识和基本技能。考虑到应用型本科、高等职业教育的培养目标是培养技术应用专门人才，本书的编写在保证基础理论和基本知识够用的前提下，更注重满足技能和工作过程适应能力、职业素质和创新能力等的培养要求，从而适应高等教育发展的新需要。本书具有以下特点：

1. 全书深入浅出，平实易懂，没有生涩的理论，没有读不懂的操作过程，也没有繁杂的计算，而是遵循职业性、开放性、实用性的原则，将体系庞大的电子电路巧妙地分解到 8 个任务中，使读者在元器件识别、电路设计、电路仿真、焊接制作、功能调试的学习过程中潜移默化地消化和吸收知识。

2. 打破传统教材按照知识点来安排章节结构的形式，以真实电子产品制作为任务，按照产品实际生产流程来组织安排章节内容，将理论知识学习融入实践技能训练中，使学习过程行动化、实用化、趣味化，力争使读者读起来有兴趣，学起来有意思，做出来有成就感。

3. 采用分立元器件和万能板来完成真实电子产品的制作，实施成本低，宜在课堂操作运用。结合 3D 打印技术，制作出来的产品可直接应用于生活实际。

4. 每个任务后面配有考核评价、学习自测，帮助读者复习所学内容，了解自己对知识技能掌握的情况。

为方便读者对照阅读和理解，本书仿真电路中的图形符号均保留书中所用仿真软件 Proteus 中的图形形式。

本书由徐美清、陈斗、刘贤群、张灵芝、李玲、瞿敏、章若冰编写。徐美清负责编写任务 1、任务 2、任务 5、任务 6、任务 7 并统稿，章若冰负责编写任务 3，张灵芝、李玲、瞿敏负责编写任务 4，陈斗、刘贤群负责编写任务 8。曾树华任主审。

编　者

目　录

前言
任务1　简易广告彩灯的制作 …… 1
1.1　任务简介 …… 1
1.2　点滴积累 …… 1
1.2.1　半导体基础知识 …… 1
1.2.2　半导体二极管 …… 5
1.2.3　半导体晶体管 …… 7
1.2.4　广告彩灯电路构成及工作原理 …… 10
1.3　仿真分析 …… 11
1.3.1　二极管特性仿真分析 …… 11
1.3.2　晶体管特性仿真分析 …… 11
1.4　实做体验 …… 12
1.4.1　材料及设备准备 …… 12
1.4.2　元器件筛选 …… 13
1.4.3　布局图设计 …… 18
1.4.4　焊接制作 …… 19
1.4.5　功能调试 …… 19
1.5　应用拓展 …… 20
1.5.1　电路组成与工作原理 …… 20
1.5.2　材料及设备准备 …… 21
【考核评价】 …… 22
【学习自测】 …… 23
任务2　调光台灯的制作 …… 25
2.1　任务简介 …… 25
2.2　点滴积累 …… 25
2.2.1　整流电路 …… 25
2.2.2　滤波电路 …… 27
2.2.3　稳压电路 …… 28
2.2.4　可控整流电路 …… 31
2.2.5　晶闸管触发电路 …… 33
2.2.6　调光台灯电路构成及原理分析 …… 35
2.3　仿真分析 …… 36
2.4　实做体验 …… 36
2.4.1　材料及设备准备 …… 36
2.4.2　元器件筛选 …… 37
2.4.3　布局图设计 …… 39
2.4.4　焊接制作 …… 40
2.4.5　功能调试 …… 40
2.5　应用拓展 …… 42
2.5.1　电路组成与工作原理 …… 42
2.5.2　材料及设备准备 …… 42
【考核评价】 …… 44
【学习自测】 …… 45
任务3　声光停电报警器的制作 …… 48
3.1　任务简介 …… 48
3.2　点滴积累 …… 48
3.2.1　放大电路基础知识 …… 48
3.2.2　分压式偏置放大电路 …… 55
3.2.3　共集电极放大电路 …… 56
3.2.4　声光停电报警器电路构成及工作原理 …… 58
3.3　仿真分析 …… 59
3.4　实做体验 …… 59
3.4.1　材料及设备准备 …… 59
3.4.2　元器件筛选 …… 60
3.4.3　布局图设计 …… 62
3.4.4　焊接制作 …… 63
3.4.5　功能调试 …… 63
3.5　应用拓展 …… 64
3.5.1　电路组成与工作原理 …… 64
3.5.2　材料及设备准备 …… 65
【考核评价】 …… 66
【学习自测】 …… 67

任务4　简易集成功放的制作 ………… 70
4.1　任务简介 ………… 70
4.2　点滴积累 ………… 70
4.2.1　多级放大电路 ………… 70
4.2.2　功率放大电路 ………… 72
4.2.3　反馈放大电路 ………… 76
4.2.4　运算放大电路 ………… 81
4.2.5　简易集成功放电路构成及工作原理 ………… 87
4.3　仿真分析 ………… 88
4.4　实做体验 ………… 89
4.4.1　材料及设备准备 ………… 89
4.4.2　元器件筛选 ………… 90
4.4.3　布局图设计 ………… 92
4.4.4　焊接制作 ………… 93
4.4.5　功能调试 ………… 94
4.5　应用拓展 ………… 95
4.5.1　电路组成与工作原理 ………… 95
4.5.2　材料及设备准备 ………… 96
【考核评价】 ………… 97
【学习自测】 ………… 98
任务5　三人表决器的制作 ………… 101
5.1　任务简介 ………… 101
5.2　点滴积累 ………… 101
5.2.1　数制与编码 ………… 101
5.2.2　逻辑函数及其化简 ………… 104
5.2.3　逻辑门电路 ………… 110
5.2.4　组合逻辑电路的分析与设计 ………… 113
5.2.5　三人表决器电路构成及工作原理 ………… 115
5.3　仿真分析 ………… 116
5.4　实做体验 ………… 117
5.4.1　材料及设备准备 ………… 117
5.4.2　元器件筛选 ………… 117
5.4.3　布局图设计 ………… 120
5.4.4　焊接制作 ………… 120
5.4.5　功能调试 ………… 121
5.5　应用拓展 ………… 122
5.5.1　电路组成与工作原理 ………… 122
5.5.2　材料及设备准备 ………… 123
【考核评价】 ………… 124
【学习自测】 ………… 125
任务6　数显逻辑笔的制作 ………… 128
6.1　任务简介 ………… 128
6.2　点滴积累 ………… 128
6.2.1　编码器 ………… 128
6.2.2　译码器 ………… 130
6.2.3　数据选择器 ………… 135
6.2.4　加法器 ………… 138
6.2.5　数显逻辑笔电路构成及工作原理 ………… 139
6.3　仿真分析 ………… 140
6.4　实做体验 ………… 141
6.4.1　材料及设备准备 ………… 141
6.4.2　元器件筛选 ………… 142
6.4.3　布局图设计 ………… 144
6.4.4　焊接制作 ………… 145
6.4.5　功能调试 ………… 145
6.5　应用拓展 ………… 147
6.5.1　电路组成与工作原理 ………… 147
6.5.2　材料及设备准备 ………… 148
【考核评价】 ………… 149
【学习自测】 ………… 150
任务7　十进制计数器的制作 ………… 153
7.1　任务简介 ………… 153
7.2　点滴积累 ………… 153
7.2.1　触发器 ………… 153
7.2.2　时序逻辑电路 ………… 158
7.2.3　寄存器 ………… 161
7.2.4　计数器 ………… 163
7.2.5　十进制计数器电路构成及工作原理 ………… 169
7.3　仿真分析 ………… 170
7.4　实做体验 ………… 170
7.4.1　材料及设备准备 ………… 170
7.4.2　元器件筛选 ………… 171
7.4.3　布局图设计 ………… 172
7.4.4　焊接制作 ………… 172

7.4.5 功能调试 …… 173

7.5 应用拓展 …… 174

7.5.1 电路组成与工作原理 …… 174

7.5.2 材料及设备准备 …… 175

【考核评价】 …… 176

【学习自测】 …… 177

任务 8 三角波发生器的制作 …… 180

8.1 任务简介 …… 180

8.2 点滴积累 …… 180

8.2.1 *RC* 电路 …… 180

8.2.2 施密特触发器 …… 182

8.2.3 单稳态触发器 …… 184

8.2.4 多谐振荡器 …… 186

8.2.5 555 定时器及其应用 …… 188

8.2.6 三角波发生器电路构成及工作原理 …… 191

8.3 仿真分析 …… 192

8.4 实做体验 …… 193

8.4.1 材料及设备准备 …… 193

8.4.2 元器件筛选 …… 194

8.4.3 布局图设计 …… 194

8.4.4 焊接制作 …… 195

8.4.5 功能调试 …… 195

8.5 应用拓展 …… 197

8.5.1 电路组成与工作原理 …… 197

8.5.2 材料及设备准备 …… 197

【考核评价】 …… 199

【学习自测】 …… 199

参考答案 …… 203

参考文献 …… 216

任务1　简易广告彩灯的制作

1.1　任务简介

随着人们的生活环境不断改善和美化，在许多场合都可以看到广告彩灯，如图1-1所示。LED广告彩灯由于其色彩丰富、造价低廉以及控制简单等特点而得到了广泛的应用，用彩灯来装饰店面、街道及建筑物已经成为一种时尚。广告彩灯经历了单色、双色、全彩色的发展过程，目前市面上有各种样式新颖、功能齐全的广告彩灯，其体积小、功耗低、电路简单、可靠性高、成本低廉，具有极好的市场前景。接下来学习广告彩灯涉及的电子电路知识，并完成简易广告彩灯的制作。

图1-1　广告彩灯

1.2　点滴积累

1.2.1　半导体基础知识

1. 半导体的特点

自然界的物质就其导电性能可分为导体、绝缘体和半导体。半导体的导电能力介于导体和绝缘体之间，其电阻率约为导体的1000亿倍。在自然界中属于半导体的物质很多，用来制造半导体器件的材料主要是硅（Si）、锗（Ge）和砷化镓（GaAs）等，其中硅应用最广。半导体作为制造电子元器件的主要材料，主要原因并不在于它的电阻率大小，而在于它自身的三个主要特性：

（1）杂敏性　在纯净的半导体中掺入极其微量的杂质元素，可使它的导电性能大大提高。如在纯净的硅单晶中只要掺入百万分之一的杂质硼，则它的电阻率就会从 214000Ω·cm 下降到 0.4Ω·cm（变化 50 多万倍），这是提高半导体导电性能的最有效的方法。

（2）热敏性　半导体的电阻率随温度升高而明显下降，呈负温度系统的特性，例如：温度每升高 8℃，纯净硅的电阻率就会降低一半左右（而金属每升高 10℃，电阻率只改变 4%左右），利用半导体的这种特性，可以制造用于自动控制的热敏电阻及其他热敏元件。

（3）光敏性　当半导体材料受到光照时，其导电能力会随光照强度变化。利用半导体的这种对光敏感的特性，可制造成光敏元件，如光敏电阻、光电二极管、光电晶体管等。

2. 本征半导体

纯净的硅和锗都是四价元素，在最外层原子轨道上具有四个电子，称为价电子，半导体的导电性能与价电子有关，可以将硅和锗的原子结构用图 1-2 的简化模型表示（由于整个原子呈现电中性，因此原子核及内层电子用带圆圈的+4 符号表示，称作惯性核）。

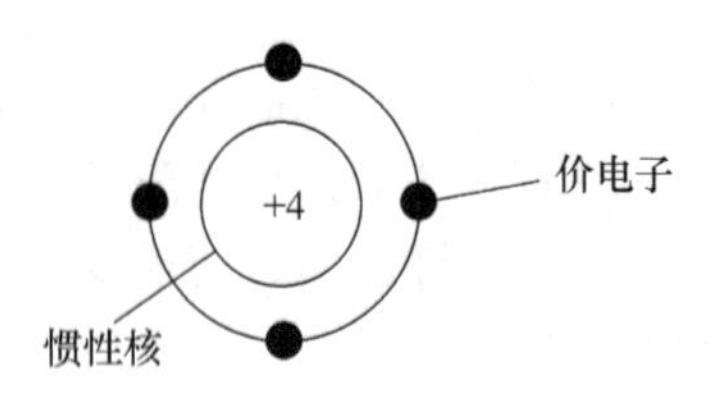

图 1-2　硅和锗的结构简化模型

本征半导体是一种完全纯净的、结构完整的半导体晶体，原子在空间形成排列整齐的晶格，相邻的两个原子间的距离很小，这样，两相邻原子之间会有一对共用电子，形成共价键结构，如图 1-3 所示。由于价电子不易挣脱原子核束缚而成为自由电子，因此本征半导体的导电能力较差。

图 1-3 所示结构是在热力学温度 $T=0\text{K}$ 和没有外界激发时的情况。实际上，半导体受共价键束缚的价电子不似绝缘体中束缚那样紧，在温度升高时，某些价电子在随机热振动中获得足够的能量或从外界获得一定的能量挣脱共价键束缚而成为自由电子，这时在共价键中就会留下一个空位，这个空位称为空穴。将半导体在热激发下产生电子—空穴对的这种现象称为本征激发，如图 1-4 所示。

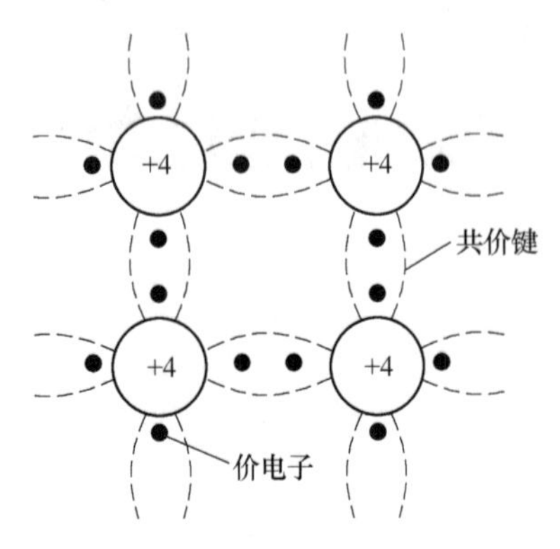

图 1-3　本征半导体硅的共价键结构

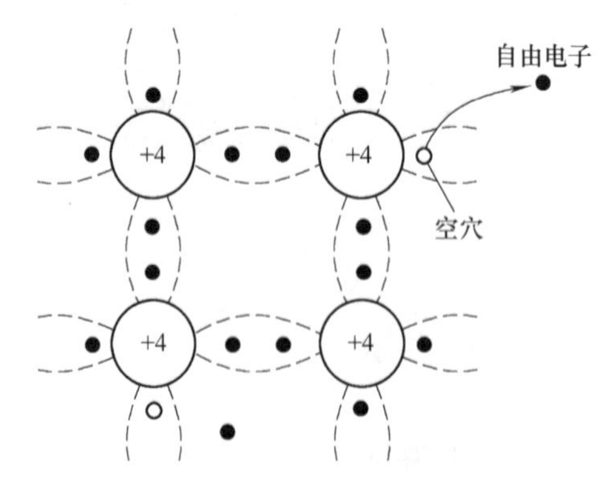

图 1-4　本征激发时的自由电子和空穴

当温度升高或光照增强时，半导体内更多的价电子能获得能量挣脱共价键的束缚而成为自由电子并产生相同数目的空穴，从而使半导体的导电性能增强，这就是半导体具有光敏性和热敏性的原因。如果在本征半导体两端外加电场，这时自由电子向电场正极定向移动，而空穴向负极定向移动而形成电流，可见自由电子和空穴都参与导电。而运载电荷的粒子称为载流子，即本征半导体中有两种载流子（即自由电子和空穴）均参与导电，而导体只有一种载流子（即自由电子）参与导电，这是半导体与导体的主要不同之处。

3. 杂质半导体

本征半导体中，两种载流子的浓度很低，因而导电性能差，可向晶体中有控制地掺进特定的杂质来改变它的导电性，这种半导体被称为杂质半导体。根据掺入杂质的性质不同，杂质半导体可分为空穴型（或P型）半导体和电子型（或N型）半导体。

（1）P型半导体　P型半导体是在本征半导体硅（或锗）中掺入微量的三价元素（如硼、铟等）形成的。当三价元素如硼等元素掺进纯净的硅晶体中，硼原子外层的三个价电子在与周围的硅原子形成共价键时，势必多出一个空位，这时与之相邻的共价键上的电子由于热振动或其他激发而获得能量时，就会填补这个空位，使硼原子成为不能移动的负离子。原来硅原子的共价键中因缺少一个电子形成了空穴，整个半导体仍呈电中性，如图1-5所示。

在产生空穴的过程中，并不产生新的自由电子，只有晶体本身由于本征激发产生的少量的空穴—电子对，从而使得半导体中空穴的数量远多于自由电子的数量，故称空穴为多数载流子（简称多子），自由电子为少数载流子（简称少子），而杂质原子接受了一个电子，故称受主杂质。这种半导体中参与导电的主要是空穴，称为空穴型半导体或P型半导体。控制掺入杂质的多少，便可控制空穴数量，从而控制P型半导体的导电性。

（2）N型半导体　N型半导体是在本征半导体硅（或锗）中掺入微量的五价元素（如磷、砷、锑）形成的。当五价元素如磷等元素掺入纯净的硅晶体时，磷原子最外层的五个价电子在与周围硅原子形成共价键时，会多出一个电子。这个多余的电子易受热激发而成为自由电子，当它移开后，杂质原子由于结构的关系，又缺少一个电子，变为不能移动的正离子，整个半导体仍呈电中性，如图1-6所示。如P型半导体一样，在产生自由电子的过程中，并不产生新的空穴，内部只有由于本征激发而产生的空穴—电子对，使得自由电子的数量远远多于空穴的数量，称自由电子为多子，空穴为少子，而杂质原子由于施舍一个电子，故称为施主杂质。这种半导体中参与导电的主要是电子，称电子型半导体或N型半导体。

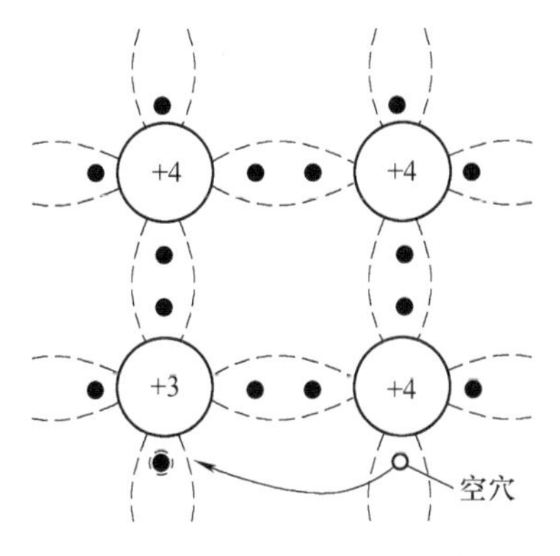

图1-5　P型半导体的共价键结构

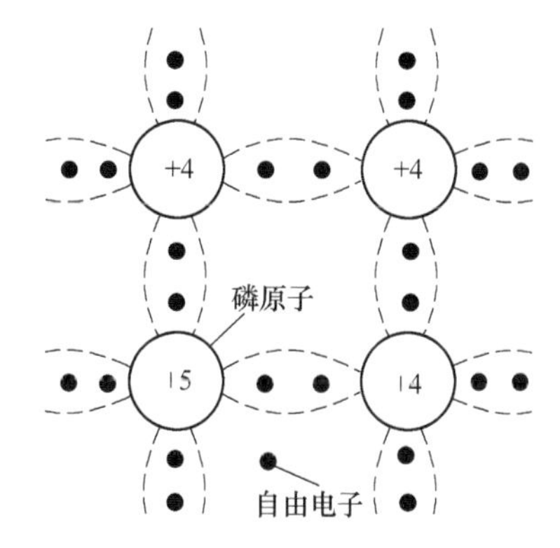

图1-6　N型半导体的共价键结构

从以上分析可知，本征半导体掺入的每个受主杂质都能产生一个空穴，或者掺入的每个施主杂质都能产生一个自由电子。尽管掺杂含量甚微，但使得载流子的数目大大地增加，从而提高了半导体的导电能力。因此，半导体掺杂是提高半导体导电性能的最有效的方法。利用半导体的这种掺杂性，通过掺入不同种类和数量的杂质，形成不同的掺杂半导体，可以制造出二极管、晶体管、场效应晶体管、晶闸管和集成电路等半导体器件。

4. PN 结的形成及单向导电性

（1）PN 结的形成　当 P 型半导体和 N 型半导体接触以后，在它们的交界处就出现了电子和空穴的浓度差别。这样，电子和空穴都要从浓度高的地方向浓度低的地方扩散，如图 1-7 所示。它们扩散的结果使 P 区和 N 区产生了正负离子层，P 区失去空穴产生负离子，N 区失去电子产生正离子。由于物质结构的关系，这些正、负离子不能任意移动，通常称它们为空间电荷。它们在交界处形成一个内电场，由 N 区指向 P 区，这就是所谓的 PN 结，如图 1-8 所示。

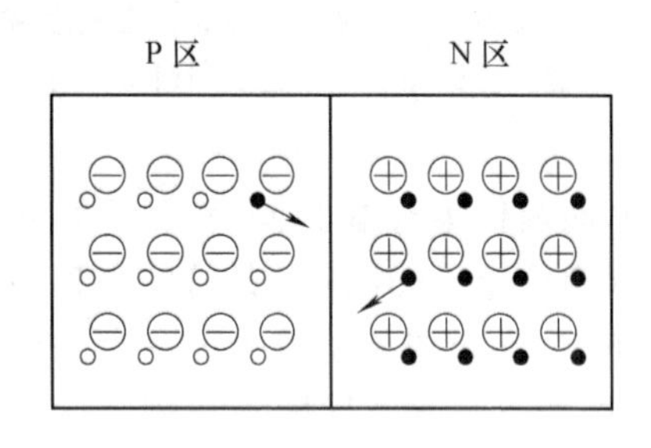

图 1-7　载流子的扩散

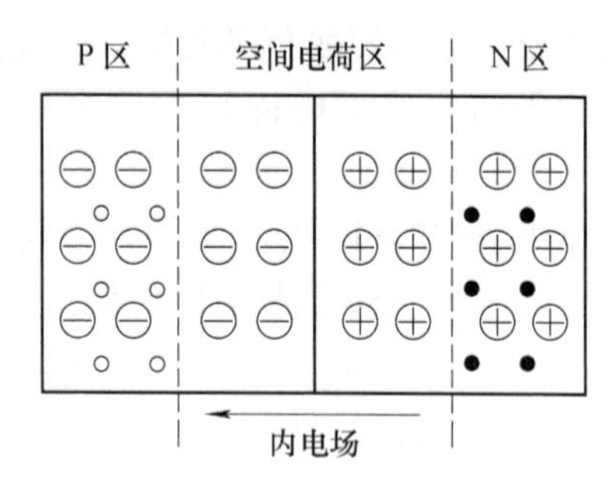

图 1-8　PN 结的形成

（2）PN 结的特性

1）PN 结的正向导通特性。如图 1-9 所示，当 PN 结加上外加电源 U_{CC}，电源的正极接在 PN 结的 P 区，电源的负极接在 PN 结的 N 区，称 PN 结加正向电压或正向偏置。这时外加电压的方向与内电场方向相反，外加电场抵消内电场使 PN 结变窄，扩散运动加剧，而漂移运动减弱，形成正向电流，此时 PN 结呈现的正向电阻很小，称为处于正向导通状态。由于 PN 结导通时的结电压只有 0.7V 左右，因此在回路上加一个限流电阻以防止 PN 结因正向电流过大而遭损坏。

2）PN 结的反向特性。如图 1-10 所示，外加电源的正极接在 PN 结的 N 区，电源的负极接在 PN 结的 P 区，称 PN 结加反向电压或反向偏置。这时外加电压的方向与内电场方向相同，使得 PN 结变厚，呈现出一个很大的电阻阻止扩散运动的进行，几乎没有形成扩散电流，同时由于结电场的增加，使得更容易产生少子的漂移运动，从而形成反向电流 I_R，由于少子的浓度很低，因此 I_R 值很小，一般为微安级，可认为这时的 PN 结基本不导电，称为反向截止。

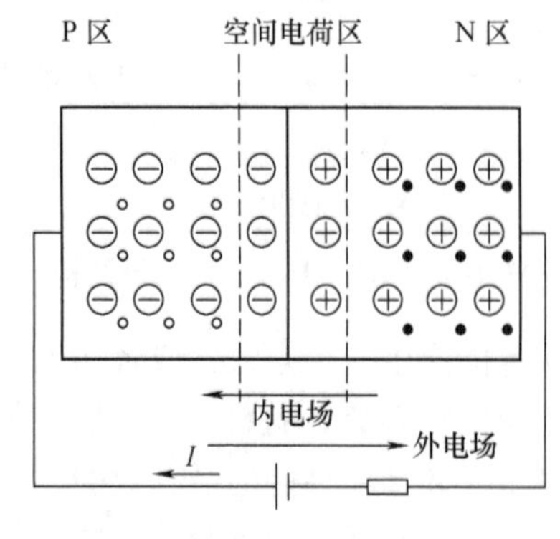

图 1-9　外加正向电压时的 PN 结

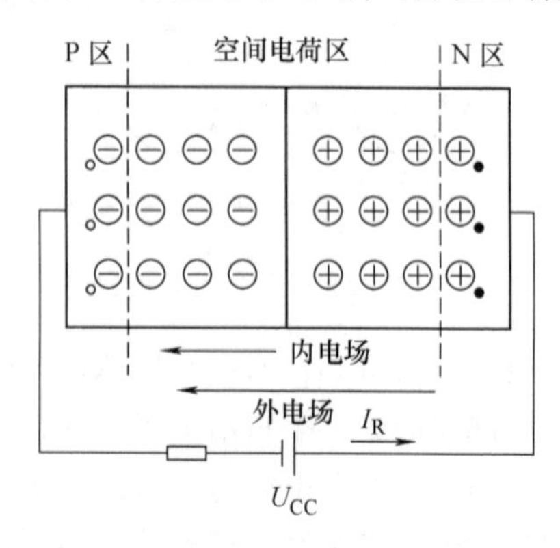

图 1-10　外加反向电压时的 PN 结

综上所述，PN 结具有单向导电性，表现：PN 结正向偏置时处于导电状态，正向电阻很小，反向偏置时处于截止状态，反向电阻很大，主要是由于耗尽区的宽度随外加电压而变化反映出这一特征。

1.2.2　半导体二极管

1. 二极管的结构与符号

将一个 PN 结用外壳封装起来，并引出两个电极，就构成了半导体二极管，简称二极管，如图 1-11 所示，其图形符号如图 1-12 所示。由 P 区引出阳极，用字母 A 表示，由 N 区引出阴极，用字母 K 表示，图形符号中的箭头方向表示正向电流的流通方向。

图 1-11　二极管结构　　图 1-12　二极管图形符号

2. 二极管的类型

二极管的种类很多，按半导体材料不同可分为硅管和锗管。按结构可分为点接触型、面接触型和平面型。

点接触型二极管由一根金属触丝（如铝）与一块半导体（如 N 型锗）进行表面接触，然后在正方向通过很大的瞬时电流，使触丝与半导体熔合在一起，这时三价触丝与 N 型锗的熔合体构成 PN 结，如图 1-13a 所示。由于点接触型二极管金属丝很细，形成的 PN 结面积小，所以极间电容很小，不能承受大电流和高反向电压，一般用于高频检波和小电流整流。

面接触型二极管是采用合金法或扩散法制成的，如图 1-13b 所示。由于这种二极管的 PN 结面积大，可承受较大的电流，但极间电容也大，一般用于低频整流，而不应用于高频电路中。

平面型二极管是采用扩散工艺制成的，集成电路的二极管常见这种形式，如图 1-13c 所示。当用于高频电路时，要求其 PN 结面积小；当用于大电流电路时，则要求其 PN 结面积大。

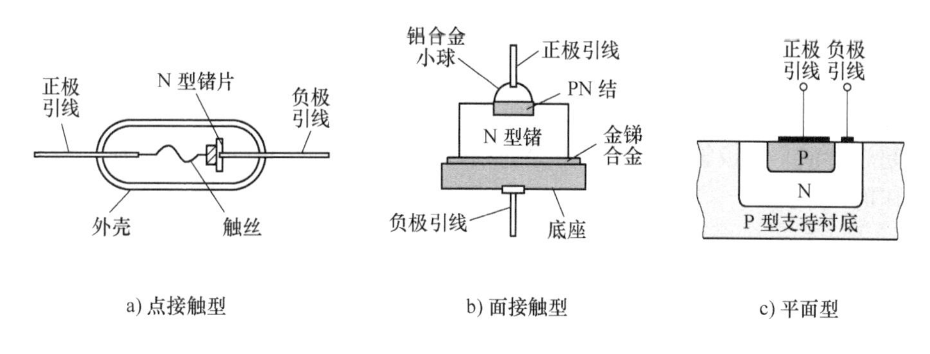

a) 点接触型　　b) 面接触型　　c) 平面型

图 1-13　二极管的几种常见结构

3. 二极管的伏安特性

由于二极管的核心是 PN 结，因此二极管的特性与 PN 结相似，呈现单向导电性。加在二极管两端的电压 u_D 与流过二极管的电流 i_D 的关系曲线称为伏安特性曲线，如图 1-14 所示。

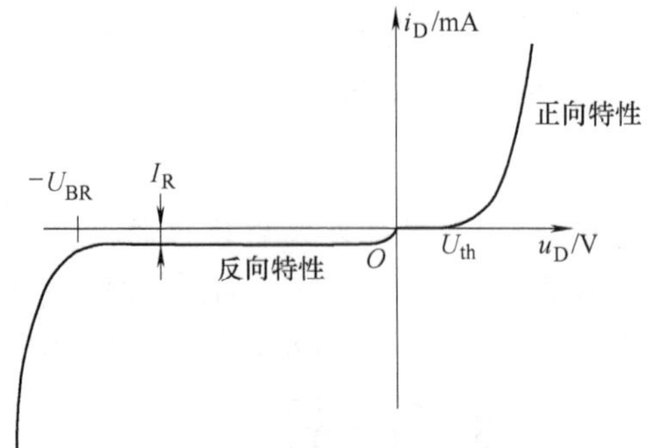

图 1-14 二极管的伏安特性曲线

（1）正向特性 当二极管外加正向电压小于 U_{th} 时，由于正向电压较小，外电场还不足以克服 PN 结的内电场，这时的正向电流几乎为零，二极管呈现出一个大电阻，好像一个门槛，因此将 U_{th} 称为门槛电压或死区电压。在室温下硅管的死区电压约为 0.5V，锗管的死区电压约为 0.1V。当正向电压大于 U_{th} 时，外电场抵消了内电场，二极管的电流随外加电压增加而显著增大，二极管的正向电阻变得很小，伏安特性曲线几乎陡直上升，正向压降基本维持不变，将这个压降称为正向导通电压降。硅管的正向导通电压降为 0.6~0.8V，锗管的正向压降为 0.1~0.3V。

（2）反向特性 当二极管外加反向电压时，加强了 PN 结的内电场，使二极管呈现很大的电阻，此时半导体中的少数载流子很容易通过 PN 结，形成反向饱和电流 I_R。由于少数载流子的数目很少，因此反向电流很小。一般硅管的 I_R 为几微安以下，锗管的 I_R 为几十至几百微安。

（3）反向击穿特性 当反向电压增大到超过某值时，反向电流急剧增加，这种现象叫作反向击穿。反向击穿现象时所对应的反向电压值称为反向击穿电压，用 U_{BR} 表示。反向击穿后，只要反向电流和反向电压的乘积不超过 PN 结允许的耗散功率，PN 结一般不会损坏，减小反向电压，二极管性能可恢复，这种击穿称为电击穿。若反向击穿电流过大，则会导致 PN 结结温过高而烧坏，这种击穿不可逆，称为热击穿。

4. 二极管的主要参数

二极管有很多功能参数用于描述其各种特性，实际应用中必须依据参数合理选用二极管。二极管主要参数：

（1）最大整流电流 I_F 其指二极管长期使用时允许通过的最大正向平均电流，它的值与 PN 结结面积和外部散热条件有关。如果电路中流过二极管的正向电流超过了此值，将导致二极管过热而损坏。

（2）最高反向工作电压 U_{RM} 其指为了保证二极管不至于反向击穿而允许外加的最大反向电压，超过此值，二极管可能反向击穿而损坏。为了保证二极管安全工作，U_{RM} 通常为反向击穿电压的一半。

（3）反向饱和电流 I_R 其指二极管未击穿时的反向电流，此值越小，表示该二极管的单向导电性越好。值得注意的是，I_R 对温度很敏感，温度升高会使反向电流急剧增大而使 PN 结结温升高，超过允许的最高结温会造成热击穿，因此使用二极管时要注意温度的影响。

（4）最高工作频率 f_M 其指保证二极管正常工作的上限频率。越过此值，由于 PN 结具有结电容，使得结电容的充放电的影响加剧而影响 PN 结的单向导电性。

1.2.3　半导体晶体管

半导体晶体管（简称为晶体管）是电子电路中最常用的半导体器件，它在电路中主要起放大和电子开关作用。

1. 晶体管的结构与符号

晶体管由三块半导体叠加而成，因杂质半导体只有P、N两种，所以晶体管的组成形式只有NPN型和PNP型两种。从三块半导体上各自引出一根线构成晶体管的三个电极，分别叫作集电极C、基极B、发射极E，对应的每块半导体称为集电区、基区和发射区，并且三块半导体的交界处会形成两个PN结，发射区和基区交界处的PN结称为发射结，集电区与基区交界处的PN结称为集电结。其结构示意图与符号如图1-15所示。

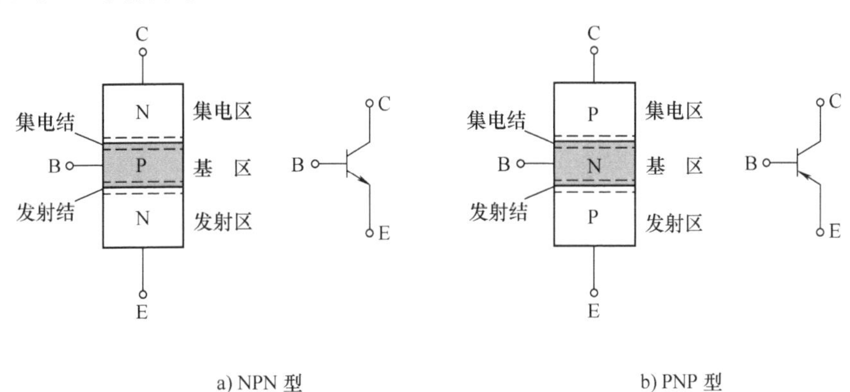

图1-15　晶体管结构示意图与图形符号

半导体晶体管的种类多种多样，按制作材料的不同，可分为锗晶体管和硅晶体管；按结构的不同，可分为点接触型和面接触型；按工作频率的不同，可分为高频管（$f_T \geqslant 3MHz$）和低频管（$f_T < 3MHz$）；按功率的不同，可分为大功率管（$P_C > 1W$）、中功率管（$0.7W \leqslant P_C \leqslant 1W$）、小功率管（$P_C < 0.7W$）；按供电电压极性的不同，可分为NPN型和PNP型。

2. 晶体管的放大条件

晶体管为了实现放大，必须由晶体管的内部结构和外部所加电源的极性两方面的条件来保证。

（1）内部条件

1）发射区高掺杂。其掺杂浓度要远大于基区掺杂浓度，能发射足够的载流子。

2）基区做得很薄且掺杂浓度低，以减小载流子在基区的复合机会。

3）集电结结面积比发射结大，便于收集发射区发射来的载流子及利于散热。

（2）外部条件　发射结正偏，集电结反偏。

3. 晶体管的电流分配和放大作用

下面以NPN型晶体管为例，讨论电流分配和放大作用。

（1）发射区向基区发射电子　由于发射结外加正向电压，使得发射结内电场减小，这时发射区的多数载流子（电子）不断通过发射结扩散到基区，形成发射极电流I_E（见图1-16），I_E的方向与电子流动方向相反，即流出晶体管。基区的空穴也会向发射区扩散，但基区杂质浓度很低，空穴形成的电流很小，一般忽略不计。

(2) 电子在基区中扩散与复合　由于基区很薄且杂质浓度低，同时集电结加的是反向电压，因此从发射区发射到基区的电子与基区内的空穴复合的机会小，只有极小部分与空穴复合，形成基极电流 I_B，且 I_B 值很小。绝大部分电子都会扩散到集电结。

(3) 集电区收集扩散的电子　由于集电结的反向电压，使集电结电场增强，从而阻碍集电区的电子和基区的空穴通过集电结，但它对扩散来到达集电结边缘的电子有很强的吸引力，可使电子全部通过集电结为集电区所收集，从而形成集电极电流 I_C，I_C 方向与电子移动方向相反，即流进晶体管。

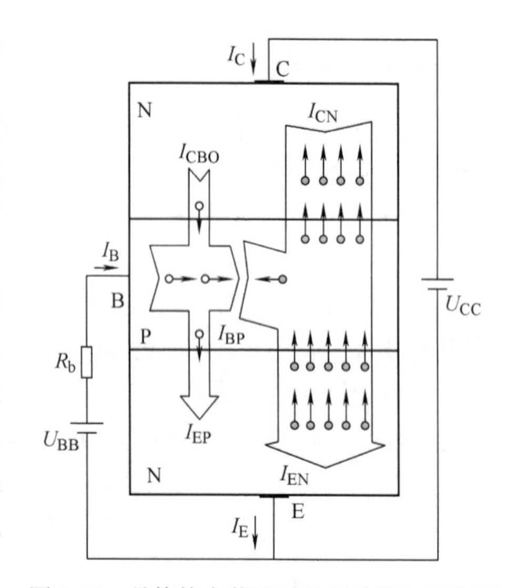

图 1-16　晶体管中载流子的运动和电流关系

另一方面，集电结加反向电压使基区中的少子（电子）和集电区的少子（空穴）通过集电结形成反向漂移电流，称为反向饱和电流 I_{CBO}。它的数值很小，但受温度影响很大，造成晶体管工作性能不稳定。因此在制造过程中应尽量减小 I_{CBO}。

可见，I_B、I_C 是由 I_E 分配得到的，这三个电流之间的关系为 $I_C \gg I_B$，且

$$I_E = I_C + I_B \tag{1-1}$$

当基极电源 U_{BB} 改变时，发射结正偏电压将随之改变，I_C、I_B 也会发生相应的变化，由于 $I_C \gg I_B$，因此对应 I_B 很小的变化就能得到 I_C 很大的变化，这种以小电流控制大电流的作用，就称为晶体管的电流放大作用。I_C 与 I_B 的比值反映了晶体管的电流放大能力，近似为一常数，通常用参数 $\bar{\beta}$ 表示，即

$$\bar{\beta} = I_C / I_B \tag{1-2}$$

我们把 $\bar{\beta}$ 称为晶体管的共射极直流电流放大倍数。电流放大作用还体现在基极电流的少量变化 ΔI_B 可以引起集电极电流较大的变化 ΔI_C，且 ΔI_C 和 ΔI_B 的比值也近似为一常数 β，且

$$\beta = \Delta I_C / \Delta I_B \tag{1-3}$$

我们将 β 称为晶体管的交流放大倍数。

4. 晶体管的特性曲线

晶体管的特性曲线是描述各电极电流和电压之间的关系曲线，它是晶体管内部载流子运动的外部表现。由于晶体管有三个电极，因此要用两种特性曲线来表示，即输入特性曲线和输出特性曲线，如图 1-17 所示为晶体管伏安特性曲线测试电路图。

(1) 输入特性　输入特性是指当 u_{CE} 不变时，基极电流 i_B 与发射结电压 u_{BE} 之间的关系曲线，即

$$i_B = f(u_{BE})\big|_{u_{CE}=\text{常数}} \tag{1-4}$$

测量输入特性时，先固定 u_{CE}，且 $u_{CE} \geqslant 0$，调节 R_{P1}，测出相应的 i_B 和 u_{BE} 值，便可得到输入特性曲线，如图 1-18 所示。

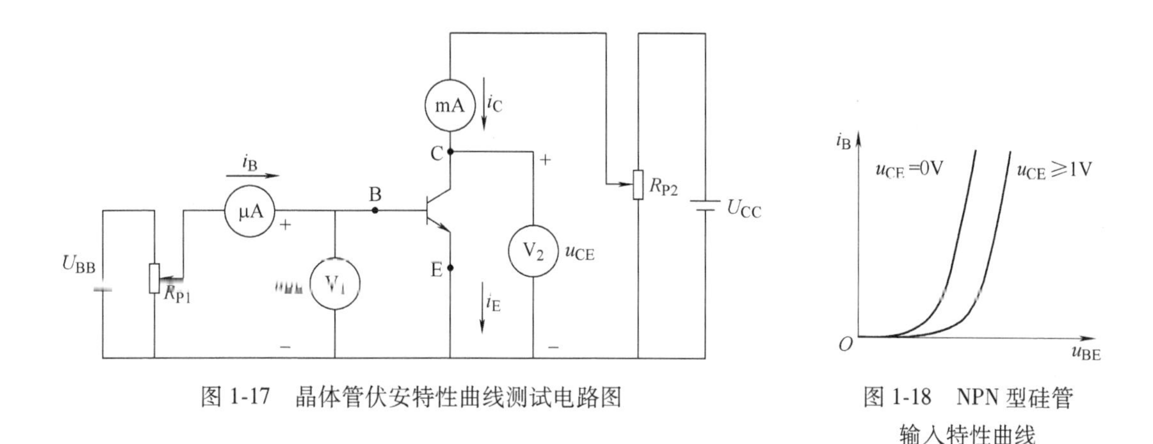

图 1-17　晶体管伏安特性曲线测试电路图

图 1-18　NPN 型硅管输入特性曲线

1）当 $u_{CE}=0V$ 时，相当于发射极与集电极短接，此时发射结与集电结并联。输入特性与 PN 结的伏安特性相似。

2）当 $u_{CE}=1V$ 时，其特性曲线向右移。这是由于当 $u_{CE}=1V$ 时，在集电结施加了反向电压，增强了集电结内电场，使集电结吸引电子的能力增强，从发射区进入基区的电子更多地被集电结吸引过来而减少在基区与空穴复合的机会。因此对于相同的 u_{BE} 值，基极的电流 i_B 减小了，特性曲线相应向右移动。

3）当 $u_{CE}>1V$ 时，其特性曲线与 $u_{CE}=1V$ 时的特性曲线基本重合。这是因为对于确定的 u_{CE}，当 u_{CE} 增大到 1V 后，集电结的电场足够强，可以将发射区注入基区的绝大部分电子都收集到集电结，这时，再增大 u_{CE}，i_C 也不会增大，即 i_B 基本不变，因此 $u_{CE}>1V$ 与 $u_{CE}=1V$ 的特性曲线基本重合。

从晶体管输入特性曲线还可看出，晶体管输入特性曲线与 PN 结正向特性曲线相似，即当输入电压很小时，存在一段死区，其死区电压对硅管为 0.5V，锗管为 0.1V。只有当外加输入电压超过死区电压时，这时晶体管才开始导通，正常工作时，发射结的管压降对硅管为 0.7V，锗管为 0.3V。

（2）输出特性　输出特性曲线是反映晶体管输出回路中电流和电压之间的关系曲线，即当基极电流 i_B 为常数时，集电极电流 i_C 与集电极、发射极间电压 u_{CE} 之间的关系曲线，即

$$i_C=f(u_{CE})\big|_{i_B=\text{常数}} \tag{1-5}$$

在图 1-17 所示的测试电路中，改变基极电流 i_B，可得到一组间隔基本均匀，比较平坦的平行直线，严格来说，由于基区宽度调制效应，特性曲线会向上倾斜，这就是输出特性曲线。如图 1-19 所示为 NPN 型硅管输出特性曲线，讨论输出特性曲线，一般分为三个区域，即截

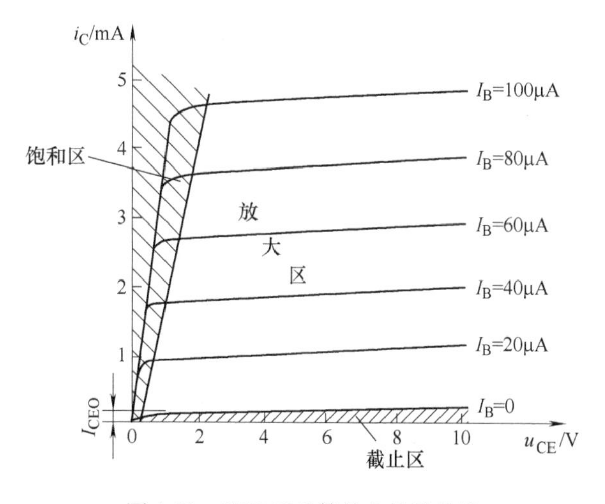

图 1-19　NPN 型硅管输出特性曲线

止区、放大区、饱和区。

1）截止区。对应的 $i_B=0$ 曲线以下的区域。处于此区域时，晶体管发射结处于反向偏置状态或零偏，集电结处于反向偏置状态，这种情况相当于晶体管内部各电极开路，在$i_B=0$ 时有很小的集电极电流 i_C，即集电极-发射极反向饱和电流 I_{CEO}流过，但一般忽略不计。

2）放大区。在这个区域内，发射结处于正向偏置状态，集电结处于反向偏置状态，此时 i_C 受 i_B 控制，即具有电流放大作用。由于 i_C 与 u_{CE}无关，特性曲线平坦，呈现恒流特性。当 i_B 按等差变化时，输出特性是一族与横轴平行的等距离直线。

3）饱和区。输出特性曲线上升到弯曲部分称为饱和区，此时，集电结和发射结均处于正向偏置状态，集电极电流 i_C 处于饱和状态而不受 i_B 控制，即晶体管失去电流放大作用。晶体管处于饱和状态时对应的管压降称为饱和压降，用 U_{CES}表示，对于小功率硅管，其值 $U_{CES}\approx0.3V$，对锗管 $U_{CES}\approx0.1V$，这时晶体管的集电极与发射极间呈现低电阻，相当于开关闭合。

从以上讨论可知，晶体管具有“开关”和“放大”两大功能。当晶体管工作在饱和区和截止区时，具有“开关”特性，可应用于数字电路中；当晶体管工作在放大区时，具有放大作用，可应用于模拟电路中。

5. 晶体管的主要参数

（1）电流放大倍数 $\bar{\beta}$ 为晶体管的直流（又称静态）电流放大倍数，β 为晶体管的交流（又称动态）电流放大倍数，两者的含义是不同的，但在输出特性曲线近似平行等距且 I_{CEO} 较小的情况下，两者数值较为接近，估算时可以通用。常用的晶体管的 β 为 20~100。

（2）穿透电流 I_{CEO} 其是基极开路时，集电极穿过晶体管流到发射极的电流。该电流越小，晶体管的性能越好。该电流受温度影响较大，温度越高，I_{CEO}越大。

（3）集电极最大允许电流 I_{CM} 当 I_C 超过一定值时，晶体管的 β 值要下降，β 值下降到正常值的 2/3 时对应的集电极电流称为集电极最大允许电流。因此在使用晶体管时，I_C 超过 I_{CM}并不一定会使晶体管损坏，但会使 β 值降低。

（4）集-射极反向击穿电压 $U_{(BR)CEO}$ 基极开路时，加在集电极和发射极之间的最大允许电压，称为集-射极反向击穿电压。当 U_{CE}超过 $U_{(BR)CEO}$时，I_{CEO}会急剧增加，说明晶体管被击穿损坏。

（5）集电极最大允许耗散功率 P_{CM} 集电极电流流过集电结时将产生热量，使晶体管温度升高，从而引起晶体管参数变化，当晶体管因受热引起的参数变化不超过允许值时，集电极所消耗的最大功率称为集电极最大允许耗散功率。晶体管正常工作时 $I_C U_{CE}<P_{CM}$。

1.2.4 广告彩灯电路构成及工作原理

广告彩灯电路构成如图 1-20 所示。因为两个晶体管不可能完全一致，所以必有一个晶体管先导通。假设 VT_1 性能优于 VT_2，则电源接通瞬间，VT_1 先导通，电流经左边的 LED 及导通的 VT_1 形成回路，左边的 5 个发光二极管导通发光，电流经 R_{P1}、R_1 对电容 C_1 进行充电，因电容两端电压不能突变，所以 VT_1 导通瞬间，接至 VT_2 基极电压近似为零，VT_2 截止。当电容充电完成，电容相当于断路。这时，C_1 放电，放电电流与电源经过 R_{P1}、R_1 提

供的电流一起流向 VT_2 基极，VT_2 导通，电流经右边的 LED 及导通的 VT_2 形成回路，右边的 5 个发光二极管导通发光，电流经 R_{P2}、R_2 对 C_2 进行充电，同样因为 C_2 两端电压不能突变，所以 VT_2 导通瞬间，接至 VT_1 的基极电压近似为零，VT_1 截止，C_1 放电。如此循环，从而实现 LED 交替导通闪烁功能。

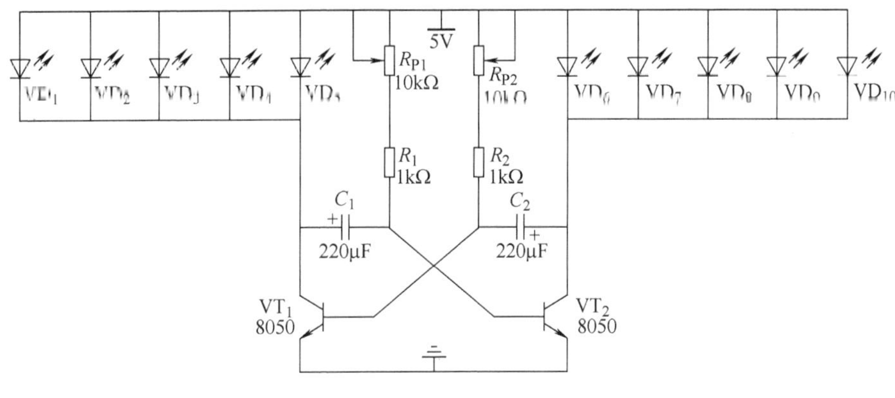

图 1-20　简易广告彩灯电路图

1.3　仿真分析

1.3.1　二极管特性仿真分析

利用 Proteus 仿真软件搭建二极管特性仿真分析电路，如图 1-21 所示。当二极管阳极接电源正极，阴极接电源负极时，二极管导通发光；反之，二极管截止。

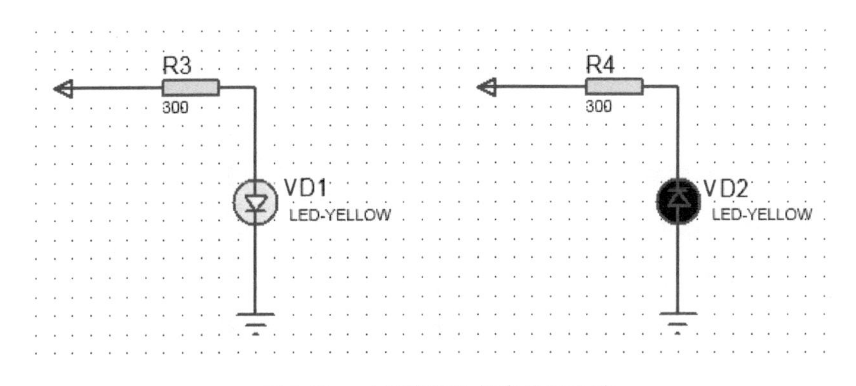

图 1-21　二极管特性仿真分析电路

1.3.2　晶体管特性仿真分析

利用 Proteus 仿真软件搭建晶体管特性仿真分析电路，如图 1-22 所示。当晶体管基极电流很小接近于 0 时，晶体管截止，相当于开关断开，这时晶体管两端电压降近似等于电源电压 12V；调节电位器，使基极电流增大，则集电极能够得到放大的电流；当基极电流增大到某一数值后，集电极电流不再变化，晶体管饱和，相当于开关闭合，这时晶体管两端电压降近似等于0。

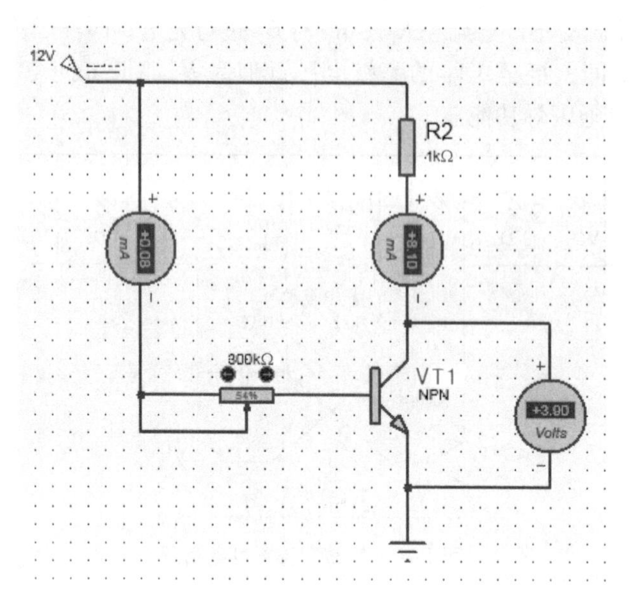

图 1-22 晶体管特性仿真分析电路

1.4 实做体验

1.4.1 材料及设备准备

材料清单见表1-1。

表1-1 材料清单表

序号	名称	型号与规格	数量	备注
1	色环电阻	1kΩ/0.25W	2个	
2	微调电阻	10kΩ	2个	
3	电解电容	CD11-16V-220μF	2个	
4	发光二极管	绿色	5个	
5	发光二极管	红色	5个	
6	晶体管	8050	2个	
7	接线端子	2端	1个	
8	PCB	7cm×9cm	1块	
9	导线	BVR线，ϕ0.5mm×10cm	2根	红、黑
10	焊锡丝	ϕ0.8mm	1.5m	

工具设备清单见表 1-2。

表 1-2　工具设备清单表

序号	名称	型号与规格	数量	备注
1	指针式万用表	MF47	1 块	
2	数字式万用表	VC890D	1 块	
3	斜口钳	JL-A15	1 把	
4	尖嘴钳	HD-73106	1 把	
5	电烙铁	220V/25W	1 把	
6	吸锡枪	TP-100	1 把	
7	镊子	1045-0Y	1 个	
8	锉刀	W0086DA-DD	1 个	

1.4.2　元器件筛选

1. 电阻器识别与检测

电阻器（简称电阻）是电子产品中应用十分广泛的元件，几乎在任何电子电路中都是不可或缺的。不同种类电阻器的外形差异较大，识别时要注意观察各类电阻器的外形特征。图 1-23 所示为常见电阻器的外形图。

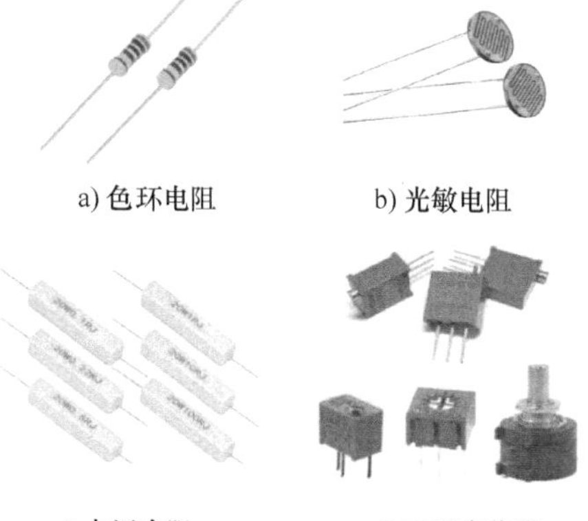

a) 色环电阻　b) 光敏电阻　c) 水泥电阻　d) 可调电位器

图 1-23　常见电阻器外形图

（1）电阻器阻值识别　电阻器常用的标示法有三种，分别是直标法、文字符号法及色标法。

1）直标法。用阿拉伯数字和单位符号在电阻器的表面直接标出标称电阻值和允许偏差，其优点是直观、易于辨读，该方法一般用于大功率电阻器。

2）文字符号法。用阿拉伯数字和字母组合来表示电阻值和允许偏差，其优点是认读方便、直观，可提高数值标记的可靠性。文字符号法表示的电阻值，字母 Ω、k、M 之前的数字表示电阻值的整数部分，之后的数字表示电阻值的小数部分，字母表示小数点的位置和电阻单位，如 2k7 表示 2.7kΩ。

3）色标法。用色环在电阻器表面标出电阻值和允许偏差，颜色规定见表 1-3，特点是标志清晰，易于看清。色标法又分为四环色标法和五环色标法，见表 1-3。

表 1-3　色标-数码对照表

颜色	黑	棕	红	橙	黄	绿	蓝	紫	灰	白	金	银
有效值	0	1	2	3	4	5	6	7	8	9	-1	-2
倍率	10^0	10^1	10^2	10^3	10^4	10^5	10^6	10^7	10^8	10^9	10^{-1}	10^{-2}
允许偏差											±5%	±10%

① 四环色标法。四环色标法用三个色环来表示其阻值（前两个色环表示有效值，第三

个色环表示倍率)，第四个色环表示允许偏差，如图 1-24 所示。

② 五环色标法。五环色标法用四个色环来表示其阻值（前三个色环表示有效值，第四个色环表示倍率)，第五个色环表示允许偏差，如图 1-25 所示。

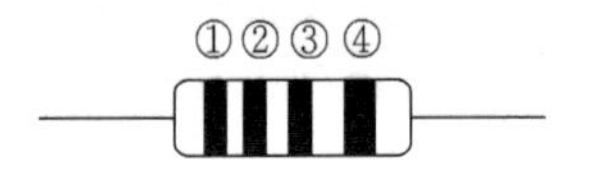

图 1-24 四环色标法

注：①②为有效数字，③为倍率，④为允许偏差。

图 1-25 五环色标法

注：①②③为有效数字，④为倍率，⑤为允许偏差。

（2）电阻器性能测试 测电阻时，将红表笔插入“+”插孔，黑表笔插入“-”插孔，如图 1-26 所示。测量前应先选好量程档位，然后将红、黑表笔短接调零。测量过程中如果指针不动或显示 1.，则增大量程档位，若此时指针还是不偏转，则该电阻器内部已断开，不能使用。指针式万用表测量电阻阻值过程中，为了提高测量精度，应保证指针偏转范围位于整个量程的 1/2~2/3 处。

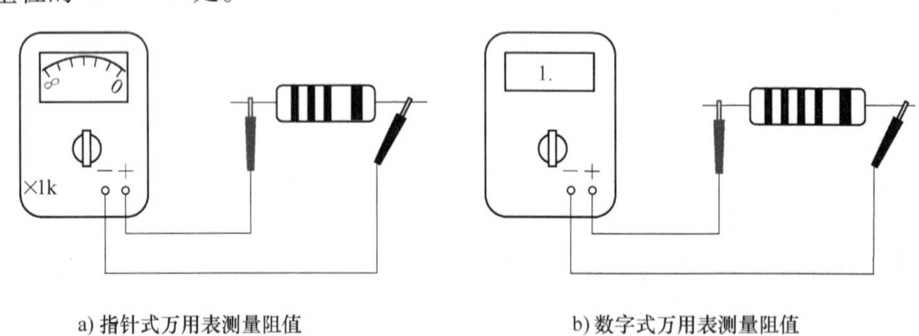

a) 指针式万用表测量阻值　　b) 数字式万用表测量阻值

图 1-26 电阻器阻值测量

【小提示】

测量时应注意，手不能同时接触被测电阻器的引脚，以避免人体电阻影响。如果测量电路板上的电阻器，必须将电阻器的一端从电路中断开，以避免电路中其他元器件影响测量结果，同时注意每次换档后需重新调零后才能继续测量。

2. 电容器识别检测

电容器（简称电容）的种类很多，常见电容器有铝电解电容器、瓷片电容器、安全电容器和聚酯电容器等，如图 1-27 所示。

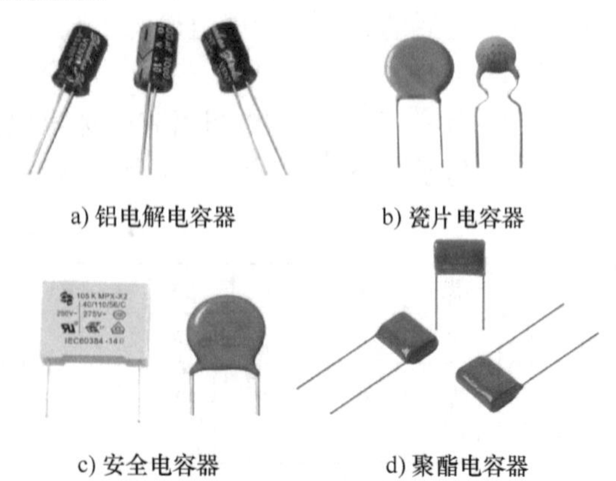

a) 铝电解电容器　　b) 瓷片电容器

c) 安全电容器　　d) 聚酯电容器

图 1-27 常见电容器外形图

（1）电容器容量的识别

1）直标法。直标法是将标称容量直接标在电容器上，一般瓷片电容、涤纶电容经常采用这种标法。若电容器的容量是零点零几，常将整数位的“0”省去，如 .01μF 表示 0.01μF。

2）数字法。数字表示法是只标数字不标

单位的直接表示法，常用的有三位数表示法和四位数表示法。在三位数表示法中，用三位整数表示电容器的标称容量，再用一个字母来表示允许偏差，容量单位为 pF，如 103 表示 10×10^3pF。在这种表示法中有一种特殊情况，就是当第三位数字为“9”时，是用有效数字乘上 10^{-1}来表示容量大小。

3）数字字母法。用2~4 位数字表示有效值，用 p、n、M、μ、G、m 等字母表示有效数后面的量级。进口电容器在标注数值时不用小数点，而是将整数部分写在字母之前，将小数部分写在字母之后，如 4p7 表示 4.7pF。有些电容器还采用 R 表示小数点，如 R47μF 表示 0.47μF。

（2）电容器耐压的识别　电容器耐压的标注方法有两种，一种方法是直接标注，另一种方法是采用一个数字和一个字母组合而成。数字表示 10 的幂指数，字母表示数值，单位是 V。字母与耐压数值的对应关系见表 1-4。

表 1-4　字母与耐压数值的对应关系

字母	A	B	C	D	E	F	G	H	J	K	Z
数值	1.0	1.25	1.6	2.0	2.5	3.15	4.0	5.0	6.3	8.0	9.0

（3）电容器正负极的识别　插件电解电容器外壳标有“-”号的引脚为负极，另一个则是正极；两个引脚中，长的是正极，短的是负极。对于电解电容器，还可利用万用表电阻档来辨别极性。指针式万用表选择 R×1k 档，先任意测量两引脚漏电电阻，记住大小，然后交换表笔再测一次，比较两次测量的漏电电阻的大小，漏电电阻大的那一次黑表笔接的就是电容器正极，红表笔为负极。

（4）电容器性能测试　指针式万用表选择 R×1k 档，红黑表笔分别接触电容器（1μF 以上的电容）的两个引脚，如图 1-28 所示。万用表指针应顺时针偏转，然后逐渐逆时针回偏，测试过程中，指针偏转角度越大，则电容器容量越大，反之容量越小。回偏稳定后的读数是电容器的漏电电阻，该阻值越大越好，因为阻值越大表示电容器的绝缘性能越好。如果检测过程中万用表指针保持不动，则该电容器已开路；如果万用表指针向右偏转角度大但不能回偏到阻值为∞处，则该电容器绝缘性能不好，漏电电流较大；如果万用表指针保持在 0Ω 附近，则该电容器内部已短路损坏。

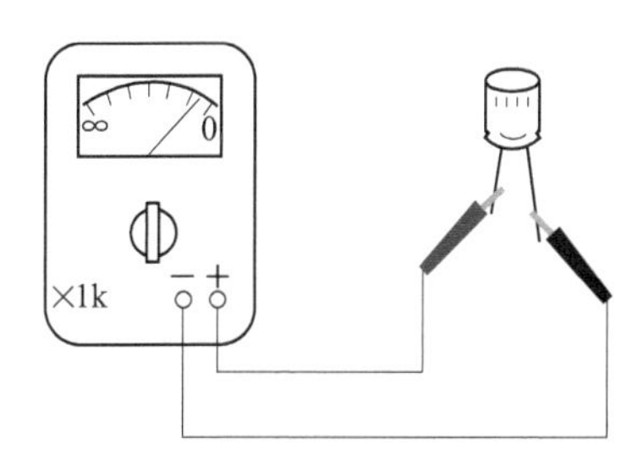

图 1-28　电容器性能测试

【小提示】

电容器检测前，要先将电容器两引脚短接，以放掉电容器内的残余电荷。对于电容量小于 1μF 的电容器，因为其充、放电过程迅速，检测时万用表指针偏转角度很小或根本无法看清，这种情况并不表示电容器质量有问题。

3. 二极管识别与检测

（1）二极管外形及引脚辨别　二极管的种类很多，不同类型的外形差异很大，常用二极管的外形如图 1-29 所示。

1）直插二极管引脚极性的标注方法有三种，即电路符号标注法、色环标注法和色点标

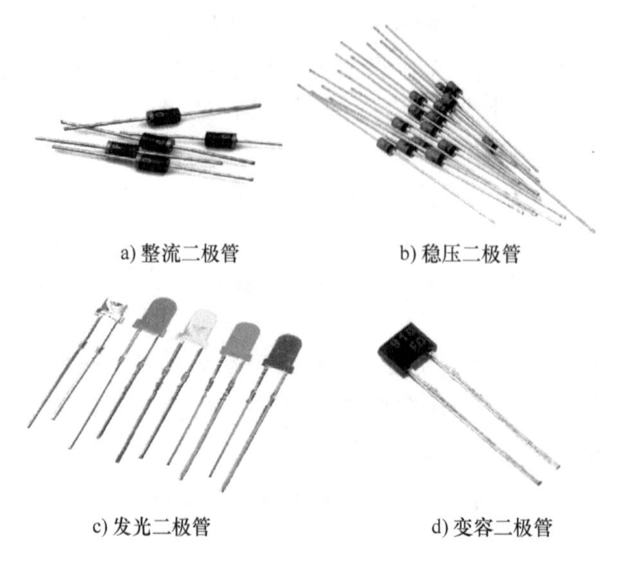

图 1-29　常用二极管外形图

注法，如图 1-30 所示。

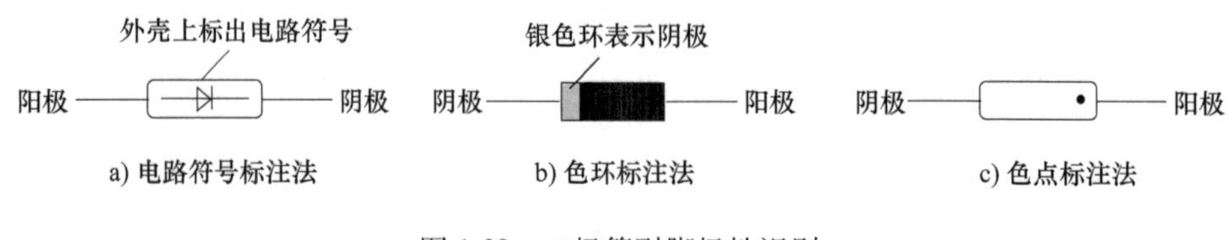

图 1-30　二极管引脚极性识别

2）发光二极管的阴、阳极可以根据引脚长短来辨别，长脚为阳极，短脚为阴极。如果两个引脚一样长，则发光二极管内部面积大点的是阴极，面积小点的是阳极，如图 1-31 所示。

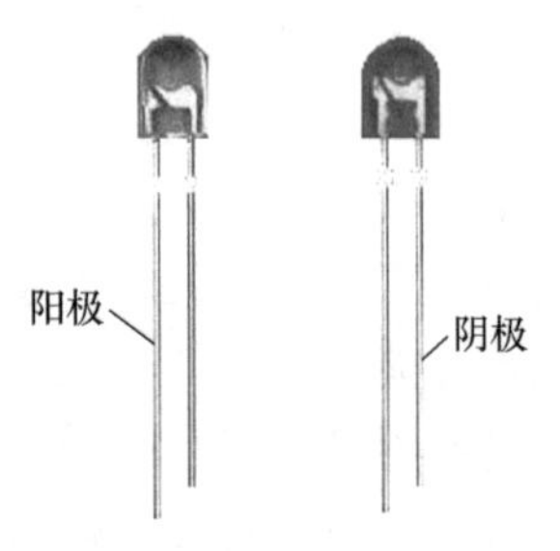

图 1-31　发光二极管引脚极性识别

（2）二极管性能测试

1）指针式万用表检测判断。如图 1-32 所示，万用表档位选择 R×100Ω 档或 R×1k 档，红黑表笔分别接二极管的两个极，交换表笔得两个测量数据，如果两个测量数据一大一小，则该二极管是好的。将小的测量数据取出，这时指针式万用表黑表笔接的为二极管的阳极，红表笔接的为二极管的阴极；如果两个测量数据都很大，则该二极管内部已经断路；如果两个测量数据都很小，则该二极管内部已经短路。如果正向电阻为几千欧，则为硅管；如果正向电阻为几百欧，则为锗管。

2）数字式万用表检测判断。将数字式万用表置于二极管档或蜂鸣器档，交换表笔测量两次，如果一次显示 0.2~0.7V，一次超量程，则该二极管是好的，有数值显示时与红表笔相连的为二极管的阳极，如图 1-33 所示。如果两次测量都超量程，则该二极管内部已断路；如果两次测量都显示 0，则该二极管内部已短路。示数值为 0.2V 左右为锗管，示数值为 0.7V 左右为硅管。

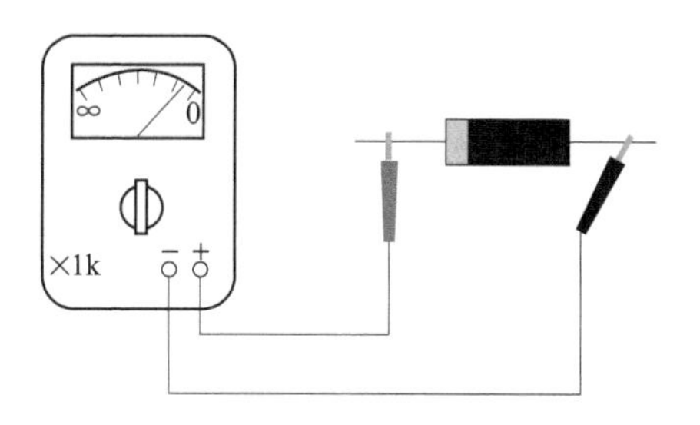

图 1-32 指针式万用表检测二极管性能

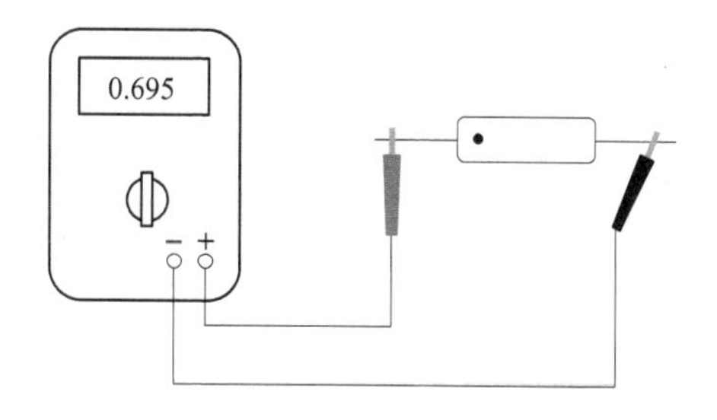

图 1-33 数字式万用表检测二极管性能

4. 晶体管识别与检修

（1）晶体管外形及引脚辨别 晶体管的种类较多，按制造材料分，有硅管和锗管两种；按内部结构分，有 NPN 型和 PNP 型两种；按耗散功率分，有小功率晶体管、中功率晶体管和大功率晶体管三种。图 1-34 所示为一些常见的晶体管外形图。

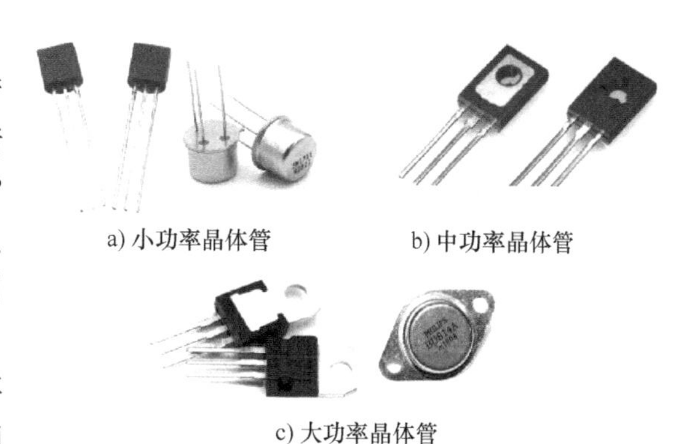

a) 小功率晶体管 b) 中功率晶体管 c) 大功率晶体管

图 1-34 常用晶体管外形图

1）国产小功率金属封装晶体管。管体上没有定位销的金属封装小功率晶体管如图 1-35a 所示，将晶体管的三个引脚朝向自己，使三个引脚在等腰三角形的顶点上，底边在最下面，底边左面引脚为 E，右面引脚为 C，剩下那个引脚为 B。管体上有定位销的晶体管如图 1-35b 所示，将晶体管的三个引脚朝向自己，离凸起最近的引脚为 E，顺时针绕行，依次为 E、B、C。

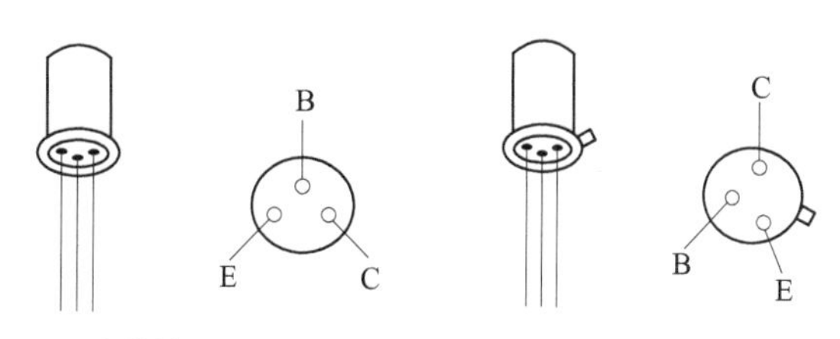

a) 无定位销的小功率晶体管 b) 有定位销的小功率晶体管

图 1-35 晶体管引脚排列

2）塑封小功率晶体管引脚排列。有字的平面正对着自己，引脚朝下，从左至右依次是 E、B、C，如图 1-36 所示。

3）金属封装大功率晶体管引脚排列。管底朝向自己，中心线上方左侧为 B 极，右侧为 E 极，金属外壳为 C 极，如图 1-37 所示。

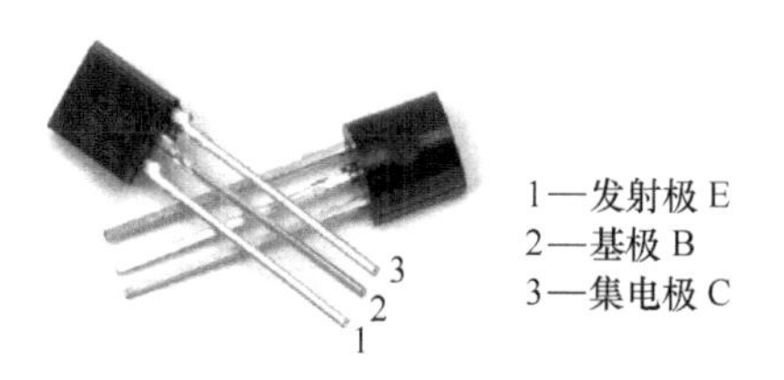

图 1-36 塑封小功率晶体管引脚排列

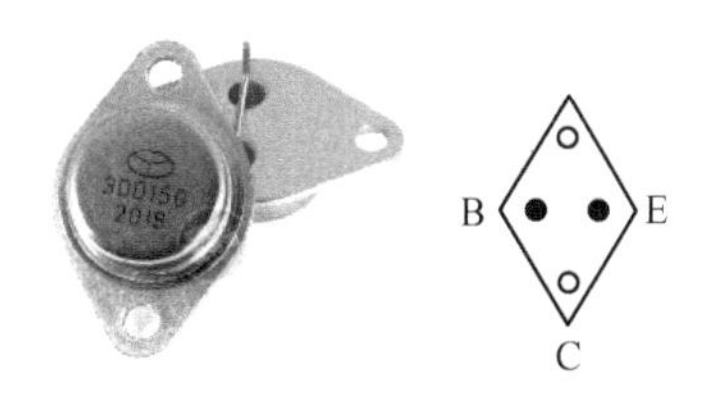

图 1-37 金属封装大功率晶体管引脚排列

（2）晶体管 β 值色点的识别 通常在晶体管的管壳顶端标有不同颜色的色点，表示它的 β 值，不同颜色色点表示的 β 值见表 1-5。在选用晶体管时，并不是 β 值大的晶体管质量就好，往往 β 值大的晶体管工作时性能不是很稳定。一般选用 β 在 40~80 之间的晶体管较为合适。

表 1-5 色点与 β 值的对应关系

颜色	棕	红	橙	黄	绿	蓝	紫	灰	白	黑
β 值	5~15	15~25	25~40	45~55	55~80	80~120	120~180	180~270	400~600	600~1000

（3）晶体管性能测试

1）晶体管质量好坏检测。指针式万用表档位选择 R×1k 档，晶体管两个引脚一组，然后对每一组引脚交换万用表表笔得两个测量数据，如图 1-38 所示。如果三组测量数据中，有两组测量数据为一大（无穷大）一小（约为几千欧），一组测量数据两个数值都为无穷大，则该晶体管是好的，否则，该晶体管就是坏的。

2）基极辨别。将数字式万用表的档位置于二极管档，红表笔固定任意接某个引脚，用黑表笔依次接触另外两个引脚，如图 1-39 所示。如果两次显示值均小于 1V 或都显示溢出符号 1.，则红表笔所接的引脚就是基极 B。如果在两次测试中，一次显示值小于 1V，另一次显示溢出符号 1，则表明红表笔所接的引脚不是基极 B，这时应改接其他引脚重新测量，直到找出基极 B 为止。

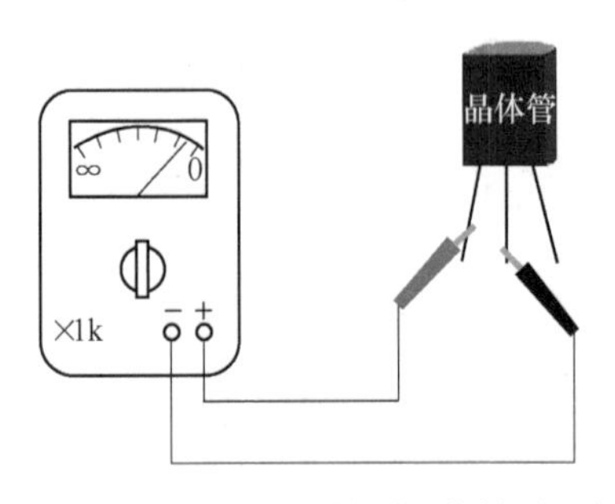

图 1-38 指针式万用表辨别晶体管质量好坏

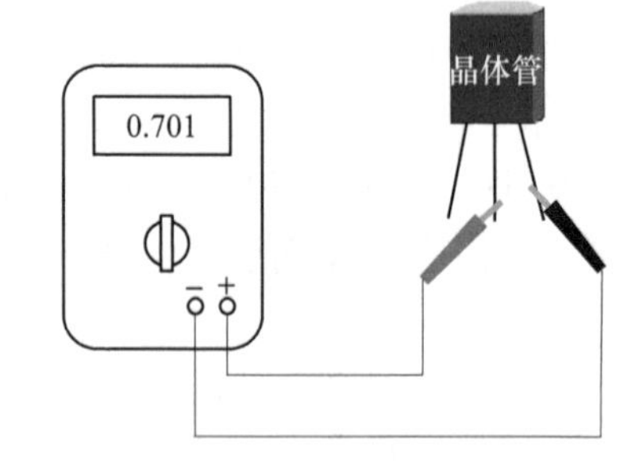

图 1-39 数字式万用表辨别晶体管基极

3）集电极和发射极辨别。区分晶体管的集电极 C 和发射极 E，比较简便的方法是使用数字式万用表的 h_{FE} 档。先假设被测管是 NPN 型管，对好 B 极，将晶体管插入 NPN 型晶体管对应插孔，若测出的 h_{FE} 值为几十到几百，则说明晶体管属于正常接法，放大能力较强，此时 C 孔插的是集电极，E 孔插的是发射极。若测出的 h_{FE} 值只有几到十几，则表明被测管的集电极与发射极插反了。

1.4.3 布局图设计

电子元器件布局图设计是根据选定的待组装电路原理图，在电路板上对要组装的元器件分布进行设计，是电子产品制作过程中非常重要的一个环节。

1. 设计要点

1）要按电路原理图设计。

2）元器件分布要科学，电路连接要规范。

3）元器件间距要合适，元器件分布要美观。

2. 具体方法和注意事项

1）根据电路原理图找准几条线，确保元器件分布合理、美观。

2）除电阻外，如二极管、电解电容、晶体管等元器件，要注意在布局图上标明引脚区分或极性。

3. 广告彩灯PCB布局图

图1-40所示为广告彩灯PCB布局图。

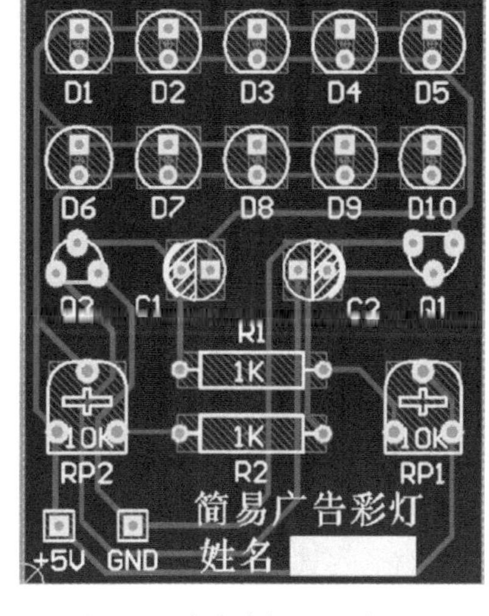

图1-40　广告彩灯PCB布局图

1.4.4　焊接制作

1. 焊接工具电烙铁

图1-41所示为常用电烙铁。电烙铁是进行电子制作的重要工具，里面有发热元件，通电后，电烙铁金属部分开始发热，温度在250℃以上，使用时要避免烫伤。

在通电加热前，应首先检查电烙铁的外观，看其各部分是否完好，尤其电源线绝缘层不能有损坏现象，再用万用表测量电源线插头的两端，检查是否有开路或短路现象。如果烙铁头是新换的或者经过较长时间的使用，已有腐蚀损伤或氧化现象，要先用锉刀把烙铁头按需要的角度锉好，再镀锡备用。

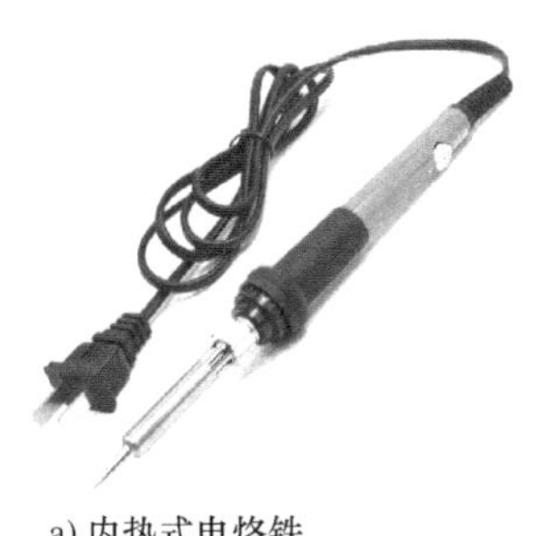

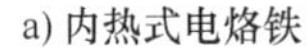
a) 内热式电烙铁

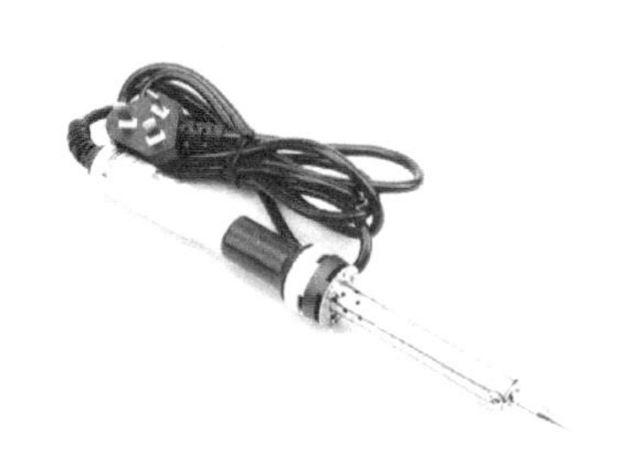
b) 外热式电烙铁

图1-41　常用电烙铁

2. 制作步骤

（1）清理元器件　新元器件无须处理，可以直接焊接。对于旧的元器件，由于长时间接触空气会被氧化，不容易焊接，因此要先清洁一下表面。可以用细砂纸打磨元器件引脚，也可以用小刀将要焊接处的表面刮出新的金属光泽。

（2）调整安装　根据需要将被焊元器件的引脚弯折，以便安装。弯折引脚时，不要齐着根部，防止折断。然后，将弯折好的元器件从安装面插入PCB相应的孔中。

（3）焊接　按照“五步法”完成广告彩灯焊接制作，保障焊点表面平滑，无裂纹、针孔、夹渣、虚焊等。焊接完成后，用斜口钳剪去多余引脚。剪的时候电路板焊接面朝下，防止剪断的引脚飞入眼睛中。

1.4.5　功能调试

1. 目视检查

检查电源、地线、信号线、元器件接线端之间有无短路；连线处有无接触不良；发光二极管、晶体管、电位器、电解电容等有极性的元器件引脚有无错接、漏接、反接。

2. 通电检查

将焊接制作好的广告彩灯电路板接入5V直流电源，先观察有无异常现象，包括有无冒烟、有无异常气味、元器件是否发烫等。如果出现异常，应立即切断电源，排除故障后方可重新通电。

电路检查正常之后，观察广告彩灯功能是否正常，要求彩灯能连续交替左右闪烁，如图

1-42 所示。制作完成的广告彩灯可以固定在电池盒上，以方便使用。如果 LED 彩灯不亮或者不能连续交替闪烁，说明电路出现故障，这时应检查电路，找出故障并排除。

3. 故障检测与排除

电子产品焊接制作及功能调试过程中，出现故障不可避免，通过观察故障现象、分析故障原因、解决故障问题可以提高实践和动手能力。故障检测与排除，就是从故障现象出发，通过反复测试做出分析判断，逐步找出问题的过程。

图 1-42　广告彩灯成品图

（1）故障查找方法　对于比较简单的电路或自己非常熟悉的电路，可以采用观察判断法，通过仪器、仪表观察结果，再根据自己的经验，直接判断故障发生的原因和部位，从而准确、迅速地找到故障并加以排除。对于比较复杂的电路，查找故障的通用方法是把合适的信号或某个模块的输出信号引到其他模块上，然后依次对每个模块进行测试，直到找到故障模块为止。故障查找步骤如下：

1）先检查用于测量的仪器是否使用得当。

2）检查安装制作的电路是否与电路图一致。

3）检查供电电源电压是否正常。

4）检查半导体器件工作电压是否正常，从而判断半导体器件是否正常工作或损坏。

5）检查电容、电阻等元器件是否工作正常。

（2）常见故障分析

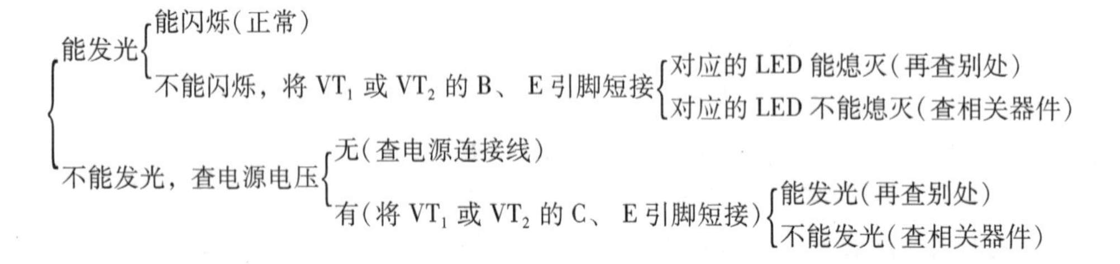

1.5　应用拓展

1.5.1　电路组成与工作原理

完成音乐闪烁灯制作，其电路组成如图 1-43 所示。该电路主要由两个晶体管组成振荡电路，上电后，两个晶体管 VT_1和 VT_2 就要争先导通，但由于元器件有差异，只有某一个晶体管最先导通。假如 VT_1 最先导通，那么 VT_1 集电极电压下降，VL_1 ~ VL_{18}中一种颜色被点亮，电容 C_1 的左端接近零电压，由于电容两端的电压不能突变，所以 VT_2 基极也被拉到近似零电压，使 VT_2 截止，VL_1 ~ VL_{18}中另外一种颜色不亮。随着电源通过电阻 R_2 对 C_1 的充电，使晶体管 VT_2 基极电压逐渐升高，当超过 0.6V 时，VT_2 由截止状态变为导通状态，集电极电压下降，VL_1 ~ VL_{18}之前熄灭的颜色被点亮。与此同时晶体管 VT_2 集电极电压的下降通过电容 C_2 的作用使晶体管 VT_1 的基极电压也下跳，VT_1 由导通变为截止。如此形成振荡循环。

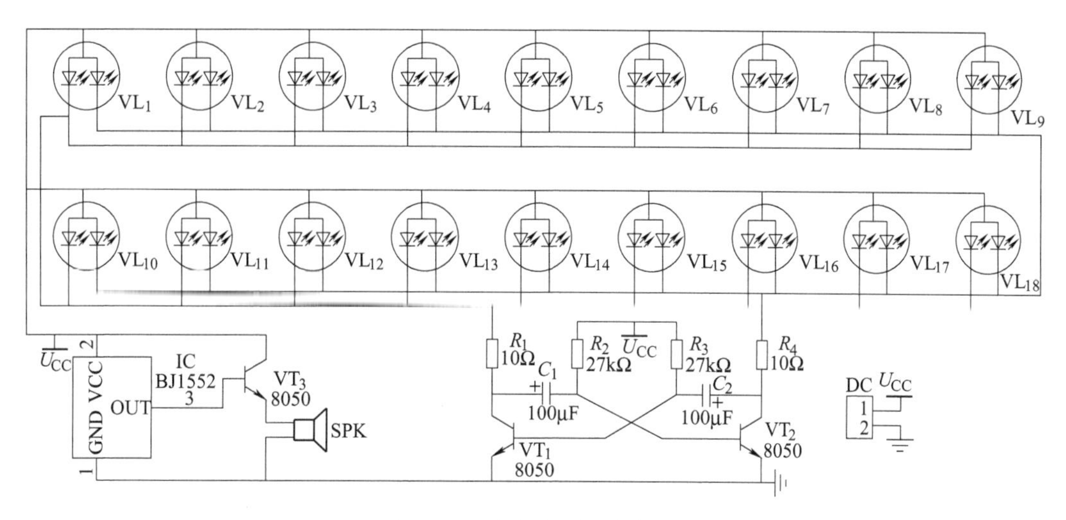

图 1-43 音乐闪烁灯电路图

1.5.2 材料及设备准备

材料清单见表 1-6。

表 1-6 材料清单表

序号	名称	型号与规格	数量	备注
1	电阻	10Ω	2 个	
2	电阻	27kΩ	2 个	
3	电解电容	100μF	2 个	
4	晶体管	8050	3 个	
5	双色发光二极管	红蓝	18 个	
6	音乐晶体管	BJ1552	1 个	
7	蜂鸣器	无源	1 个	
8	PCB	7cm×9cm	1 块	
9	导线	BVR 线，ϕ0. 5mm×10cm	2 根	红、黑
10	焊锡丝	ϕ0. 8mm	1. 5m	

工具设备清单见表 1-7。

表 1-7 工具设备清单表

序号	名称	型号与规格	数量	备注
1	指针式万用表	MF47	1 块	
2	数字式万用表	VC890D	1 块	
3	斜口钳	JL-A15	1 把	
4	尖嘴钳	HB-73106	1 把	
5	电烙铁	220V/25W	1 把	
6	吸锡枪	TP-100	1 把	
7	镊子	1045-0Y	1 个	
8	锉刀	W0086DA-DD	1 个	

【考核评价】

任务 1		简易广告彩灯的制作			
考核环节		考核要求	评分标准	配分	得分
工作过程知识	点滴积累	1）相关知识点的熟练掌握与运用 2）系统工作原理分析正确	在线练习成绩×该部分所占权重（30%）= 该部分成绩。由教师统计确定得分	30 分	
	电路分析				
工作过程技能	任务准备	1）明确任务内容及实验要求 2）分工明确，作业计划书整齐美观	1）任务内容及要求分析不全面，扣 2 分 2）组员分工不明确，作业计划书潦草，扣 2 分	5 分	
	模拟训练	1）模拟训练完成 2）过关测试合格	1）模拟训练不认真，发现一次扣 1 分 2）过关测试不合格，扣 2 分	5 分	
	焊接制作	1）元器件的正确识别与检测 2）PCB 制图设计正确、整齐、美观 3）元器件装配到位，无错装、漏装 4）焊接可靠美观，无虚焊、漏焊、错焊等	1）元器件错选或检测错误，每个元器件扣 1 分 2）不能画出 PCB 图，扣 2 分 3）错装、漏装，每处扣 1 分 4）焊接质量不符合要求，每个焊点扣 1 分 5）功能不能正常实现，扣 5 分 6）不会正确使用工具设备，扣 2 分	10 分	
	功能调试	1）调试顺序正确 2）仪器仪表使用正确 3）能正确分析故障现象及原因，查找故障并排除故障，确保产品功能正常实现	1）不会正确使用仪器仪表，扣 2 分 2）调试过程中出现故障，每个故障扣 2 分 3）不能实现调光功能，扣 5 分	10 分	
	外观设计	1）外观效果图简洁美观 2）选择制作材料，完成外壳制作 3）完成外壳与电路板装配 4）产品功能实现，工作正常	1）外观设计潦草，不美观，扣 2 分 2）没有完成外壳制作，扣 2 分 3）产品无法正常使用，扣 5 分	10 分	
	总结评价	1）能正确演示产品功能 2）能对照考核评价表进行自评、互评 3）技术资料整理归档	1）不能正确演示产品功能，扣 2 分 2）没有完成自评、互评，扣 2 分 3）技术资料记录、整理不齐全，缺 1 份扣 1 分	10 分	
安全文明素养		1）安全用电，无人为损坏仪器设备 2）保持环境整洁，秩序井然，习惯良好，任务完成后清洁整理工作现场 3）小组成员协作和谐，态度正确 4）不迟到、早退、旷课	1）发生安全事故，扣 5 分 2）人为损坏设备、元器件，扣 2 分 3）现场不整洁、工作不文明，团队不协作，扣 2 分 4）不遵守考勤制度，每次扣 1 分	20 分	
合计				100 分	

【学习自测】

1.1　填空题

1. 半导体中有________和________两种载流子参与导电。

2. 晶体管工作在放大区时，发射结为________偏置，集电结为________偏置。

3. 晶体管电流放大倍数β反映了放大电路中________极电流对________极电流的控制能力。

4. N 型半导体中，多数载流子是________，P 型半导体中，多数载流子是________。

5. PN 结在________时导通，________时截止，这种特性称为________性。

6. 发光二极管是一种通以________电流就会________的二极管。

7. 工作在放大区的某晶体管，当基极电流从 12μA 增大到 22μA 时，集电极电流从 1mA 变为 2mA，那么该晶体管放大倍数约为________。

8. 从晶体管输出特性上，可划分三个工作区域，分别为________、________和________。

9. 光照射在光敏电阻表面时，它的电阻值会________。

10. 双极型半导体晶体管按结构可分为________型和________型两种，它们的符号分别是________和________。

1.2　选择题

1. PN 结加反向电压时，空间电荷区将________。

A. 变窄　　B. 不变　　C. 变宽　　D. 无法确定

2. 用万用表 R×1k 档测量二极管，若测出二极管正向电阻为 1kΩ，反向电阻为 5kΩ，则这个二极管的情况是________。

A. 内部已断路　　B. 内部已短路　　C. 没有坏但性能不好　　D. 性能良好

3. 处于放大状态时，硅晶体管的发射结正向压降为________。

A. 0.1~0.3V　　B. 0.3~0.6V　　C. 0.6~0.8V　　D. 0.8~1.0V

4. NPN 晶体管工作在放大状态时，两个结的偏压为________。

A. $U_{BE}>0$，$U_{BE}<U_{CE}$　　B. $U_{BE}<0$，$U_{BE}<U_{CE}$

C. $U_{BE}>0$，$U_{BE}>U_{CE}$　　D. $U_{BE}<0$，$U_{BE}>U_{CE}$

5. 当温度升高时，二极管正向特性和反向特性曲线分别（　　）。

A. 左移，下移　　B. 右移，上移　　C. 左移，上移　　D. 右移，下移

1.3　判断题

1. 二极管的反向饱和电流越小，说明其单向导电性越好。（　　）

2. 晶体管的输出特性是描述 I_B 与 U_{CE} 之间的关系。（　　）

3. P 型半导体内，空穴远大于自由电子，因此它带正电。（　　）

4. 晶体管的 C、E 两个区所用半导体材料相同，因此，可将晶体管的 C、E 两个电极互换使用。（　　）

5. 二极管在反向电压超过最高反向工作电压 U_{RM} 时会损坏。（　　）

1.4　分析计算题

1. 电路如图 1-44 所示，设二极管的导通电压 $U_{D(on)}=0.7V$，试写出各电路的输出电压

U_o 值。

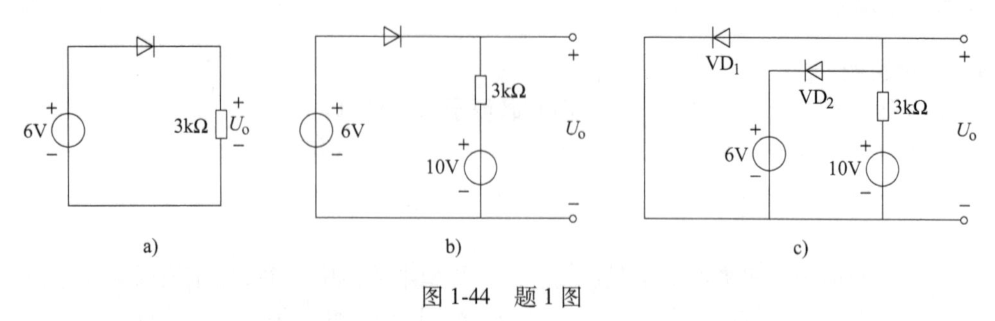

图 1-44 题 1 图

2. 二极管电路如图 1-45 所示，判断图中二极管是导通还是截止，并确定各电路的输出电压 U_o。设二极管的导通压降为 0.7V。

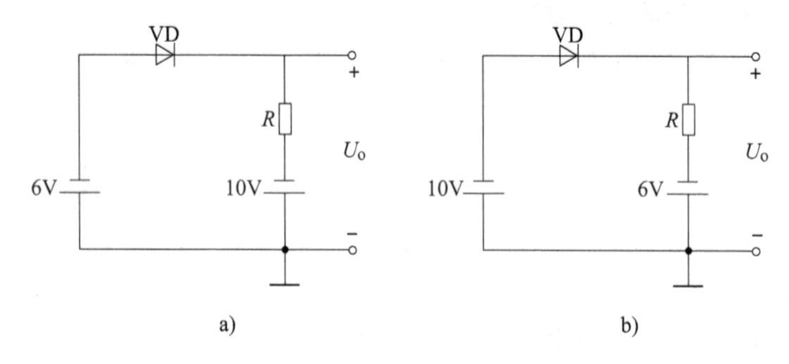

图 1-45 题 2 图

3. 放大电路中某晶体管三个引脚①②③测得对地电位为 -8V、-3V、-3.2V 和 3V、12V、3.7V，试判别此管的三个电极，并说明它是 NPN 型管还是 PNP 型管，是硅管还是锗管？

4. 对图 1-46 所示各晶体管，试判别其三个电极，并说明它是 NPN 型管还是 PNP 型管，估算其 β 值。

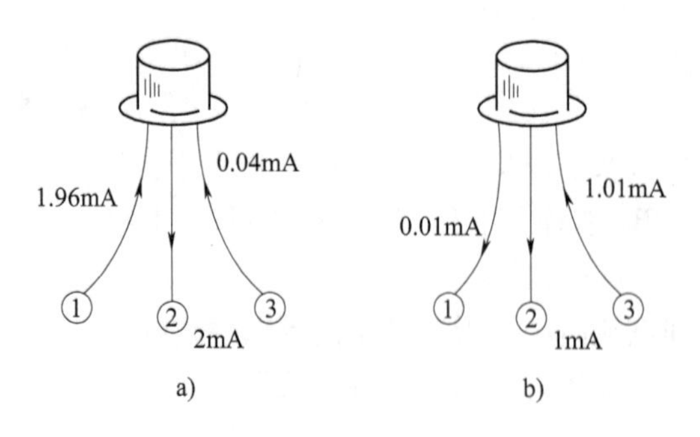

图 1-46 题 4 图

任务2　调光台灯的制作

2.1　任务简介

调光台灯在我们的生活中很常见，如图2-1所示。有时候在夜晚并不需要很亮的灯光，这时只需要轻轻旋转开关旋钮就可以让灯光不再刺眼。调光的原理其实并不复杂，由于灯泡的功率是一定的，加在灯泡上的电压越高，灯泡越亮；电压越低，灯泡越暗。与其说是调光，不如说是调节电压的高低时灯泡发出不同的亮光。接下来学习调光台灯涉及的电子电路知识，并完成调光台灯的制作。

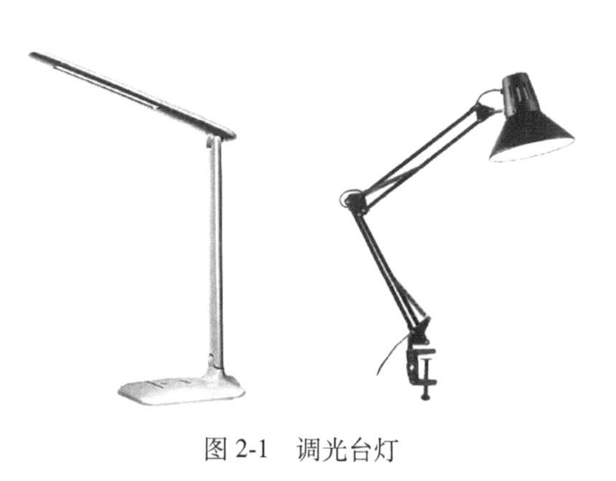

图2-1　调光台灯

2.2　点滴积累

电子设备通常都需要稳定的直流电源，直流电源电路一般由电源变压器降压电路、整流电路、滤波电路和稳压电路组成，如图2-2所示。

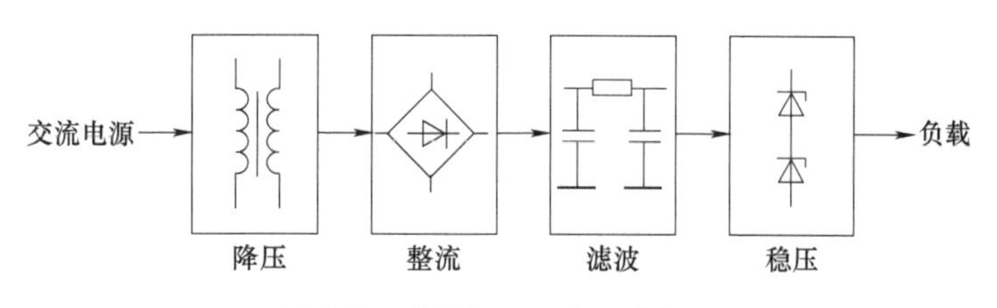

图2-2　直流电源电路组成框图

2.2.1　整流电路

整流电路利用整流二极管的单向导电性，将交流电变成单向脉动的直流电，输出电压中包含一定的直流分量。常用的整流电路有半波整流和桥式整流等类型。

1. 半波整流电路

（1）工作原理　单相半波整流电路如图2-3所示，其中u_1、u_2分别表示变压器的一次和二次交流电压，R_L为负载电阻。设变压器二次电压$u_2=\sqrt{2}U_2\sin\omega t$，其中$U_2$为变压器二次电压有效值。

当u_2在正半周时，变压器二次侧电位为上正下负，二极管因正向偏置而导通，电流流过负载。忽略二极管上的压降，$u_O=u_2$。当u_2在负半周时，变压器二次侧电位为下正上负，二极管因反向偏置而截止，负载中没有电流流过，$u_O=0$。由于在正弦电压的一个周期内，R_L上只有半个周期内有电流和电压，所以这种电路称为半波整流电路。电路波形如图2-4所示。

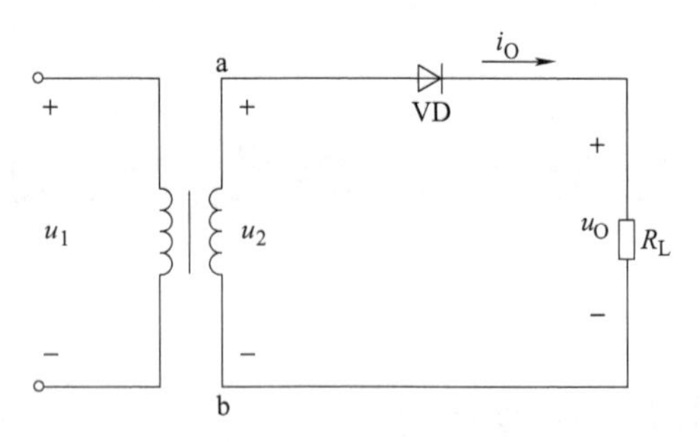

图2-3 单相半波整流电路

（2）单相半波整流电路的指标

1）输出电压的平均值

$$\overline{U}_O=\frac{1}{2\pi}\int_0^{\pi}\sqrt{2}U_2\sin\omega t\mathrm{d}\omega t=\frac{\sqrt{2}}{\pi}U_2\approx0.45U_2\tag{2-1}$$

2）流过二极管的平均电流

$$\overline{I}_D=\overline{I}_O=\frac{\overline{U}_O}{R_L}\approx0.45\frac{U_2}{R_L}\tag{2-2}$$

3）二极管承受的最大反向工作电压

$$U_{RM}=\sqrt{2}U_2\tag{2-3}$$

单相半波整流电路的优点是结构简单，使用元器件少，但变压器利用率和整流效率低，输出电压脉冲大，所以单相半波整流电路仅用在小电流且对电源要求不高的场合。

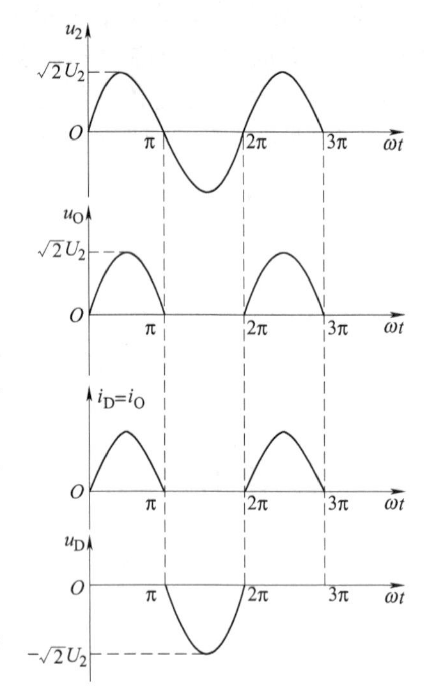

图2-4 单相半波整流电路波形图

2. 桥式整流电路

（1）工作原理 针对单相半波整流电路的不足，实际中又产生了桥式整流电路，如图2-5所示。单相桥式整流电路由变压器、4个整流二极管（或整流桥堆）和负载组成。

在u_2正半周，变压器二次侧电位为上正下负，二极管VD_1、VD_3导通，二极管VD_2、VD_4截止，电流自上而下流过负载R_L，$u_O=u_2$。在u_2负半周，变压器二次侧电位为下正上负，二极管VD_2、VD_4导通，二极管VD_1、VD_3截止，电流仍然自上而下流过负载R_L，$u_O=-u_2$。电路工作波形如图2-6所示。

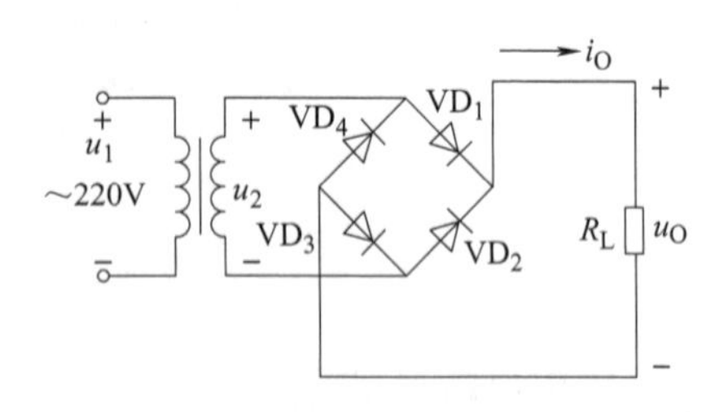

图2-5 单相桥式整流电路

（2）单相桥式整流电路的指标

1）输出电压的平均值

$$\overline{U}_O=\frac{1}{2\pi}\int_0^{2\pi}\sqrt{2}U_2\sin\omega t\mathrm{d}\omega t=\frac{2\sqrt{2}}{\pi}U_2\approx0.9U_2\tag{2-4}$$

2）流过二极管的平均电流

$$\bar{I}_D = \frac{1}{2}\bar{I}_O = \frac{1}{2}\frac{\overline{U_O}}{R_L} \approx 0.45\frac{U_2}{R_L} \quad (2\text{-}5)$$

3）二极管承受的最大反向工作电压

$$U_{RM} = \sqrt{2}U_2 \quad (2\text{-}6)$$

单相桥式整流电路的优点是输出电压高，纹波电压较小，整流二极管所承受的最高反向电压较低，电源变压器得到了充分的利用，效率高，因而应用广泛；缺点是二极管用得较多。目前，器件生产厂商已经将 4 个整流二极管封装到一起，构成模块化的整流桥堆，使用更为方便。

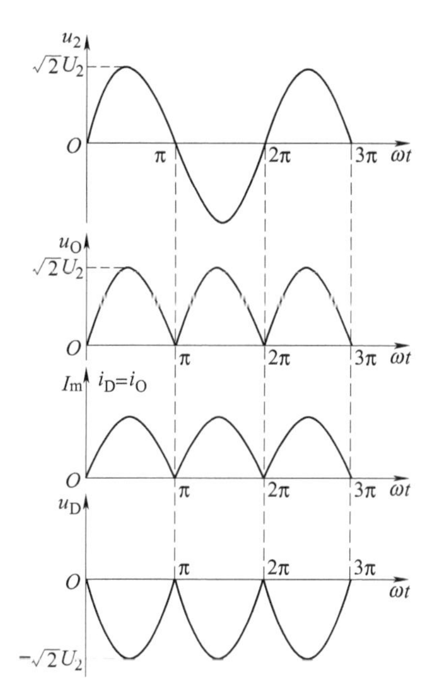

图 2-6　单相桥式整流电路波形图

2.2.2　滤波电路

经过整流后，输出电压在方向上没有变化，但输出电压波形起伏较大。为了得到平滑的直流电压波形，必须采用滤波电路，常用的滤波电路有电容滤波、电感滤波及其他形式滤波电路。

1. 电容滤波电路

最简单的电容滤波是在负载 R_L 两端并联一个较大容量的电容（器），如图 2-7 所示。

当 $0 \leqslant \omega t \leqslant \pi/2$ 时，u_2 不断增大，电容开始充电，输出电压 u_O 从 0 开始增大，因为整流二极管导通后的正向阻值很小，所以充电速度很快，输出电压 u_O 基本跟随 u_2 的变化而变化，如图 2-8 所示的 OA 段。当 u_2 达到峰值时，$u_2 = u_C = \sqrt{2}U_2$。

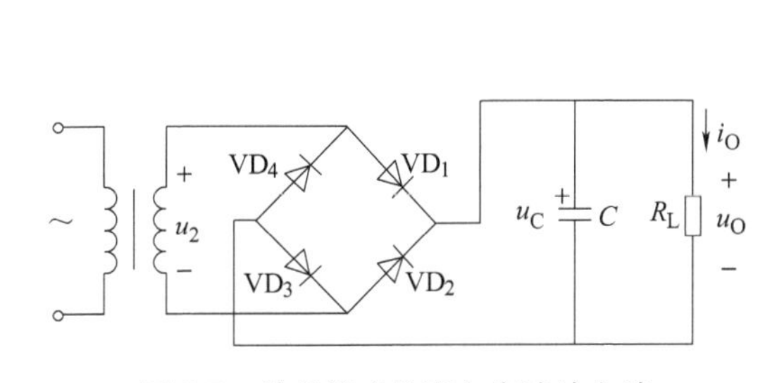

图 2-7　单相桥式整流电容滤波电路

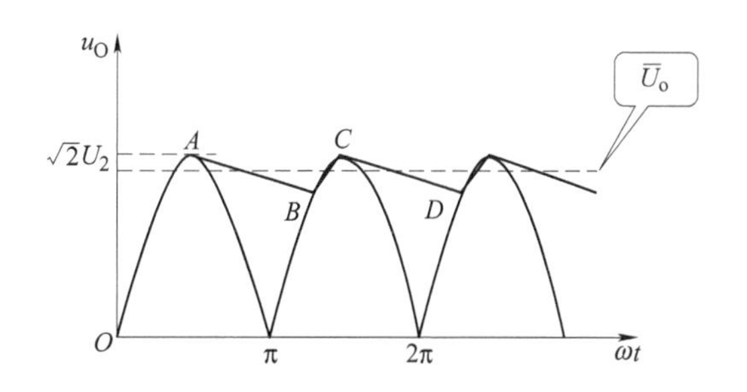

图 2-8　电容滤波电路波形图

当 $\pi/2 < \omega t \leqslant \pi$ 时，由于 u_2 迅速下降，而电容两端电压不能突变，二极管因承受反向电压而截止，电容通过 R_L 放电，放电时间常数 $\tau = R_LC$。因为 R_L 数值较大，放电时间常数比充电时间常数大，u_O 按指数规律下降，如图 2-8 所示的 AB 段。

当 $\pi < \omega t \leqslant 3\pi/2$ 时，u_2 又开始不断增大，当 $u_2>u_C$ 后，二极管因承受正向电压而导通，电容不再继续放电，而是开始充电，如图 2-8 所示的 BC 段。

当 $3\pi/2 < \omega t \leqslant 2\pi$ 时，由于 u_2 迅速下降，而电容两端电压不能突变，二极管因承受反向电压而截止，电容又开始通过 R_L 放电，放电时间常数 $\tau = R_LC$。因为 R_L 数值较大，放电时间常数比充电时间常数大，u_O按指数规律下降，如图 2-8 所示的 CD 段。

这样反复不断地进行，从而使负载上得到比较平滑的直流电。电容容量越大，则放电时间常数 τ 越大，输出电压 u_O 波形越平滑，滤波效果越好。实际应用中，为了保证滤波效果，电容器 C 的容量选择应满足 $R_LC \geqslant (3 \sim 5)T/2$，其中 T 为交流电的周期。单相桥式整流电容滤波电路中，滤波电容 C 的容量满足上述条件，则输出直流电压平均值

$$\overline{U}_O \approx 1.2U_2 \tag{2-7}$$

电容滤波简单，缺点是负载电流不能过大，否则会影响滤波效果，所以电容滤波适用于负载变动不大、电流较小的场合。

2. 电感滤波电路

在整流电路和负载 R_L 之间串联一个电感 L 就构成了一个简单的电感滤波电路，如图 2-9 所示。

根据电感的特点，整流后电压的变化引起负载电流的改变时，电感 L 上将感应出一个与整流输出电压变化相反的感应电动势，两者的叠加使得负载上的电压变化变平缓，实现滤波。电感滤波电路中，R_L 越小，则负载电流越大，滤波效果越好。单相桥式整流电感滤波电路中，输出直流电压平均值

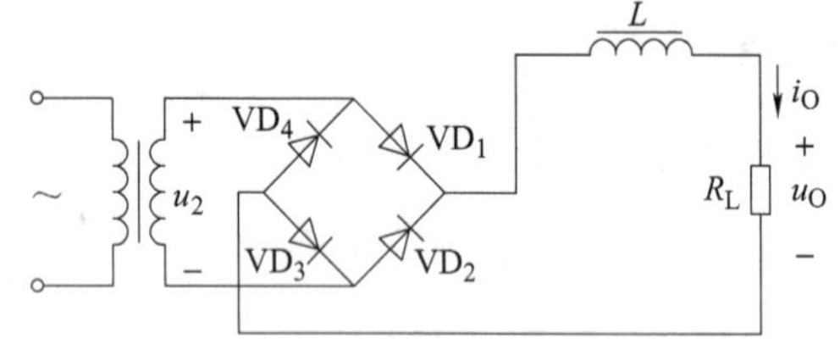

图 2-9 单相桥式整流电感滤波电路

$$\overline{U}_O \approx 0.9U_2 \tag{2-8}$$

3. 其他形式滤波电路

（1）LC 滤波电路 采用单一的电容滤波或电感滤波时，电路结构简单，但滤波效果不好。由于许多应用场合要求滤波效果较好，因此把电容滤波和电感滤波结合起来，构成 LC 滤波电路，如图 2-10 所示。

与电容滤波比较，LC 滤波电路特性比较好，输出电压对负载影响小，电感元件限制了电流的脉动峰值，减小了对整流二极管的冲击，适用于电流较大、要求电压脉动较小的场合。

（2）π 形滤波电路 为了进一步减小输出信号的脉动，可在 LC 滤波电路的输入端再加一个滤波电容组成 π 形滤波电路，如图 2-11 所示。这种滤波电路体积小，重量轻，实际中得到了广泛应用。

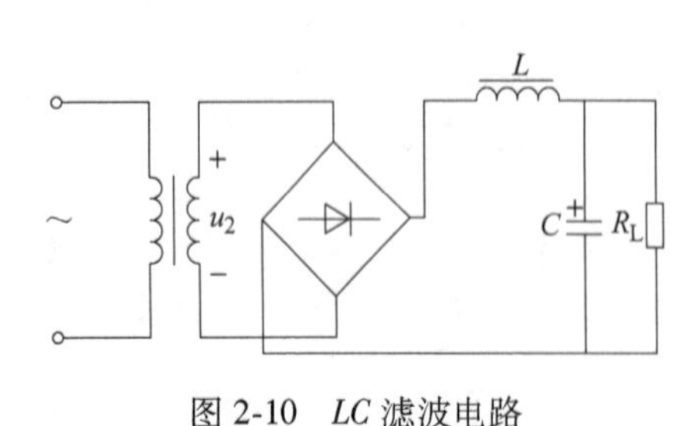

图 2-10 LC 滤波电路

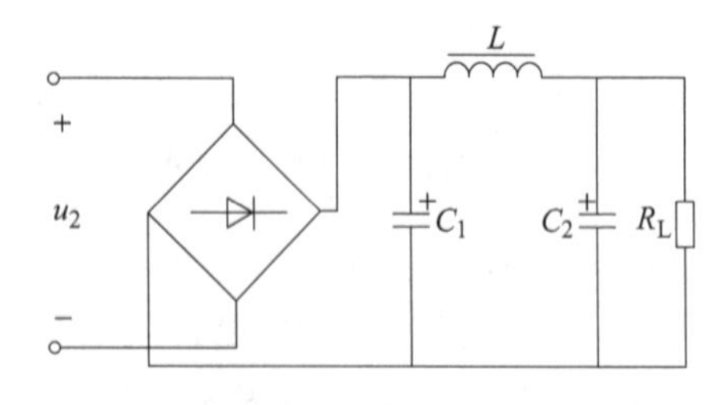

图 2-11 π 形滤波电路

2.2.3 稳压电路

整流、滤波后的直流输出电压还是会随时间发生变化，造成这种变化的原因有两个：一是当负载改变时，负载电流将随着改变，而整流变压器和整流二极管、滤波电容都有一定的

等效电阻，因此当负载电流变化时，直流输出电压也会改变；二是电网电压经常变化，当其变化时，即使负载不变，直流输出电压也会改变。因此在整流滤波电路后面再加一级稳压电路，以获得足够稳定的直流输出电压。

1. 硅稳压管稳压电路

（1）工作原理　硅稳压管稳压电路结构如图 2-12 所示。

设负载电阻不变，当输入电压 U_I 增大时，输出电压将上升，使稳压管的反向电压略有增加。根据稳压管反向击穿特性，稳压管的反向电流将大幅度增加，于是流过电阻的电流 I_R 也将增加很多，所以限流电阻上的电压将增大，使得 U_I 增量的绝大部分降落在 R_L 上，从而使输出电压 U_O 基本保持不变。其工作过程如下：

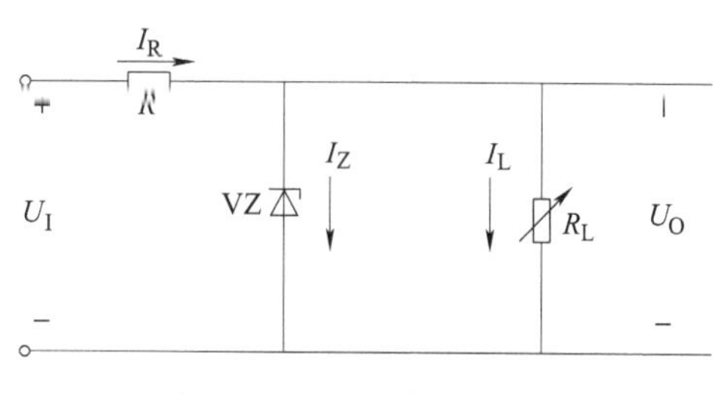

图 2-12　硅稳压管稳压电路

$$U_I\uparrow \rightarrow U_O\uparrow \rightarrow I_Z\uparrow \rightarrow I_R\uparrow \rightarrow U_R\uparrow \rightarrow U_O\downarrow$$

设输入电压 U_I 不变，当负载电阻 R_L 减小时，流过负载的电流 I_L 将增大，导致限流电阻上的总电流 I_R 增大，则电阻上的压降增大。因输入电压不变，所以使输出电压下降，即稳压管上的电压下降，其反向电流 I_Z 立即减小，如果 I_L 的增加量和 I_Z 的减小量基本相等，则 I_R 基本不变，输出电压 U_O 也基本不变，上述过程可描述为

$$R_L\downarrow \rightarrow I_L\uparrow \rightarrow I_R\uparrow \rightarrow U_R\uparrow \rightarrow U_O\downarrow \rightarrow I_Z\downarrow \rightarrow U_R\downarrow \rightarrow U_O\uparrow$$

由此可见，稳压管的电流调节作用是稳压的关键，并通过限流电阻的调压作用达到稳压的目的。这种电路结构简单，调试方便，但稳定性能较差，输出电压不易调整。一般适用于负载电流较小、稳压要求不高的场合。

（2）参数的选择

1）硅稳压管的选择。可根据 $U_Z=U_O$，$I_{Zmax}\geqslant(2\sim3)I_{Lmax}$ 选取硅稳压管，因为当 U_I 增加时，会使硅稳压管的 I_Z 增加，所以电流选择应适当大一些。

2）输入电压的确定。输入电压 U_I 越大，R 越大，稳压性能越好，当然损耗也大。一般确定

$$U_I=(2\sim3)U_O \tag{2-9}$$

3）限流电阻的选择。在 U_I 最小和 I_L 最大时，流过稳压管的电流最小，此时电流不能低于稳压二极管的最小稳定电流；在 U_I 最大和 I_L 最小时，流过稳压管的电流最大，此时电流不能大于稳压二极管的最大电流值，即

$$\frac{U_{Imax}-U_Z}{I_{Zmax}+I_{Lmin}}\leqslant R\leqslant\frac{U_{Imin}-U_Z}{I_{Zmin}+I_{Lmax}} \tag{2-10}$$

2. 串联型稳压电路

串联型稳压电路组成结构如图 2-13 所示。VT_1 为调整管，工作在线性放大区，因 VT_1 与负载 R_L 串联，故串联型稳压电路又称为线性稳压电路。R_Z 和稳压二极管 VZ 组成基准电压源，R_1、R_2 和 R_P 组成取样电路，晶体管 VT_2 与 R_4 组成比较放大电路。

当 U_I 变化或 I_O 变化引起 U_O 变化时，取样电路把输出电压的一部分送到比较放大电路 VT_2 的基极，与基准电压 U_Z 相比较，其差值信号经 VT_2 放大后，控制调整管 VT_1 的基极电

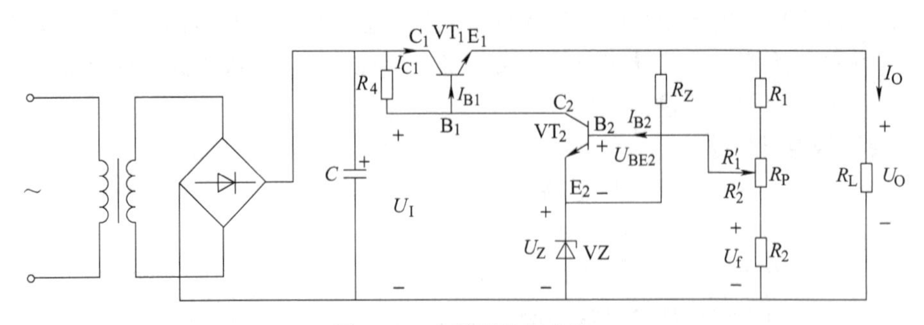

图 2-13 串联型稳压电路

位，从而调整 VT_1 的管压降 U_{CE1}，补偿输出电压 U_O 的变化，使之保持稳定。调整过程如下：

$U_I\uparrow(I_O\uparrow)\rightarrow U_O\uparrow\rightarrow U_f\uparrow\rightarrow U_{BE2}\uparrow\rightarrow U_{BC2}\downarrow\rightarrow U_{BE1}\downarrow\rightarrow I_{B1}\downarrow\rightarrow I_{C1}\downarrow\rightarrow U_{CE1}\uparrow\rightarrow U_O\downarrow$

当输出电压下降时，调整过程与上述相反，过程中设备电压的变化由 U_I 或 I_O 的变化引起。

3. 三端集成稳压器

三端集成稳压器有两种：一种是输出电压固定的，称为固定输出三端稳压器；另一种是输出电压可调的，称为可调输出三端稳压器。

（1）固定输出三端稳压器 固定输出三端稳压器的三端是指电压输入、电压输出、公共接地。此类稳压器输出电压有正、负之分。三端固定式集成稳压器的通用产品主要有 CW7800 系列（输出固定正电源）和 CW7900 系列（输出固定负电源）。输出电压由具体型号的后两位数字代表，有 5V、6V、9V、12V、15 V 、18V、24V 等。其额定输出电流以 78（79）后面的字母来区分，L 表示 0. 1 A，M 表示 0. 5A，无字母表示 1. 5A。如 CW7812 表示稳压输出+12V 电压，额定输出电流为 1. 5A。固定输出三端稳压器外形及引脚排列如图 2-14 所示。

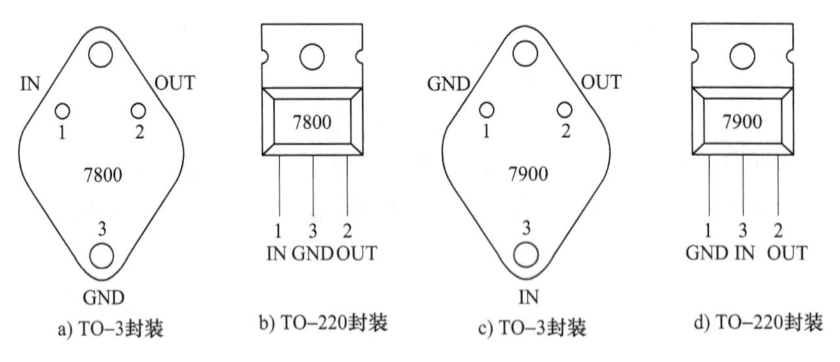

图 2-14 固定输出三端稳压器

（2）可调输出三端稳压器 固定输出三端稳压器输出电压不可调，使用起来不太方便，因此，可调输出三端稳压器是在固定输出三端稳压器基础上发展起来的一种性能更为优异的集成稳压器件，它除了具备固定式三端稳压器的优点外，既有正压稳压器，又有负压稳压器，同时就输出电流而言，有 0. 1A、0. 5A、1. 5A 等各类稳压器，还可用少量的外接元件，实现大范围的输出电压连续调节（调节范围为1.2~37V），应用更为方便。其典型产品有输出正电压的CW117、CW217、CW317系列和输出负电压的CW137、CW237、CW337系列。根据输出电流的大小，每个系列又分为L型系列（$I_0 \leqslant 0.1$A）、M型系列（$I_0 \leqslant 0.5$A）。如果不标M或L，则表示该器件的$I_0 \leqslant 1.5$A。可调输出三端稳压器的外形及引脚排列如图2-15所示。

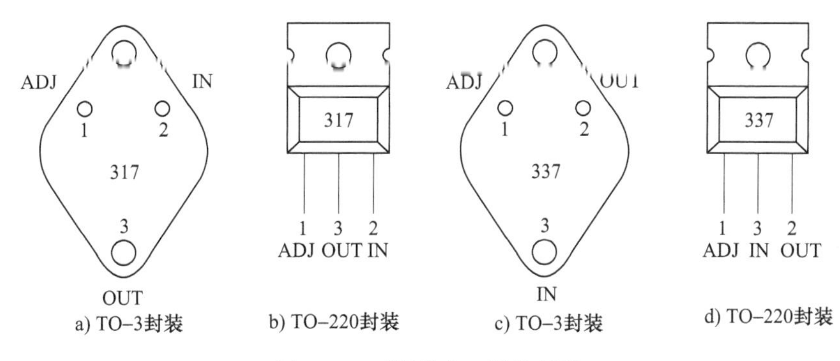

图2-15 可调输出三端稳压器

2.2.4 可控整流电路

1. 晶闸管结构与特性

（1）晶闸管结构与符号 从外部看，晶闸管是一个三端器件，其内部是一个四层半导体三PN结结构，如图2-16所示。由P_1和N_2引出的电极分别称为阳极A和阴极K，是主电极；由P_2引出的电极称为门极G。晶闸管的电路符号亦如图2-16所示，VT是它的字母符号。

（2）晶闸管伏安特性 图2-17所示为晶闸管的伏安特性曲线。

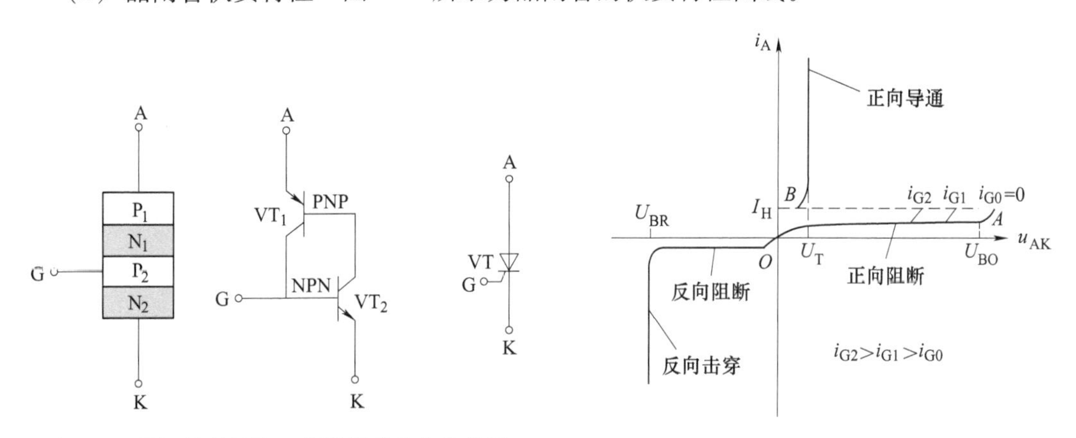

图2-16 晶闸管的结构、等效模型及电路符号

图2-17 晶闸管的伏安特性曲线

1）反向阻断状态。电源电压$u_{AK}<0$，则晶闸管处于反向接法，这时，无论电压u_{GK}是大于零还是小于零，或是门极断开，晶闸管都不可能导通，称晶闸管处于反向关断或阻断状态。u_{AK}值加大，增至某一值U_{BR}时，反向电流突增，晶闸管击穿。

2）正向阻断状态。若电源电压$u_{AK}>0$，则晶闸管处于正向接法，这时，如果触发电压

$u_{GK}\leqslant 0$，或是门极 G 处于断开状态，则原来处于关断状态的晶闸管将仍是不导通的，这是因为晶体管 VT_1 和 VT_2 都没有基极电流的缘故，称晶闸管处于正向关断或阻断状态。继续加大 u_{AK} 至 U_{BO} 时，晶闸管由阻断状态变为导通状态，U_{BO} 称为正向转折电压。导通之后，管压降降为 U_T，i_A 随 u_{AK} 快速增减，当 i_A 减至 I_H 以下时，晶闸管恢复阻断，I_H 称为维持电流。

3）正向触发导通。若电源电压 u_{AK} 和触发电压 u_{GK} 皆大于零，且幅值足够大，则晶闸管会从原来不导通的状态立即变为导通状态，且 u_{GK} 越大，晶闸管由断态转为通态所需的正向转折电压越小。

4）正向导通的自维持。晶闸管被触发导通之后，即使门极电流变为零，晶闸管仍可以维持导通，也就是说，导通之后，门极 G 就失去作用了，即使令 $u_{GK}=0$ 或门极 G 断开也没有任何影响。

5）晶闸管的关断。对于已经导通的晶闸管，欲使其恢复成关断状态，可有以下三种途径：

① 增大负载电阻，以使负载电流减，当负载电流减至一个最小维持值以下时，晶闸管便会关断。

② 当电压 u_{AK} 从正常值变为 $u_{AK}\leqslant 0$，也会使 i_L 减小至最小维持值以下，晶闸管便会关断。

③ 人为断开主电路。

（3）晶闸管主要参数

1）正向重复峰值电压 U_{DRM}。U_{DRM} 是指在门极开路和晶闸管阻断条件下，允许重复加在晶闸管上的正向峰值电压。普通晶闸管的 U_{DRM} 值为 100~3000V。

2）反向重复峰值电压 U_{RRM}。U_{RRM} 是指在门极开路时，允许重复加在晶闸管上的反向峰值电压。普通晶闸管的 U_{RRM} 值为 100~3000V。

3）通态平均电流 $I_{V(AV)}$。$I_{V(AV)}$ 是在环境温度为 40℃和规定的冷却条件下，晶闸管在纯电阻性负载的单相工频正弦半波、导通角不小于 170°的电路中，当结温稳定且不超过额定结温时，所允许的最大通态平均电流。$I_{V(AV)}$ 一般为 1~1000A。

4）维持电流 I_H。在室温下，门极开路时，晶闸管从较大的通态电流降低至刚好能保持导通的最小电流。

5）门极触发电流 I_G。在室温下，晶闸管施加 6V 正向阳极电压时，使其完全开通所必需的最小门极直流电流。

6）门极触发电压 U_G。与门极触发电流对应的为门极触发电压。

2. 晶闸管可控整流电路

将桥式整流电路中两个二极管换成晶闸管，就构成单相桥式可控整流电路，如图 2-18a 所示。

u_2 正半周时加触发电压，VT_1 导通，VT_2 截止，电流流经路径：A 端→VT_1→R_L→VD_2→B 端。$u_2=0$ 时，VT_1 关断，输出电流为 0。u_2 负半周时加触发电压，VT_2 导通，VT_1 截止，电流流经路径：B 端→VT_2→R_L→VD_1→A 端。$u_2=0$ 时，VT_2 关断，输出电流为 0。输出电压波形如图 2-18b 所示。触发电压所加时刻越早，触发延迟角 α 越小，导通角 θ 越大，输出电压平均值越大。

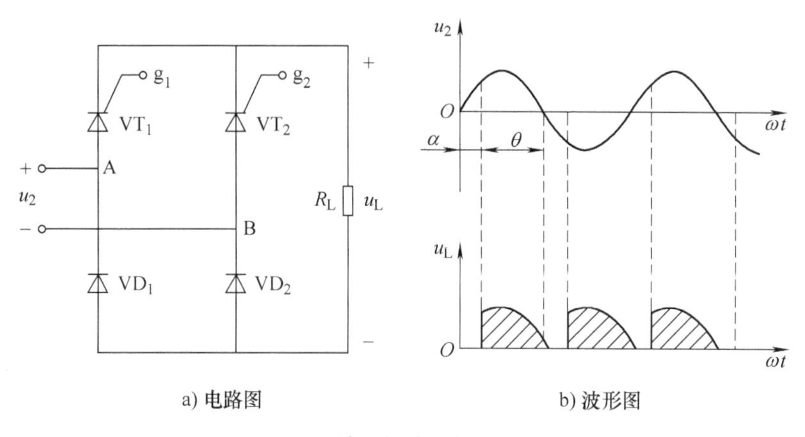

a) 电路图　　b) 波形图

图 2-18 单相桥式可控整流电路

2.2.5 晶闸管触发电路

1. 单结晶体管结构与特性

（1）单结晶体管结构与符号　单结晶体管有三个电极，它内部有一个 PN 结。它是在一块 N 型基片一侧和两端各引出一个欧姆接触的电极，分别称为第一基极 b_1 和第二基极 b_2，而在基片的另一侧较靠近 b_2 处设法掺入 P 型杂质形成 PN 结，并引出一个电极，为发射极 e。图 2-19 给出了单结晶体管的结构、电路符号与等效电路，其中 R_{b1}、R_{b2}分别是两个基极至 PN 结之间的电阻。由于具有两个基极，单结晶体管也称为双基极二极管。

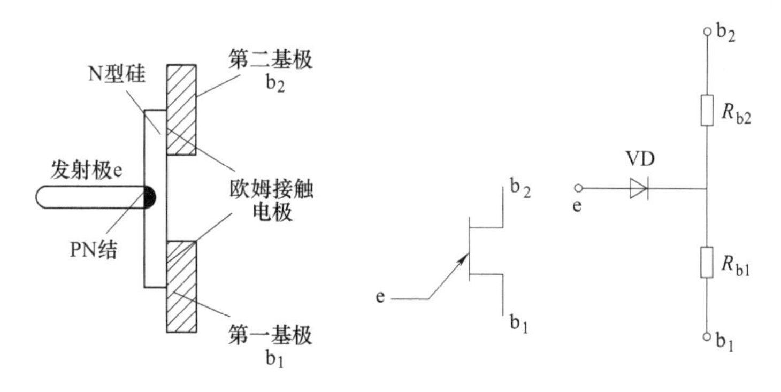

图 2-19 单结晶体管的结构、电路符号及等效电路

（2）单结晶体管伏安特性　单结晶体管伏安特性是指它的发射极特性，测试电路如图 2-20 所示。两基极之间加一固定电压 U_{BB}，加在发射极 e 与基极 b_1 之间的电压 U_E 可通过 R_P 进行调节。

改变发射极 e 与基极 b_1 之间的电压值 U_E，同时测量不同 U_E 对应的发射极电流 I_E，得到图 2-21 所示伏安特性曲线。

当 e 极开路时，图中 A 点对极间电压（即上压降）为

$$U_A = [R_{b1}/(R_{b1}+R_{b2})]U_{BB} = \eta U_{BB} \tag{2-11}$$

式中，η 为单结晶体管的分压比，它由其内部决定，是单结晶体管的重要参数，其值一般在

0.3~0.8之间。

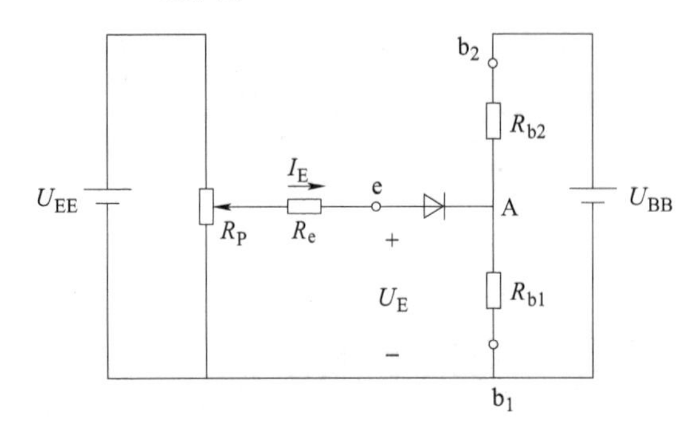

图2-20 单结晶体管伏安特性测试电路

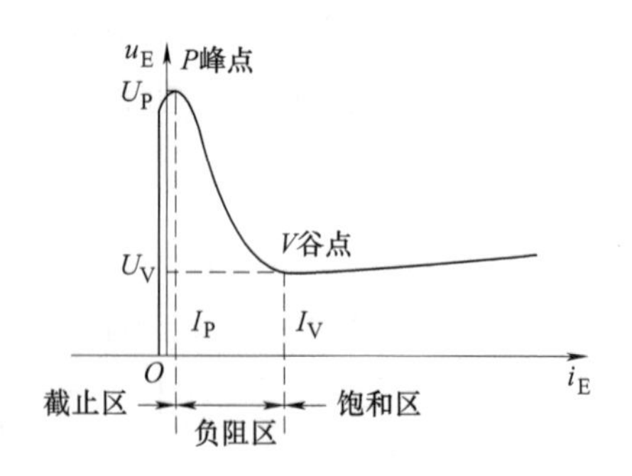

图2-21 单结晶体管伏安特性曲线

1）截止区。接上外加电源 U_{EE}，调整 R_P 使 U_E 由零逐渐加大，在 $U_E<U_A+U_D=\eta U_{BB}+U_D$ 时（U_D为等效二极管的正向压降），二极管因反偏而截止，发射极仅有很小的漏向电流流过。e与 b_1 间呈现很大的电阻，单结晶体管处于截止状态，这段区域称为截止区，如图2-21中的 OP 段。

2）负阻区。当 U_E 升高到 $U_E=\eta U_{BB}+U_D$时，其到达图中 P 点，二极管开始正偏而导通，I_E 随之开始增加。P 点所对应的发射极电压 U_P 和电流 I_P 分别称为单结晶体管的峰点电压和峰点电流。显然，峰点电压为

$$U_P = \eta U_{BB} + U_D \tag{2-12}$$

导通后，发射极P区空穴大量注入N型基片，由于 b_1 点电位低于e点，大多数空穴被注入N型基片的 b_1 一端。这就使基片上 Ab_1 段的电阻 R_{b1}值迅速减小，U_{BB}在A点的分压 U_A 也随之减小，使二极管的正向偏压增加，I_E 进一步增加，I_E 的增加又促使 R_{b1}进一步减小。这样形成 I_E 迅速增加、U_A急剧下降的一个强烈的正反馈过程。由于PN结的正向压降随 I_E 的增加而变化不大，U_E 就要随 U_A的下降而下降，一直达到最低点 V。V 点称为谷点，所对应的 U_E、I_E 分别称为谷点电压 U_V、谷点电流 I_V。由于 U_E 随 I_E 增大而减小，动态电阻 $\Delta r_{eb1}=\Delta U_E/I_E$ 为负值，故从 P 点到 V 点这段曲线称为单结晶体管的负阻特性，对应这段负阻特性的区域称为负阻区。

3）饱和区。V 点以后，当 I_E 继续增大，空穴注入N区增大到一定程度，部分空穴来不及与基区电子复合，而出现空穴剩余，使空穴继续注入遇到阻力，相当于 R_{b1}变大，因此在 V 点之后，元件又恢复正阻特性，U_E 随着 I_E 的增大而缓慢增大，这段区域称为饱和区。显然，U_V 是维持单结晶体管导通的最小发射极电压，一旦 $U_E<U_V$，单结晶体管将截止。

由上述分析可知，单结晶体管具有以下特点：

1）当发射极电压 U_E 小于峰点电压 U_P 时，单结晶体管为截止状态，当 U_E 上升到峰点电压时，单结晶体管触发导通。

2）导通后，若 U_E 低于谷点电压 U_V，单结晶体管立即转入截止状态。

3）峰点电压 U_P 与单结晶体管的分压比 η 及外加电压 U_{BB}有关。η 大则 U_P 大，U_{BB}大则 U_P 也大。

2. 单结晶体管触发电路

如前所述，要使晶闸管导通，除了在阳极与阴极之间加正向电压外，还需要在门极与阴

极之间加正向触发电压（电流），产生触发电压（电流）的电路称为触发电路。本任务利用单结晶体管、电阻、电容构成触发电路，如图2-22a所示。

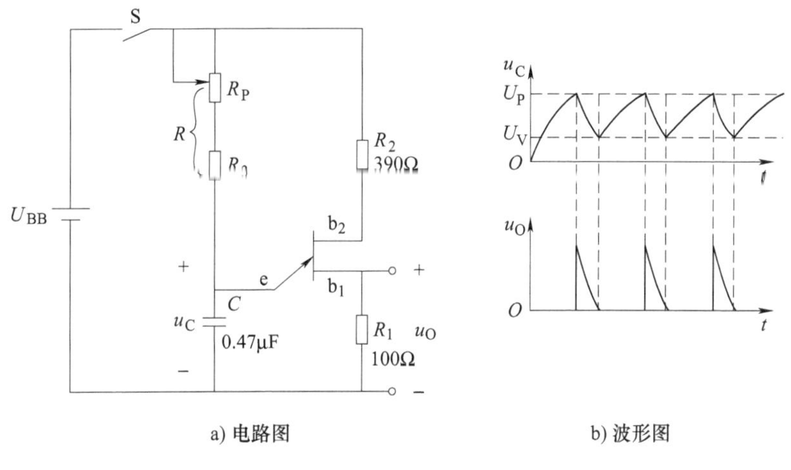

a) 电路图　　b) 波形图

图2-22　单结晶体管触发电路

合上电源开关S后，电源U_{BB}经电阻R_P、R_3向电容C充电，u_C按指数规律上升，上升速度取决于R、C的数值。在u_C到达峰点电压U_P之前，单结晶体管处于截止状态，R_1两端无脉冲信号输出。当电容电压u_C到达峰点电压U_P时，单结晶体管由截止变为导通，电容经e、b_1间的电阻向外接电阻R_1放电，由于$R_1 \ll R$，因而放电速度比充电速度快得多，u_C急剧下降。当电容电压降到谷点电压U_V时，单结晶体管截止，输出电压降为0。于是，R_1两端就输出一个尖脉冲电压，完成一个振荡周期。

此后，电容又开始充电，重复上述充放电过程，在电阻R_1上获得周期性尖脉冲电压u_O，如图2-22b所示。调节电阻R（即调节电位器R_P）可改变电容充电时间，从而改变输出脉冲的频率，最终改变晶闸管的触发延迟角，改变晶闸管可控整流电路的输出电压值。

2.2.6　调光台灯电路构成及原理分析

调光台灯电路构成如图2-23所示。VT_1、R_2、R_3、R_4、R_P、C组成单结晶体管张弛振荡器。接通电源前，电容C上电压为零；接通电源后，电容经由R_4、R_P充电，电容的电压U_C逐渐升高。当达到峰点电压时，VT_1的e-b_1间导通，电容上电压经e-b_1向电阻R_3放电。

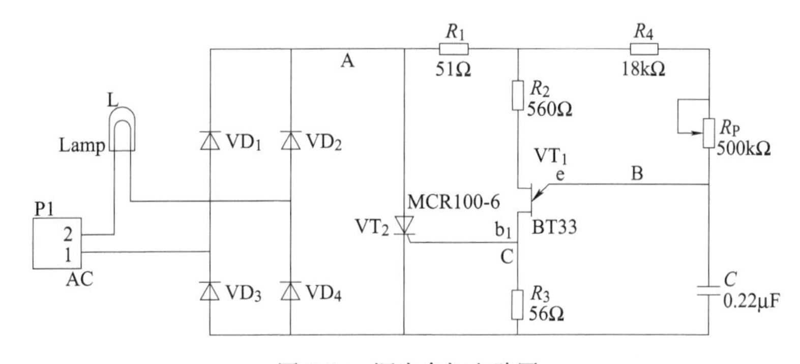

图2-23　调光台灯电路图

当电容上的电压下降到谷点电压时，单结晶体管恢复阻断状态。此后，电容又重新充电。重复上述过程，在电容上形成锯齿状电压，在 R_3 上形成脉冲电压，此脉冲电压作为晶闸管 VT_2 的触发信号。在 $VD_1 \sim VD_4$ 桥式整流输出的每一个半波时间内，振荡器产生的第一个脉冲为有效触发信号。调节 R_P 的阻值，可改变触发脉冲的相位，控制晶闸管 VT_2 的导通角，从而调节电灯亮度。

2.3 仿真分析

利用 Proteus 仿真软件搭建调光台灯仿真分析电路，如图 2-24 所示。调节电位器旋钮，使阻值连续变化，则灯泡 L1 的亮度连续变化。

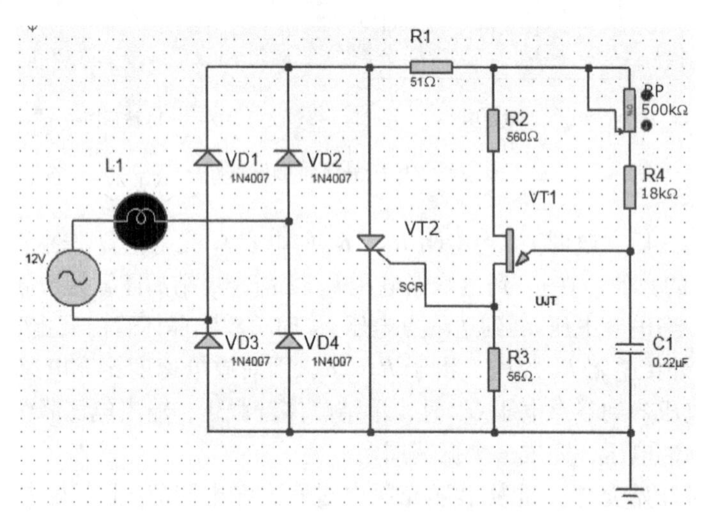

图 2-24 调光台灯仿真电路图

2.4 实做体验

2.4.1 材料及设备准备

材料清单见表 2-1。

表 2-1 材料清单表

序号	名称	型号与规格	数量	备注
1	二极管	1N4007	4 个	
2	晶闸管	MCR100-6	1 个	
3	单结晶体管	BT33	1 个	
4	电阻	51Ω	1 个	
5	电阻	560Ω	1 个	
6	电阻	56Ω	1 个	
7	电阻	18kΩ	1 个	

（续）

序号	名称	型号与规格	数量	备注
8	带开关电位器	500kΩ	1 个	
9	涤纶电容	0.22μF/63V	1 个	
10	电灯（带座）	6.3V	1 只	
11	12V 电源插座		1 个	
12	PCB	7cm×9cm	1 块	
13	导线	BVR 线，ϕ0.5mm×10cm	2 根	红、黑
14	焊锡丝	ϕ0.8mm	1.5m	

工具设备清单见表 2-2。

表 2-2 工具设备清单表

序号	名称	型号与规格	数量	备注
1	指针式万用表	MF47	1 块	
2	数字式万用表	VC890D	1 块	
3	数字示波器	VC1100AN	1 台	
4	斜口钳	JL-A15	1 把	
5	尖嘴钳	HB-73106	1 把	
6	电烙铁	220V/25W	1 把	
7	吸锡枪	TP-100	1 把	
8	镊子	1045-0Y	1 个	
9	锉刀	W0086DA-DD	1 个	

2.4.2 元器件筛选

1. 桥堆识别与检测

（1）桥堆外形及引脚辨别　将接好的桥式整流电路四个二极管封装在一起，只引出四个引脚，就构成了桥堆，如图 2-25 所示。四个引脚中，两个直流输出端标有“+”或“−”，两个交流输入端标有“~”或“AC”标记。

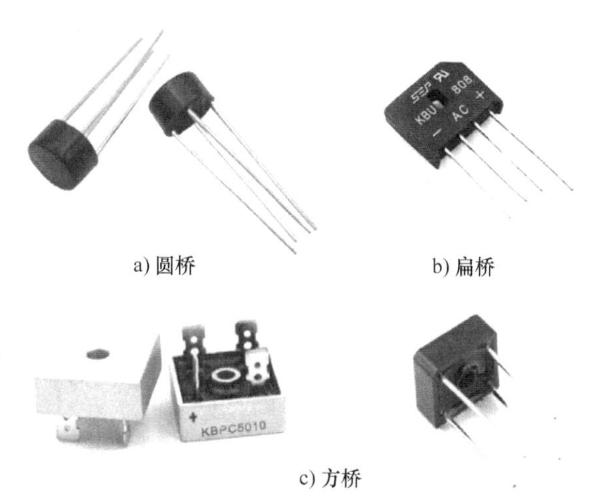

a) 圆桥　b) 扁桥　c) 方桥

图 2-25　常见桥堆外形图

（2）桥堆性能测试　指针式万用表置于 R×1k 档，测量交流电源输入端的正反向电阻，由电路结构可知，无论两表笔怎样连接测量，对于一只性能良好的桥堆，其正反向电阻均应很大，因每次测量总有二极管是反向截止状态。如果测得的正反向电阻较小（如只有几千欧）时，则说明桥堆中有一个或多个二极管有击穿或漏电现象，不能再使用了。上述测量还不能判断桥堆中某个二极管是否有开路性故障或正向电阻变大的故障，为此还应测试直流输出端的正向电阻。指针式万用表红表笔接“+”脚，黑表笔接“-”脚，如果此时测出的正向电阻略比单个二极管正向电阻大，说明桥堆正常；如果正向电阻接近单个二极管的正向电阻，说明桥堆中有一个或两个二极管击穿；如果正向电阻较大，比两个二极管正向电阻大很多，说明桥堆中的二极管有正向电阻变大或有开路性故障。

2. 晶闸管识别与检测

（1）晶闸管外形　晶闸管的常见外形封装形式有塑封式、平板式、螺旋式及模块式等，如图 2-26 所示。

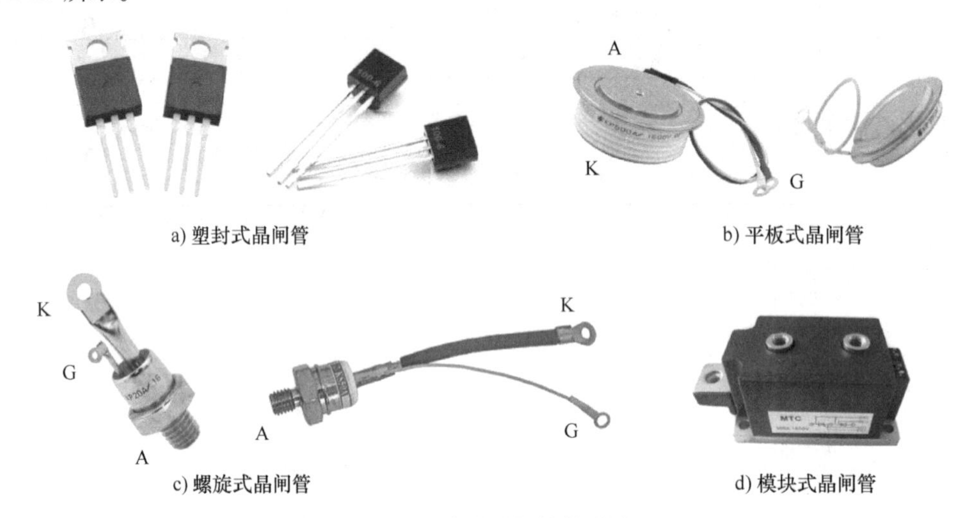

a) 塑封式晶闸管　b) 平板式晶闸管

c) 螺旋式晶闸管　d) 模块式晶闸管

图 2-26　常见晶闸管外形图

1）螺旋式晶闸管的螺栓端为阳极 A，较细的引线端为门极 G，较粗的引线端为阴极 K。

2）平板式晶闸管的引出线端为门极 G，平面端为阳极 A，另一端为阴极 K。

3）塑封晶闸管的中间引脚为阳极 A。

（2）晶闸管性能测试

1）引脚辨别。数字式万用表选择二极管档位，测量晶闸管任意两脚的正、反向电阻，测量过程中有一次有数据显示，这时与红表笔相接的为门极 G，与黑表笔相连的为阴极 K，剩下的那个引脚为阳极 A。

2）极间阻值的测量。将指针式万用表置于 R×1k 档，测量 G、K 之间正向阻值，应为几千欧左右，如果阻值很小，说明 G、K 间 PN 结击穿，如果阻值过大，则说明极间有断路现象。G、K 之间的反向电阻应为无穷大，如果阻值很小，说明内部有击穿或短路现象。A、K 之间的正、反向电阻均应为无穷大，否则说明内部有击穿或短路现象。

3）触发检测。将指针式万用表置于 R×1k 档，用黑表笔接阳极 A，红表笔接阴极 K，万用表指针不偏转（截止），如图 2-27 所示。这时如果用门极 G 接触一下黑表笔，则指针偏转（导通）。即使再断开

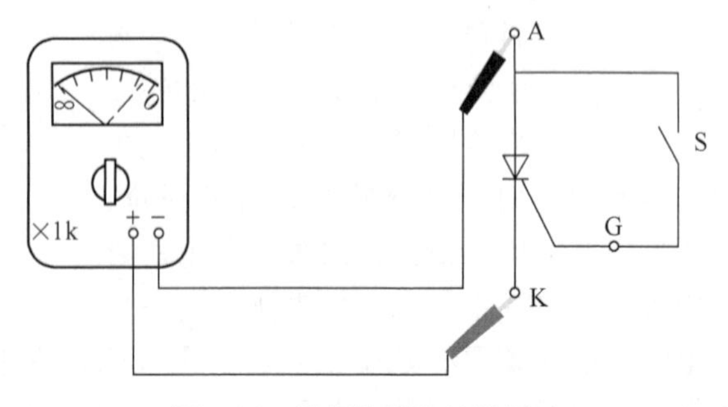

图 2-27　晶闸管触发特性测试

门极 G，只要阳极 A 和阴极 K 保持与表笔接触，晶闸管也能一直维持导通状态。如果上述测量过程不能顺利进行，则说明该管是坏的。

3. 单结晶体管识别与检测

（1）单结晶体管外形及引脚辨别　单结晶体管常见的封装形式有金属封装和塑胶封装两种，如图 2-28 所示。金属封装的单结晶体管，引脚朝上，从带有记号的凸处起，顺时针分别为 e、b_1、b_2。塑胶封装的单结晶体管有字的平面正对着自己，引脚朝下，从左至右依次是 e、b_2、b_1。

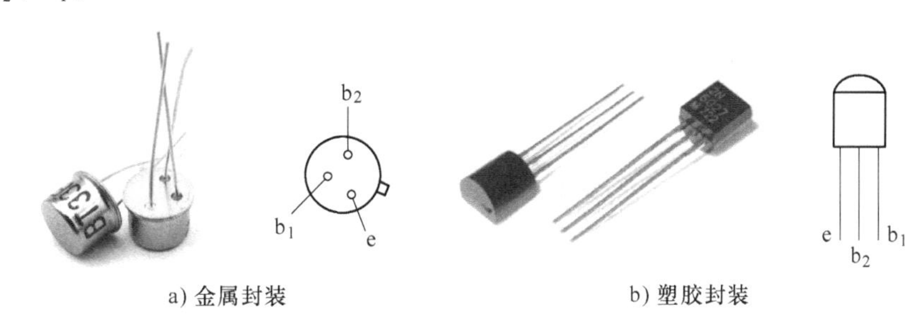

图 2-28　常见单结晶体管外形图

（2）单结晶体管性能测试

1）单结晶体管极间电阻的测量。发射极开路时，极间电阻 R_{BB} 基本上是一个常数，国产单结晶体管的 R_{BB} 值在 3~10kΩ 范围内。测量发射极和两基极间的正向电阻，用万用表的电阻档，黑表笔接发射极，红表笔分别接两个基极，正常时均应有几千欧至几十千欧的电阻值；测量发射极和两基极间的反向电阻，同样把万用表调到电阻档，红表笔接发射极，黑表笔分别接两个基极，由于单结晶体管反向电流非常小，所以测得结果应为∞。如果测得某两极之间的电阻值与上述正常值相差较大时，则说明管子质量不好或已损坏。

2）单结晶体管负阻特性的检测。用指针式万用表的 R×1 或 R×100 档，黑表笔接发射极，红表笔接第一基极，这就相当于在发射极和第一基极之间加上了一个固定的 1.5V 的电压，在第二基极与第一基极之间外加+4.5V 电源，万用表指示应为∞，表示单结晶体管性能良好。若指针发生偏转，表示管子无负阻特性或分压比值太低，不能正常使用。

2.4.3　布局图设计

电子元器件布局图设计是根据选定的待组装电路原理图，在电路板上对要组装的元器件分布进行设计，是电子产品制作过程中非常重要的一个环节。

1. 设计要点

1）要按电路原理图设计。

2）元器件分布要科学，电路连接规范。

3）元器件间距要合适，元器件分布要美观。

2. 具体方法和注意事项

1）根据电路原理图找准几条线，确保元器件分布合理、美观。

2）除电阻元件外，如二极管、电解电容、晶闸管、单结晶体管等元器件，要注意布局图上标明引脚区分或极性。

3. 调光台灯 PCB 布局图（见图 2-29）

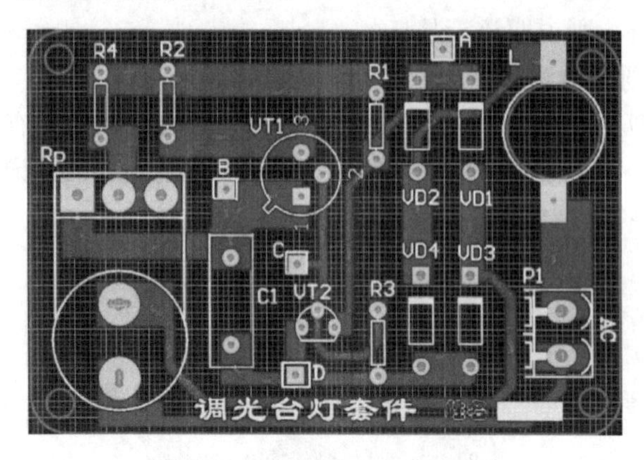

图 2-29 调光台灯 PCB 布局图

2.4.4 焊接制作

（1）元器件引脚成形　元器件成形时，无论是径向元器件还是轴向元器件，都必须考虑两个主要的参数：

1）最小内弯半径。

2）折弯时距离元器件本体的距离。

【小提示】

要求折弯处至元器件体、球状连接部分或引脚焊接部分的距离相当于至少一个引脚直径或厚度，或者是 0.8mm（取最大者）。

（2）元器件插装　插装元器件时，应遵循“六先六后”原则，即先低后高，先小后大，先里后外，先轻后重，先易后难，先一般后特殊。具体的插装要求如下：

1）边装边核对，做到每个元器件的编号、参数（型号）、位置均统一。

2）晶体管插装要求极性正确，高度一致且高度尽量低，要端正不歪斜。

3）LED 插装要求极性正确，区分不同的发光颜色，要端正不歪斜。

4）电容器插装要求极性正确，尽可能降低安装高度，要端正不歪斜。

（3）电路板焊接　焊接时一定要控制好焊接时间的长短，同时，焊锡量要适中，要保证每个焊点均焊接牢固、接触良好，以确保焊接质量达到要求。焊接完成后，用斜口钳剪去多余的引线，确保引脚末端露出 2mm 左右。

2.4.5 功能调试

1. 目视检查

检查电源、地线、信号线、元器件接线端之间有无短路；连线处有无接触不良；二极管、晶闸管、单结晶体管等有极性元器件引脚有无错接、漏接、反接。

2. 通电检查

将焊接制作好的调光台灯电路板接入 12V 交流电源，先观察有无异常现象，包括有无冒烟、有无异常气味、元器件是否发烫、电源是否短路等，如果出现异常，应立即切断电源，排除故障后方可重新通电。

电路检查正常之后，调节电位器旋钮，观察调光台灯功能是否正常，要求灯泡能线性由暗变化到全亮，如图2-30所示。如果灯泡不亮或者亮度不能调节，说明电路出现故障，这时应检查电路，找出故障并排除。功能演示正常后，再利用示波器观测A、B、C三点工作电压波形。

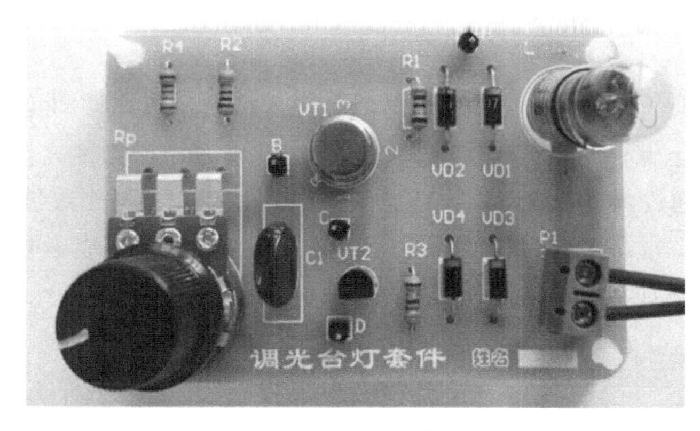

图2-30 调光台灯实物图

3. 故障检测与排除

电子产品焊接制作及功能调试过程中，出现故障不可避免，通过观察故障现象、分析故障原因、解决故障问题可以提高实践和动手能力。故障检测与排除就是从故障现象出发，通过反复测试做出分析判断，逐步找出问题的过程。

（1）故障查找方法 对于比较简单的电路或自己非常熟悉的电路，可以采用观察判断法，通过仪器、仪表观察结果，再根据自己的经验，直接判断故障发生的原因和部位，从而准确、迅速地找到故障并加以排除。对于比较复杂的电路，查找故障的通用方法是把合适的信号或某个模块的输出信号引到其他模块上，然后依次对每个模块进行测试，直到找到故障模块为止。故障查找步骤如下：

1）先检查用于测量的仪器是否使用得当。

2）检查安装制作的电路是否与电路图一致。

3）检查供电电源电压是否正常。

4）检查半导体器件工作电压是否正常，从而判断半导体器件是否正常工作或损坏。

5）检查电容、电阻等元器件是否工作正常。

（2）常见故障分析

1）灯泡不亮。灯泡亮不亮的关键取决于晶闸管是否导通，现在灯泡不亮，在确定连线可靠的情况下，从晶闸管是否损坏，晶闸管A、K之间是否有正向电压及晶闸管G、K之间是否有正向触发电压几个方面来查找故障点。

2）灯泡亮但不能调光。亮度可调的关键是通过调节电位器旋钮，改变电容C的充电速度，从而控制晶闸管的导通时刻，现在灯泡亮但不能调光，证明晶闸管已经导通，但是导通时刻不受控制，可以从电位器的连接是否正确、电容C是否完好两个方面来查找故障点。

3）接通电源，二极管冒烟损坏。二极管冒烟损坏的原因是流过它的电流超过了它所允许的最大值，可以从变压器输出电压是否过大、与二极管串联的功率电阻是否短接两个方面查找故障点。

2.5 应用拓展

2.5.1 电路组成与工作原理

完成带电压测试功能的可调直流稳压电源制作，其电路组成如图 2-31 所示。VD_1 用于防止输入短路时 C_1 上储存的电荷产生很大的电流反向流入稳压器使之损坏。VD_2 用于防止输出端短路时，C_5 通过调整端放电而损坏稳压器。C_2 用于减小输出纹波电压，C_1 是为了防止产生自激振荡。R_1 和 RP_1 构成取样电路，这样，电路实质上构成串联型稳压电路，调节 RP 可改变取样比，从而调节输出电压 U_O 的大小。

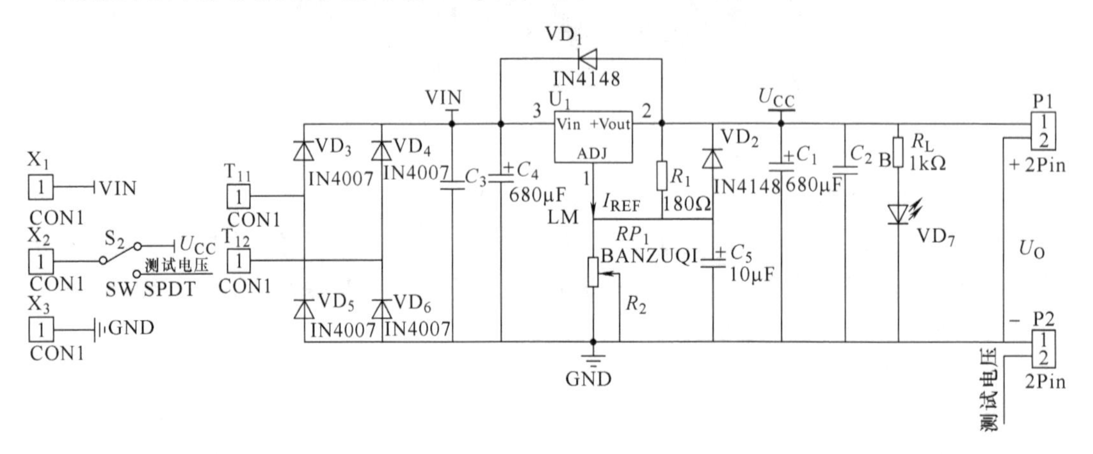

图 2-31 可调直流稳压电源电路图

电路输出电压为

$$U_O = \frac{U_{REF}}{R_1}(R_1 + R_2) + I_{REF}R_1 \tag{2-13}$$

由于 $I_{REF} \approx 50\mu A$，$I_{REF}R_1$ 项可以略去，又因为 $U_{REF} = 1.25V$，所以

$$U_O \approx 1.25 \times \left(1 + \frac{R_2}{R_1}\right) \tag{2-14}$$

考虑到器件内部电路绝大部分静态工作电流由输出端流出，为保证负载开路时电路工作正常，必须正确选择 R_2、R_1 取值不能太大，否则会有一部分电流不能从输出端流出，影响电路正常工作。

2.5.2 材料及设备准备

材料清单见表 2-3。

表 2-3　材料清单表

序号	名称	型号与规格	数量	备注
1	集成稳压器	LM317	1 只	
2	电阻	180Ω	1 个	
3	电阻	1kΩ	1 个	
4	电位器	5kΩ	1 个	
5	电解电容	680μF	2 个	
6	电解电容	10μF	2 个	
7	陶瓷电容	104	1 个	
8	续流二极管	1N4148	2 个	
9	整流二极管	1N4007	4 个	
10	发光二极管	红色	1 个	
11	电源插孔	2Pin	2 个	
12	拨动开关	单端双投	1 只	
13	散热片	与 LM317 配套	1 片	
14	电源导线	220V	10cm	
15	鳄鱼夹	红色、黑色	4 只	
16	电压表模块	数字式	1 块	
17	PCB	7cm×9cm	1 块	
18	导线	BVR 线，ϕ0. 5mm×10cm	2 根	红、黑
19	焊锡丝	ϕ0. 8mm	1. 5m	

工具设备清单见表 2-4。

表 2-4　工具设备清单表

序号	名称	型号与规格	数量	备注
1	指针式万用表	MF47	1 块	
2	数字式万用表	VC890D	1 块	
3	斜口钳	JL-A15	1 把	
4	尖嘴钳	HB-73106	1 把	
5	电烙铁	220V/25W	1 把	
6	吸锡枪	TP-100	1 把	
7	镊子	1045-0Y	1 个	
8	锉刀	W0086DA-DD	1 个	

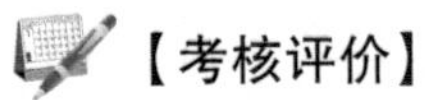

【考核评价】

考核评价表

<table>
<tr><td colspan="2">任务 2</td><td colspan="4">调光台灯的制作</td></tr>
<tr><td colspan="2">考核环节</td><td>考核要求</td><td>评分标准</td><td>配分</td><td>得分</td></tr>
<tr><td rowspan="2">工作过程知识</td><td>点滴积累</td><td rowspan="2">1）相关知识点的熟练掌握与运用
2）系统工作原理分析正确</td><td rowspan="2">在线练习成绩×该部分所占权重（30%）= 该部分成绩。由教师统计确定得分</td><td rowspan="2">30 分</td><td rowspan="2"></td></tr>
<tr><td>电路分析</td></tr>
<tr><td rowspan="6">工作过程技能</td><td>任务准备</td><td>1）明确任务内容及实验要求
2）分工明确，作业计划书整齐美观</td><td>1）任务内容及要求分析不全面，扣 2 分
2）组员分工不明确，作业计划书潦草，扣 2 分</td><td>5 分</td><td></td></tr>
<tr><td>模拟训练</td><td>1）模拟训练完成
2）过关测试合格</td><td>1）模拟训练不认真，发现一次扣 1 分
2）过关测试不合格，扣 2 分</td><td>5 分</td><td></td></tr>
<tr><td>焊接制作</td><td>1）元器件的正确识别与检测
2）PCB 制图设计正确、整齐、美观
3）元器件装配到位，无错装、漏装
4）焊接可靠美观，无虚焊、漏焊、错焊等</td><td>1）元器件错选或检测错误，每个元器件扣 1 分
2）不能画出 PCB 图，扣 2 分
3）错装、漏装每处扣 1 分
4）焊接质量不符合要求，每个焊点扣 1 分
5）功能不能正常实现，扣 5 分
6）不会正确使用工具设备，扣 2 分</td><td>10 分</td><td></td></tr>
<tr><td>功能调试</td><td>1）调试顺序正确
2）仪器仪表使用正确
3）能正确分析故障现象及原因，查找故障并排除故障，确保产品功能正常实现</td><td>1）不会正确使用仪器仪表，扣 2 分
2）调试过程中，出现故障，每个故障扣 2 分
3）不能实现调光功能，扣 5 分</td><td>10 分</td><td></td></tr>
<tr><td>外观设计</td><td>1）外观效果图简洁美观
2）选择制作材料，完成外壳制作
3）完成外壳与电路板装配
4）产品功能实现，工作正常</td><td>1）外观设计潦草，不美观，扣 2 分
2）没有完成外壳制作，扣 2 分
3）产品无法正常使用，扣 5 分</td><td>10 分</td><td></td></tr>
<tr><td>总结评价</td><td>1）能正确演示产品功能
2）能对照考核评价表进行自评互评
3）技术资料整理归档</td><td>1）不能正确演示产品功能，扣 2 分
2）没有完成自评、互评，扣 2 分
3）技术资料记录、整理不齐全，缺 1 份扣 1 分</td><td>10 分</td><td></td></tr>
<tr><td colspan="2">安全文明素养</td><td>1）安全用电，无人为损坏仪器设备
2）保持环境整洁，秩序井然，习惯良好，任务完成后清洁整理工作现场
3）小组成员协作和谐，态度正确
4）不迟到、早退、旷课</td><td>1）发生安全事故，扣 5 分
2）人为损坏设备、元器件，扣 2 分
3）现场不整洁、工作不文明，团队不协作，扣 2 分
4）不遵守考勤制度，每次扣 1 分</td><td>20 分</td><td></td></tr>
<tr><td colspan="4">合计</td><td>100 分</td><td></td></tr>
</table>

【学习自测】

2.1　填空题

1. 功率较小的直流电源多数是将交流电经过________、________、________和________后获得。

2. 单相________电路用来将交流电压变换为单相脉动的直流电压。

3. 桥式整流电容滤波电路中，滤波电容值增大时，输出直流电压________，负载电阻值增大时，输出直流电压________。

4. 直流电源中的稳压电路作用是当________波动、________变化或________变化时，维持输出直流电压的稳定。

5. 串联型稳压电路由________、________、________和________等部分组成。

6. 串联型稳压电路中比较放大电路的作用是将________电压与________电压的差值进行________。

7. CW7805 的输出电压为________，额定输出电流为________；CW79M24 的输出电压为________，额定输出电流为________。

8. 开关稳压电源的调整管工作在________状态，脉冲宽度调制型开关稳压电源依靠调节调整管的________的比例来实现稳压。

9. 开关稳压电源的主要优点是________较高，具有很宽的稳压范围；主要缺点是输出电压中含有较大的________。

10. 直流电源中，除电容滤波电路外，其他形式的滤波电路包括____________、____________等。

2.2　选择题

1. 已知变压器二次电压 $u_2=28.28\sin\omega t$V，则桥式整流电容滤波电路接上负载时的输出电压平均值约为（　　）。

A. 28.28V　　B. 20V　　C. 24V　　D. 18V

2. 桥式整流电容滤波电路中，要在负载上得到直流电压 7.2V，则变压器二次电压 u_2 应为（　　）V。

A. $8.6\sqrt{2}\sin\omega t$　　B. $6\sqrt{2}\sin\omega t$　　C. $7\sin\omega t$　　D. $7.2\sqrt{2}\sin\omega t$

3. 已知变压器二次电压为 $u_2=\sqrt{2}U_2\sin\omega t$V，负载电阻为 R_L，则半波整流电路流过二极管的平均电流为（　　）。

A. $0.45\dfrac{U_2}{R_L}$　　B. $0.9\dfrac{U_2}{R_L}$　　C. $\dfrac{U_2}{2R_L}$　　D. $\dfrac{\sqrt{2}U_2}{2R_L}$

4. 要同时得到-12V 和 9V 的固定电压输出，应采用的三端稳压器分别为（　　）。

A. CW7812；CW7909　　B. CW7812；CW7809

C. CW7912；CW7909　　D. CW7912；CW7809

5. 已知变压器二次电压 $u_2=\sqrt{2}U_2\sin\omega t$V，负载电阻为 R_L，则桥式整流电路中二极管承受的反向峰值电压为（　　）。

A. U_2　　B. $\sqrt{2}U_2$　　C. $0.9U_2$　　D. $\frac{\sqrt{2}U_2}{2}$

2.3　判断题

1. 稳压二极管用于稳压时必须接正向电压。（　　）

2. 在电路参数相同的情况下，半波整流电路流过二极管的平均电流为桥式整流电路流过二极管平均电流的一半。（　　）

3. 桥式整流电路中，交流电的正、负半周作用时在负载电阻上得到的电压方向相反。（　　）

4. 串联型稳压电路中调整管与负载相串联。（　　）

5. 可调输出三端稳压器可用于构成可调稳压电路，而固定输出三端稳压器则不能。（　　）

2.4　分析计算题

1. 已知稳压管的稳压值 $U_Z=6V$，稳定电流的最小值 $I_{Zmin}=3mA$，最大值 $I_{ZM}=20mA$，试问图 2-32 所示电路中的稳压管能否正常稳压工作，U_{O1} 和 U_{O2} 各为多少伏？

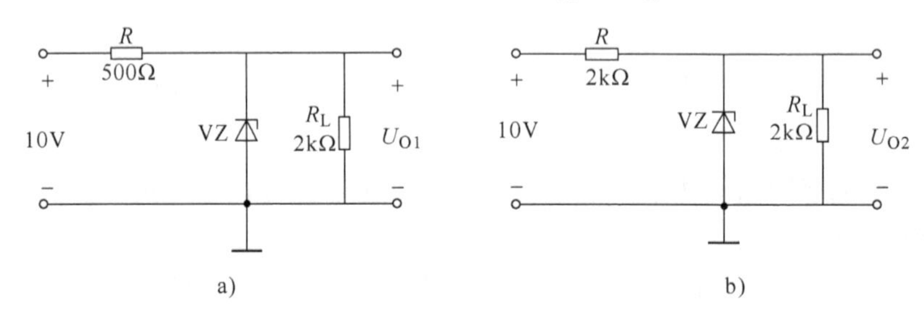

图 2-32　题 1 图

2. 单相桥式整流电容滤波电路如图 2-33 所示，已知交流电源频率 $f=50Hz$，u_2 的有效值为 15V，$R_L=50\Omega$。试估算：

（1）输出电压 U_O 的平均值。

（2）流过二极管的平均电流。

（3）二极管承受的最高反向电压。

（4）滤波电容 C 容量的大小。

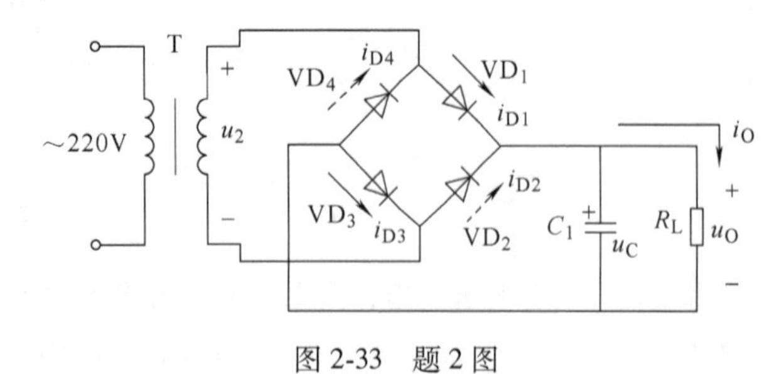

图 2-33　题 2 图

3. 图 2-34 欲构成直流电源电路，$u_i=11\sqrt{2}\sin\omega t V$，试：

（1）按正确方向画出四个二极管。

（2）指出 U_O 的大小和极性。

（3）计算 U_E 的大小。

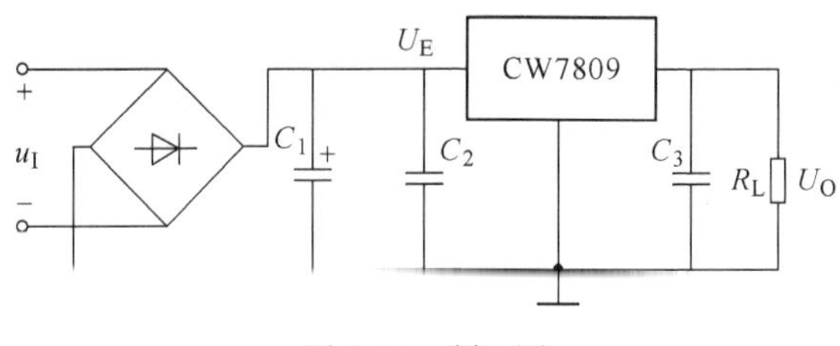

图 2-34　题 3 图

4. 串联型稳压电路如图 2-35 所示，其中 $U_Z = 2V$，$R_1 = R_2 = 2k\Omega$，$R_P = 10k\Omega$，试求输出电压的最大值、最小值为多少？

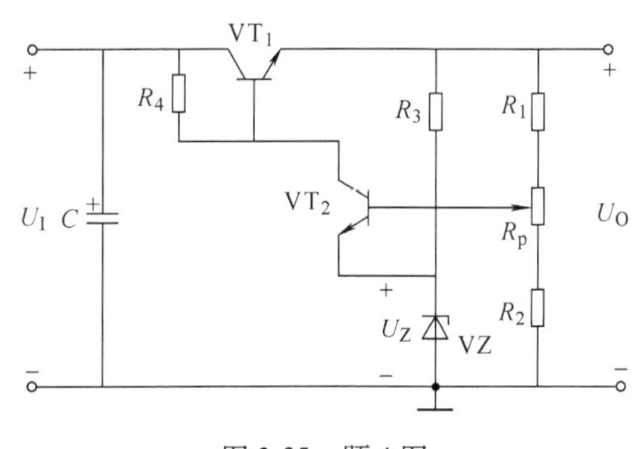

图 2-35　题 4 图

任务3　声光停电报警器的制作

3.1　任务简介

在电子技术高速发展的今天，电子产品越来越多地应用在我们的日常生活中，它们体积小巧，安全节能，功能多样，给我们的生活带来了极大的方便。声光停电报警器被应用在安防报警、工业机器设备起停报警及工业车辆等领域，当现场停电时，报警器起动，发出强烈的声光报警信息，提醒现场人员注意。接下来学习声光停电报警器涉及的电子电路知识，并完成声光停电报警器的制作。

3.2　点滴积累

3.2.1　放大电路基础知识

1. 放大电路组成

人们在生产和工作中，需要通过放大电路对微弱的信号加以放大，以便进行有效的观察、测量和利用。放大电路结构框图如图3-1所示。

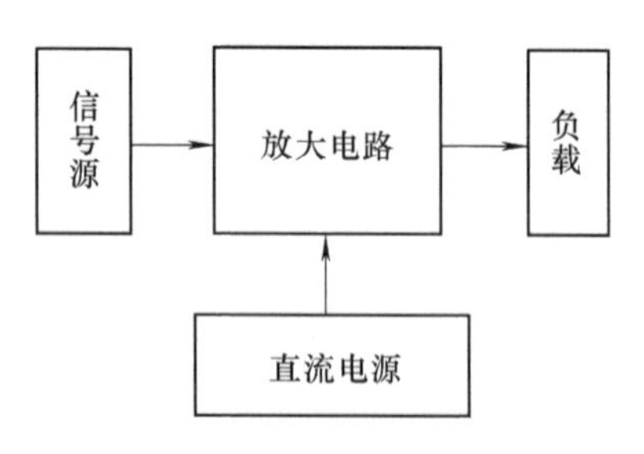

图3-1　放大电路结构框图

（1）放大电路基本组态　放大电路根据构成它的核心元件的不同可以分为双极型晶体管（BJT）放大电路和场效应晶体管（FET）放大电路，这两种半导体器件工作原理不同，所构成的放大电路特性也大不相同。对于双极型晶体管而言，它在放大电路中一般有三种连接方式，又称为三种组态，分别是共射、共集和共基，如图3-2所示，集电极一般不作输入端使用，基极不作输出端使用。

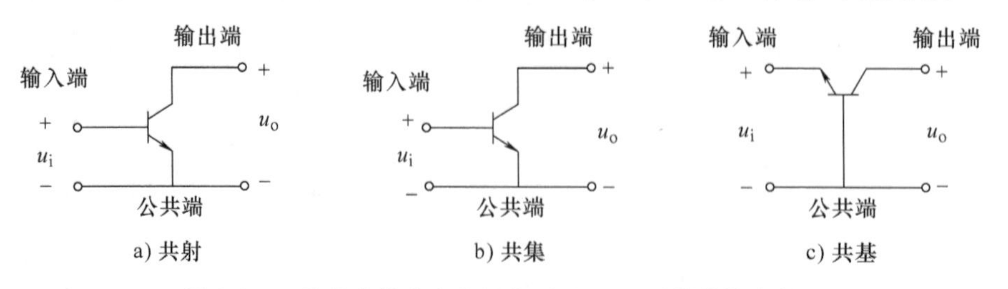

图3-2　三种基本放大电路组态（以NPN型晶体管为例）

共发射极放大电路是晶体管放大电路中应用最广泛的一种类型，下面先以共射放大电路为例，讨论放大电路的组成、各元件的作用以及放大电路的一般分析方法。

（2）放大电路组成及各元件作用　图3-3a为基本共发射极放大电路，整个电路可分为输入回路和输出回路两部分，发射极既属于输入回路，也属于输出回路，为公共端。AO端为输入端口，接收待放大的交流信号。BO端为输出端口，输出放大后的交流信号。电路中A端为输入端，B端为输出端，O端为公共端。

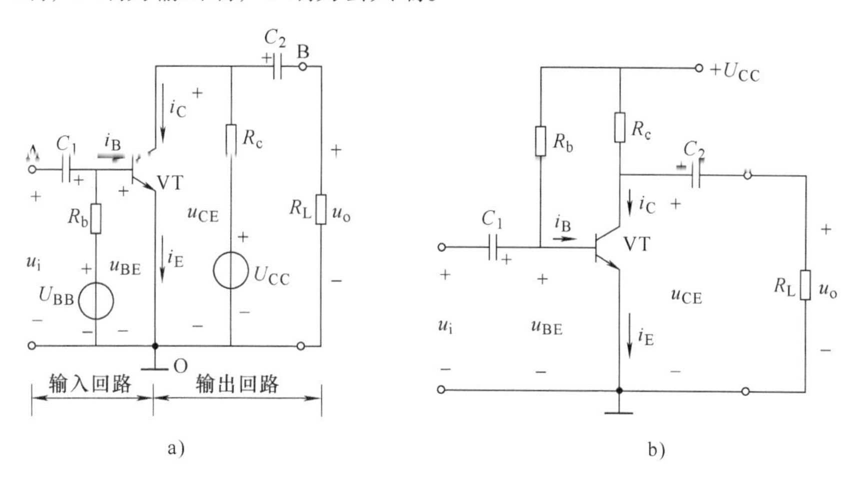

图3-3　基本共发射极放大电路

图3-3a所示放大电路中各元件的作用如下：

1）晶体管VT。晶体管由于具有电流放大作用，而成为放大电路中的核心元件，此处采用的是NPN型晶体管。产生放大作用的外部条件是：发射结正偏，集电结反偏。

2）集电极直流电源U_{CC}。U_{CC}连接在发射极与集电极之间，正极与集电极相连，保证晶体管VT发射结获得正向偏置，集电结获得反向偏置，为晶体管创造放大条件。U_{CC}一般为几伏到几十伏。

3）基极直流电源U_{BB}。U_{BB}处于基极和发射极之间，其作用是使发射结处于正向偏置，并提供基极偏置电流。

4）集电极负载电阻R_c。集电极负载电阻R_c具有两方面的作用：一是将集电极电流的变化转换成电压的变化，以实现电压放大功能；二是为集电结提供正确的直流电流偏置，直流电源U_{CC}通过该电阻给集电极提供集电极电流。集电极电流一般在毫安级别，R_c的取值一般在几百欧到几千欧。

5）基极偏置电阻R_b。基极偏置电阻R_b也有两个方面的作用：一是向晶体管的基极提供合适的偏置电流；二是使发射结获得必需的正向偏置电压。改变R_b的大小可使晶体管获得合适的静态工作点，由于晶体管的基极电流很小，R_b的阻值较大，一般取几十千欧到几百千欧。

6）耦合电容C_1和C_2。电容C_1和C_2具有“隔直通交”的作用：一方面用作隔直电容，C_1和C_2分别接在放大电路的输入端和输出端，隔断前（或后）级电路与本级电路之间的直流电流，使各级的晶体管等元器件各自独立地工作在正确的工作区域；另一方面，需要放大的交流信号，几乎可以畅通无阻地通过C_1和C_2，这又被称为电容器的交流耦合作用。

在图3-3a所示电路中，用到了两个电源U_{CC}和U_{BB}，而在实际电路中，通常基极回路不再使用单独的电源，而是将基极偏置电阻R_b与集电极电源U_{CC}相连接，从U_{CC}获取基极所需的偏置电流和发射结所需的正向电压，如图3-3b所示。

2. 放大电路工作原理

（1）放大电路中电流、电压的符号规定　从放大电路的组成可以看出，交流放大电路要正常工作也离不开直流电源的作用，所谓交流信号的放大，实质上是将直流电源的能量转换为交流信号的能量。在对放大电路进行分析时，既需要分析电路中的交流分量，也需要分析电路中的直流分量，为了分析的方便，电路中的交、直流信号的表示有特定的规定，见表3-1。

表3-1　模拟电路中交直流参数的符号表示法

序号	物理量	符号（例）	备注
1	交流分量的瞬时值	i_b，u_{be}	物理量小写，下标小写
2	直流分量（静态值）	I_B，U_{BE}	物理量大写，下标大写
3	总电流或电压的瞬时值	i_B，u_{BE}	物理量小写，下标大写
4	交流分量的有效值	I_b，U_{be}	物理量大写，下标小写
5	交流量的相量表示法	$\dot{I}_b$，$\dot{U}_{be}$	有效值上方加点

（2）放大电路中电流、电压的波形　输入回路中，交流输入信号 u_i 经电容 C_1 耦合至晶体管基极时，基-射间电压 u_{BE} 在原有静态值的基础上产生波动变化，u_{BE} 的变化引起了基极电流 i_B 相应的变化，根据晶体管的电流控制关系 $i_C=\beta i_B$，基极电流的变化又将引起集电极电流 i_C 的变化，u_{BE}、i_B、i_C 的波形如图3-4所示。输出回路中，由于集电极负载 R_c 的降压作用，使得晶体管C、E间的电压 $u_{CE}=U_{CC}-i_C R_C$，i_C 增大时，u_{CE} 反而减小，u_{CE} 电压波形变化与 i_C 波形变化相反。然后，经隔直电容 C_2 去除直流成分，输出电压 u_o 只剩下单纯的交流分量，u_{CE}、u_o 的波形如图3-4所示。

从图中可以看出，输出电压与输入电压的相位恰好相反，而且只要电路中各元件的参数选择合适，输出电压的幅度可以远大于输入电压的幅度，这就是通常所说的电压放大作用。放大电路的实质是利用晶体管的控制作用，将直流电能转化成交流电能。

3. 放大电路主要性能指标

（1）放大倍数 $\dot{A}_v$　放大倍数（也称增益）是表示放大能力的一项重要指标。常用的有电压放大倍数 $\dot{A}_u$、电流放大倍数 $\dot{A}_i$ 和功率放大倍数 A_p。

$$\dot{A}_u=\dot{U}_o/\dot{U}_i \tag{3-1}$$

$$\dot{A}_i=\dot{I}_o/\dot{I}_i \tag{3-2}$$

$$A_p=P_o/P_i \tag{3-3}$$

（2）输入电阻 R_i　对于信号源而言，放大电路相当于一个负载，当信号电压加到放大电路的输入端时，在其输入端产生一个相应的电流，从输入端往里看进去相当于一个等效的电阻，这个等效电阻就是放大电路的输入电阻。

$$R_i=\dot{U}_i/\dot{I}_i \tag{3-4}$$

输入电阻是衡量放大电路对信号源影响程度的一个指标，输入电阻越大，输入电流越小，信号源内阻的损耗越小，输出电压幅值增加。

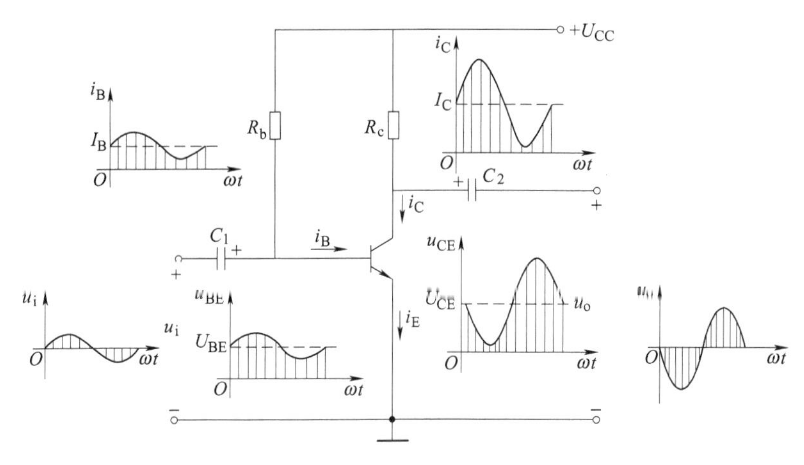

图 3-4 放大电路中电流、电压波形图

（3）输出电阻 R_o 放大电路输入信号源电压短路（即 $u_s=0$），负载开路，从输出端向放大电路看进去的等效电阻，称为输出电阻。输出电阻可以这样测量：在输入端加入一个固定的交流信号 U_i，先测出负载开路时的输出电压 U_o'，再测出接上负载电阻 R_L后的输出电压 U_o，由于输出电阻 R_o的影响，使输出电压下降，即

$$\dot{U}_o=\dot{U}'_o\frac{R_L}{R_L+R_o} \tag{3-5}$$

所以输出电阻

$$R_o=\left(\frac{\dot{U}'_o}{\dot{U}_o}-1\right)R_L \tag{3-6}$$

输出电阻是描述放大电路带负载能力的一项技术指标，输出电阻越小，放大电路带负载能力越强。在多级放大电路中，本级的输出电阻相当于下级的信号源内阻。放大电路示意图如图 3-5 所示。

（4）通频带 放大电路中含有电抗元件，它们的电抗值与信号频率有关，这就使放大电路对于不同频率输入信号有着不同的放大能力。一般来说，中频段放大倍数 A_{um}基本不变，频率太高或者太低，放大倍数都要下降，当放大倍数下降到0.707A_{um}时，所对应的频率分别称为放大电路的下限频率 f_L和上限频率 f_H。上下限频率之间的频率范围称为放大电路的通频带，如图 3-6 所示，用 BW 表示。

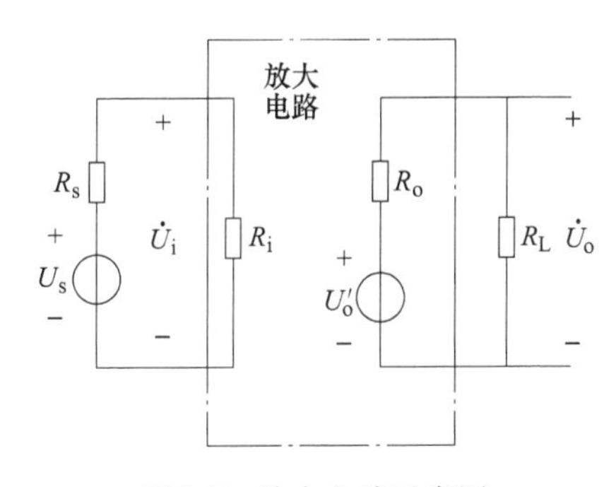

图 3-5 放大电路示意图

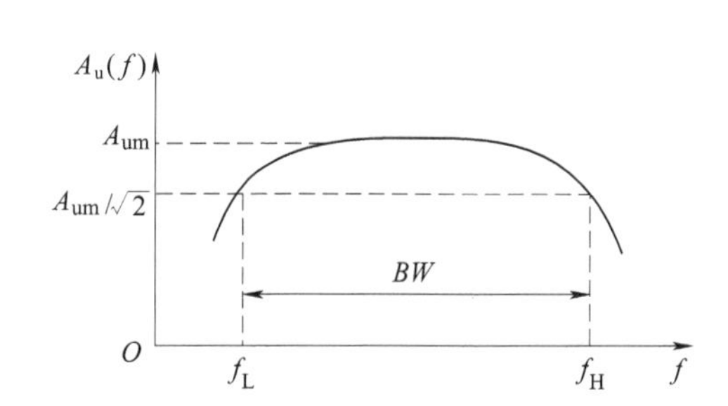

图 3-6 放大电路的通频带

4. 放大电路分析

（1）静态分析　当输入信号电压 $u_i=0$ 时，放大电路称为静态，或称为直流工作状态。静态分析的目标是求出晶体管在未加交流信号时的直流电流（I_{BQ}、I_{CQ}）和直流电压（U_{BEQ}、U_{CEQ}）值，这是因为它们决定了晶体管的工作状态，此处下标“Q”是静态（quiescent）的意思，同时又是静态工作点的符号。由于 I_{BQ}、U_{BEQ} 在晶体管的输入特性曲线上对应着一个坐标点 Q，I_{CQ}、U_{CEQ} 在晶体管的输出特性曲线上对应着一个坐标点 Q，由这四个值所确定的晶体管静态工作条件被形象地称为静态工作点。在这四个值当中，晶体管的发射结正向导通压降 U_{BEQ} 一般情况下可以认为是定值（硅管约 0.7V，锗管约 0.3V），作静态分析时，只需再求出其他三个值即可。

为方便地分析静态工作点，可以先画出电路的直流通路。所谓直流通路，即放大电路直流电流通过的路径。对直流电流而言，电容视为开路，电感视为短路，将交流信号源的作用也去掉，其他不变，基本共射放大电路的直流通路如图 3-7 所示。

在图 3-7 中的基极回路应用基尔霍夫电压定律可得

$$I_{BQ}=\frac{U_{CC}-U_{BEQ}}{R_b} \tag{3-7}$$

求 I_{CQ}、U_{CEQ} 有两种方法：图解法和估算法。

1）图解法。图解法的前提是必须已知晶体管的输出特性曲线（输出特性可以由晶体管特性测试仪得到）。对于基本放大电路的输出回路，应用基尔霍夫电压定律可得

$$u_{CE}=U_{CC}-i_C R_c \tag{3-8}$$

式（3-8）描述的是放大电路输出电流与输出电压的关系，它是输出特性曲线图上某一直线的方程，该直线称为直流负载线。直流负载线斜率为 $-1/R_c$，与纵坐标轴的交点为 U_{CC}/R_c，与横坐标轴的交点为 U_{CC}，如图 3-8 中直线 MN 所示。直流负载线与晶体管输出特性曲线族中 $i_B=I_{BQ}$ 曲线的交点即为静态工作点 Q，分别读出 Q 点的横纵坐标值就是 U_{CEQ} 和 I_{CQ}。

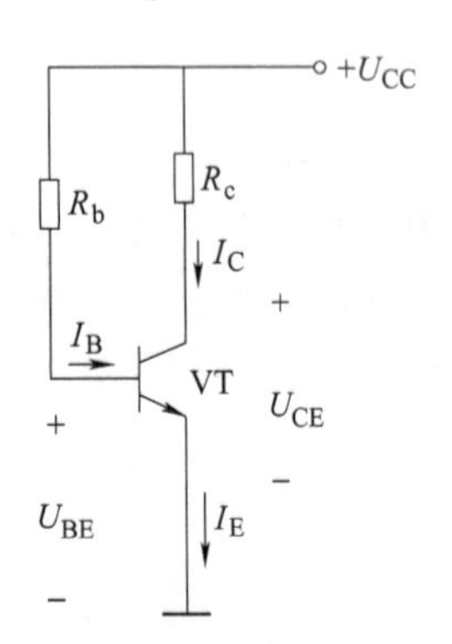

图 3-7　基本共射放大电路的直流通路

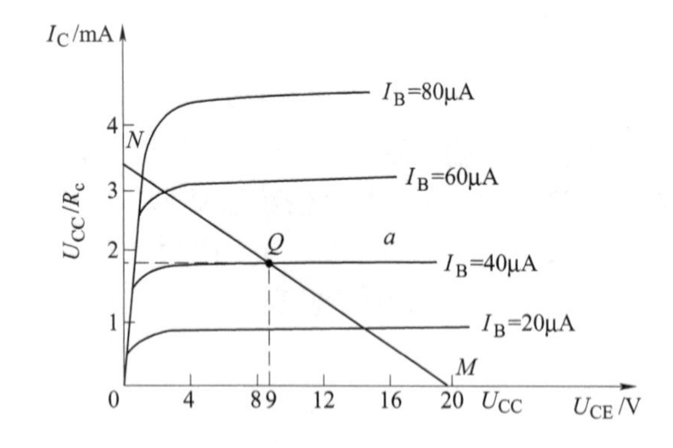

图 3-8　晶体管输出特性曲线与直流负载线

2）估算法。估算法必须在晶体管电流放大倍数 β 已知的前提下进行，先利用式（3-7）计算出电流 I_{BQ}，再由晶体管上的电流放大关系可以估算出 I_{CQ}。

$$I_{CQ}=\beta I_{BQ} \tag{3-9}$$

在直流通路的输出回路中应用基尔霍夫电压定律则可以估算出 U_{CEQ}：

$$U_{CEQ}=U_{CC}-I_{CQ}R_c \tag{3-10}$$

（2）动态分析　放大电路的动态就是指已经具备合适的静态工作点的放大电路中接入交流信号后的工作状态。放大电路的动态分析方法也有两种：图解法和微变等效电路法。这两种分析方法需要的分析条件不同，分析出的结果也各有侧重。图解法必须具备晶体管的输入输出特性曲线，其分析结果主要能直观地展现电路中各处电流电压响应的情况，从而可以定性定量地分析放大电路所起的作用。微变等效电路法分析必须已知晶体管的电流放大倍数 β 等参数，侧重于对放大电路的性能指标进行分析。

1）图解法。当输入交流信号 u_i 时，晶体管 B、E 间的电压 $u_{BE}=U_{BEQ}+u_i=(0.7+0.01\sin\omega t)$ V，其波形如图 3-9 所示。根据 u_{BE} 的变化规律，可在输入特性曲线上画出对应的 i_B 波形。根据 $u_{CE}=U_{CC}-i_CR_c$，可在输出特性曲线中作负载线，随着 i_B 变化，负载线与输出特性曲线族的交点也随之变化，按基极电流在不同时刻的数值，找出相应的输出特性曲线与负载线的交点，便可画出 i_C 和 u_{CE} 的波形。由于电容 C_2 的耦合作用，使得 u_{CE} 中只有交流信号 u_{ce} 到输出端，从而可求出放大电路的电压放大倍数

$$\dot{A}_u=\dot{U}_o/\dot{U}_i=U_{cem}/U_{im} \tag{3-11}$$

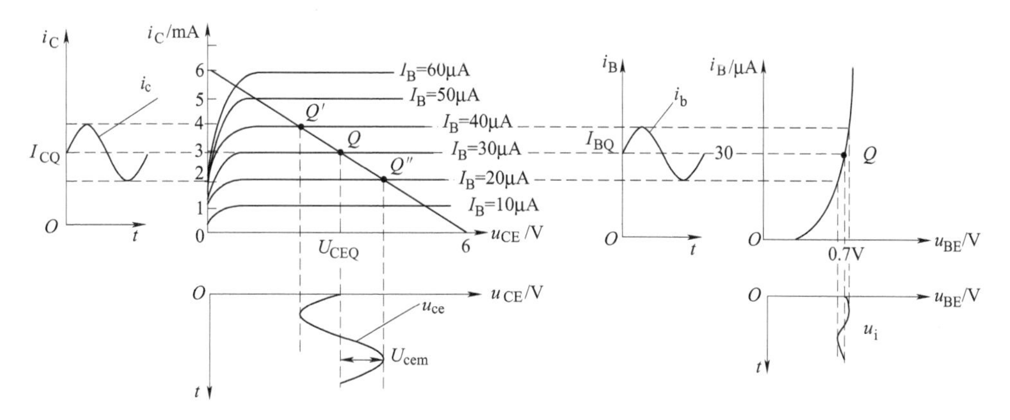

图 3-9　共射极基本放大电路图解分析

放大电路的静态工作点设置不当或输入信号过大，将会引起输出信号的失真。当静态工作点 Q 过低即 I_{CQ} 过小时，动态工作点进入截止区，产生截止失真；当静态工作点 Q 过高即 I_{CQ} 过大时，动态工作点进入饱和区，产生饱和失真。对于 NPN 型管共射极放大电路，截止失真、饱和失真时输出电压波形如图 3-10 所示。

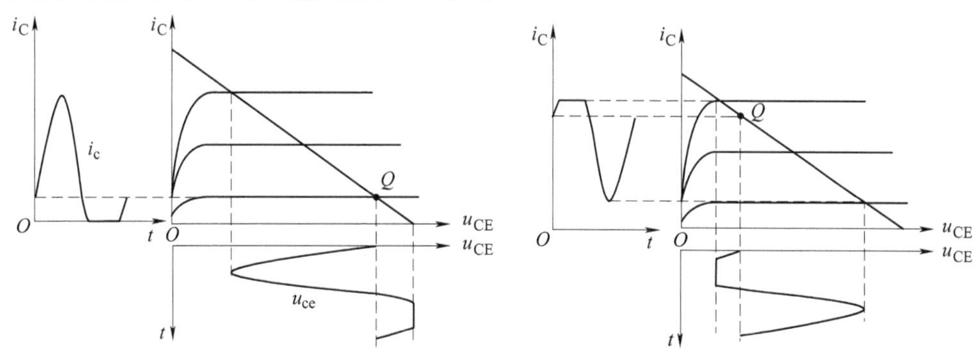

图 3-10　NPN 型管共射极基本放大电路的截止失真和饱和失真

2）微变等效电路分析法。当晶体管的输入信号为低频小信号时，如果静态工作点 Q 选取合适，则信号只在静态工作点附近小范围内变动，此时晶体管输入特性曲线可以近似看作是线性的；同时如果输出信号也为低频小信号，保证输出信号的动态范围处在输出特性曲线的线性放大区域（$i_c=\beta i_b$）。此时，晶体管可以用一个等效的线性电路来代替，即晶体管的微变等效电路，如图 3-11 所示。

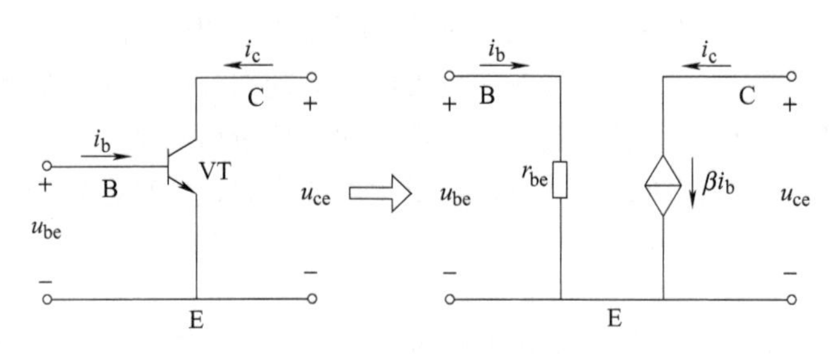

图 3-11　晶体管的微变等效电路

晶体管微变等效电路的等效原理如下：

由于 Q 点附近小范围内的输入特性曲线近似为直线，对于交流信号而言，晶体管 B、E 间就相当于一个线性电阻 r_{be}（也表示为 h_{ie}），它的物理意义是：基极电流发生单位变化时，晶体管发射结电压的变化量，即

$$r_{be}=\frac{\Delta u_{BE}}{\Delta i_B}=\frac{u_{be}}{i_b} \tag{3-12}$$

r_{be}在工程上常用下面的公式进行估算

$$r_{be}=300\Omega+(1+\beta)\frac{26\text{mV}}{I_E(\text{mA})} \tag{3-13}$$

又由于晶体管的电流控制作用，从输出端 C、E 间看晶体管是一个受控电流源，且满足 $i_c=\beta i_b$。

用晶体管的微变等效电路代替放大电路中的晶体管，即构成基本共射放大电路的微变等效电路，如图 3-12 所示。

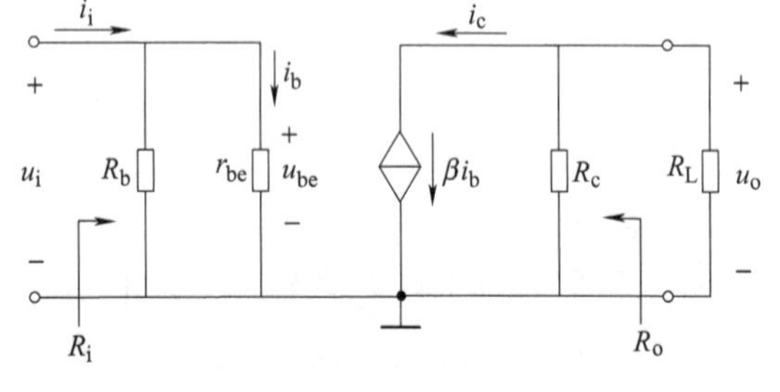

图 3-12　基本共射放大电路的微变等效电路

① 电压放大倍数。根据等效电路，输入信号 $\dot{U}_i=\dot{I}_b r_{be}$，输出信号 $\dot{U}_o=-\beta\dot{I}_b R_L'$，$R_L'=R_C \,//\, R_L$ 则电压放大倍数为

$$\dot{A}_u=\frac{\dot{U}_o}{\dot{U}_i}=\frac{-\beta\dot{I}_b R_L'}{\dot{I}_b r_{be}}=-\beta\frac{R_L'}{r_{be}} \tag{3-14}$$

式中，负号表示输出电压与输入电压反相。

② 输入电阻。根据输入电路的定义式 $R_i=\dot{U}_i/\dot{I}_i$ 及放大电路的等效电路可知

$$R_i=R_b \,//\, r_{be} \tag{3-15}$$

通常 R_b的值很大，则有 $R_i\approx r_{be}$。

③ 输出电阻。根据电路理论，电路的输出电阻可以用开路电压除以短路电流的方法来计算。输出端开路时，微变等效电路如图 3-13a 所示，可求得电路的开路电压 $\dot{U}_{oc}=-\dot{I}_c R_c$。输出端短路时，微变等效电路如图 3-13b 所示，可求得短路输出电流 $\dot{I}_{sc}$，显然 $\dot{I}_{sc}=-\dot{I}_c$，因此

$$R_o = \frac{\dot{U}_{oc}}{\dot{I}_{sc}} = \frac{-\dot{I}_c R_c}{-\dot{I}_c} = R_c \quad (3\text{-}16)$$

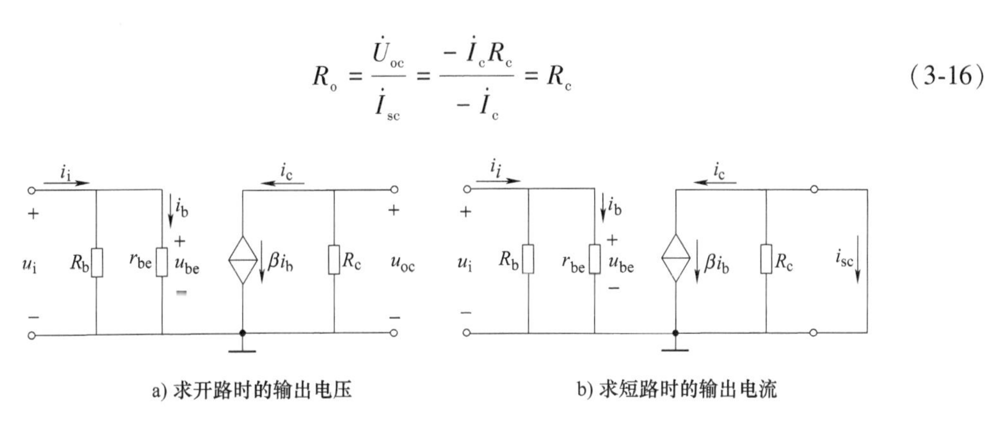

a) 求开路时的输出电压　　b) 求短路时的输出电流

图 3-13　计算输出电阻的电路

上述方法求输出电阻只适用于理论计算，不适用于实验测量。在测量中将放大电路的输出端短路可能引起输出电流过大而烧坏晶体管。

3.2.2　分压式偏置放大电路

基本共射极放大电路具有结构简单、元器件少、放大倍数高等优点，但它的最大缺点就是稳定性差，只能在要求不高的电路中使用，而影响到它工作稳定性的最重要因素是温度。当温度变化时，晶体管的电流放大倍数 β、集电结反向饱和电流 I_{CBO}、穿透电流 I_{CEO} 以及发射结压降 U_{BE} 等都会随之发生改变，从而使静态工作点发生变动。实际应用中，通常通过改变偏置的方式来稳定静态工作点，分压式偏置电路就是一种常见的稳定静态工作点的电路。

1. 分压式偏置放大电路结构与工作原理

分压式偏置放大电路的结构如图 3-14 所示。

基极静态电位由 R_{b1} 和 R_{b2} 两个电阻分压来决定。流过电阻 R_{b1} 和 R_{b2} 的静态电流 I_1 和 I_2 一般情况下并不相等，但由于 I_{BQ} 通常很小，当 R_{b1} 和 R_{b2} 的参数选取合适时，可以使 I_1，$I_2 \gg I_{BQ}$，且 $I_1 \approx I_2$。这样，基极电位 U_B 就完全取决于 R_{b2} 上的分压，即

$$U_B \approx U_{CC} \frac{R_{b2}}{R_{b1} + R_{b2}} \quad (3\text{-}17)$$

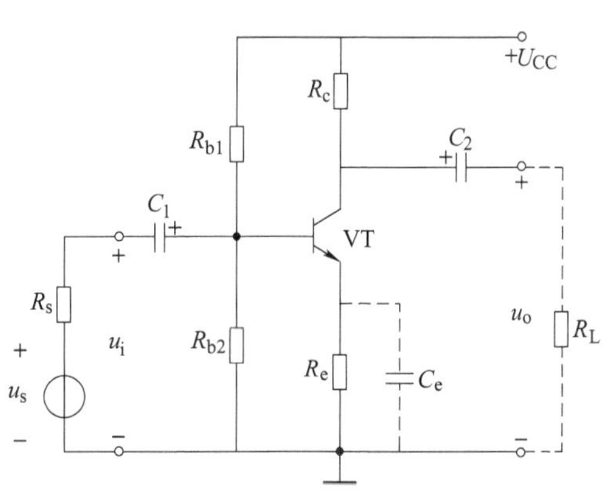

图 3-14　分压式偏置放大电路

利用发射极电阻 R_e 的反馈作用可以自动调节 I_{BQ} 的大小，实现工作点稳定。调节过程如下：

$$温度\uparrow \rightarrow i_C\uparrow \rightarrow i_E\uparrow \rightarrow u_E\uparrow \rightarrow u_{BE}\downarrow \rightarrow i_B\downarrow \rightarrow i_C\downarrow$$

$$温度\downarrow \rightarrow i_C\downarrow \rightarrow i_E\downarrow \rightarrow u_E\downarrow \rightarrow u_{BE}\uparrow \rightarrow i_B\uparrow \rightarrow i_C\uparrow$$

从上面的调节过程可以看出，R_e 越大，稳定性越好，但不能太大，一般 R_e 为几百欧到几千欧。与 R_e 并联的电容称为旁路电容，可为交流信号提供低阻通路，使电压放大倍数不至于降低，C_e 一般为几十微法到几百微法。

2. 分压式偏置放大电路静态工作点的估算

$$I_{CQ} \approx I_{EQ} = \frac{U_B - U_{BEQ}}{R_e} \tag{3-18}$$

$$I_{BQ} \approx \frac{I_{CQ}}{\beta} \tag{3-19}$$

$$U_{CEQ} = U_{CC} - I_{CQ}(R_c + R_e) \tag{3-20}$$

3. 分压式偏置放大电路性能指标的估算

为了分析分压式偏置放大电路的各项动态指标，先画出其交流通路和微变等效电路，如图 3-15 所示。

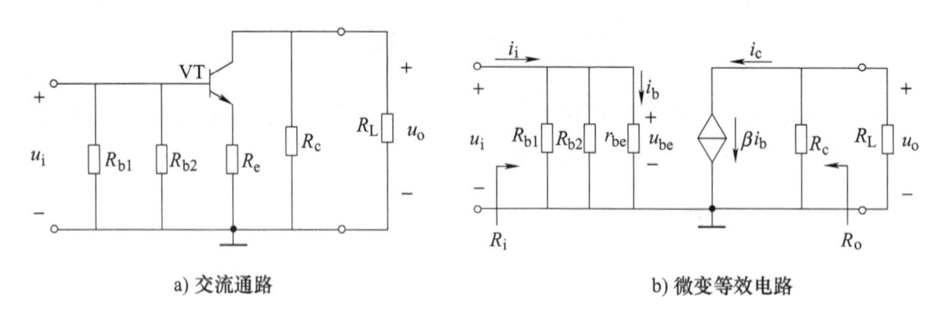

图 3-15 分压式偏置放大电路的交流通路与微变等效电路

（1）电压放大倍数 A_u 由图 3-15b 所示微变等效电路，可知 $\dot{U}_o = -\dot{I}_c(R_c /\!/ R_L)$，$\dot{U}_i = \dot{I}_b r_{be}$，则电压放大倍数为

$$\dot{A}_u = \frac{\dot{U}_o}{\dot{U}_i} = -\frac{\beta \dot{I}_b(R_c /\!/ R_L)}{\dot{I}_b r_{be}} = -\frac{\beta(R_c /\!/ R_L)}{r_{be}} \tag{3-21}$$

（2）输入电阻 R_i 的估算

$$R_i = R_{b1} /\!/ R_{b2} /\!/ r_{be} \approx r_{be} \tag{3-22}$$

（3）输出电阻 R_o 的估算

$$R_o = R_c \tag{3-23}$$

3.2.3 共集电极放大电路

1. 共集电极放大电路结构与工作原理

共集电极放大电路（又称共集放大电路）的一般形式如图 3-16a 所示，从信号的流向分析可知：它由基极输入信号，发射极输出信号。集电极是输入回路与输出回路的公共端，故称共集电极电路，从图 3-16b 所示的交流通路图可以更清楚地看到这一点。

2. 共集电极放大电路静态工作点的估算

画出共集电极放大电路的直流通路，如图 3-17 所示。

$$U_{CC} = I_{BQ}R_b + U_{BEQ} + I_{EQ}R_e \tag{3-24}$$

$$I_{BQ} = \frac{I_{EQ}}{1 + \beta} \tag{3-25}$$

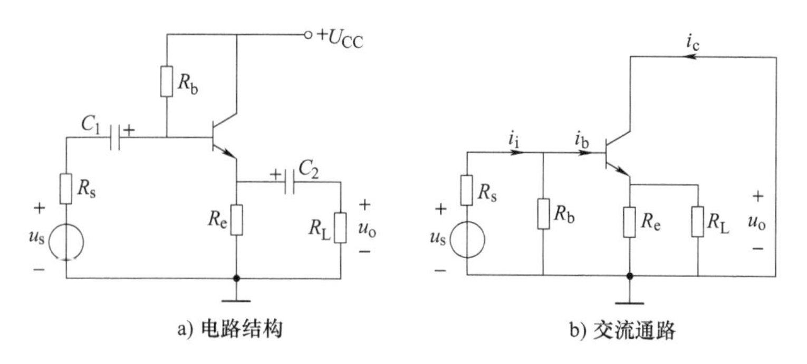

图 3-16　共集电极放大电路及其交流通路

$$I_{CQ} \approx I_{EQ} = \frac{U_{CC} - U_{BEQ}}{R_e + \dfrac{R_b}{1+\beta}} \tag{3-26}$$

$$U_{CEQ} \approx U_{CC} - I_{CQ}R_e \tag{3-27}$$

其中发射极电阻 R_e 还具有稳定静态工作点的作用，其稳压过程与分压式偏置共射放大电路相似。

3. 共集电极放大电路性能指标的估算

为了分析共集电极放大电路的各项动态指标，先画出其微变等效电路，如图 3-18 所示。

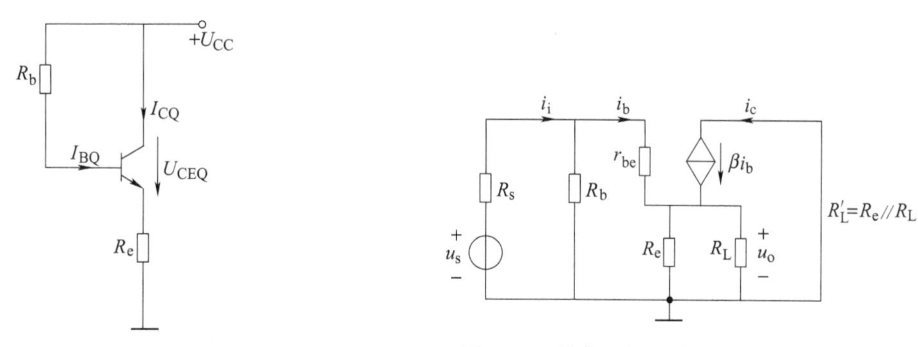

图 3-17　共集电极放大电路的直流通路

图 3-18　共集电极放大电路的微变等效电路

（1）电压放大倍数 $\dot{A}_u$

$$\dot{A}_u = \frac{\dot{U}_o}{\dot{U}_i} = \frac{(1+\beta)\dot{I}_b(R_e /\!/ R_L)}{\dot{I}_b r_{be} + (1+\beta)\dot{I}_b(R_e /\!/ R_L)} = \frac{(1+\beta)(R_e /\!/ R_L)}{r_{be} + (1+\beta)(R_e /\!/ R_L)} \tag{3-28}$$

（2）输入电阻 R_i 的估算

$$R_i = R_b /\!/ [r_{be} + (1+\beta)R'_L] \tag{3-29}$$

（3）输出电阻 R_o 的估算

$$R_o = \frac{\dot{U}_{oc}}{\dot{I}_{sc}} = \frac{\dfrac{(1+\beta)R_e\dot{U}_s}{r_{be} + (1+\beta)R_e}}{(1+\beta)\dfrac{\dot{U}_s}{r_{be}}} = \frac{R_e r_{be}}{r_{be} + (1+\beta)R_e} \tag{3-30}$$

当信号源内阻R_s不可忽略时，输出电阻为

$$R_o = R_e // \frac{r_{be} + (R_s // R_b)}{1 + \beta} \tag{3-31}$$

4. 共集电极放大电路的特点

（1）比较稳定的工作点　由静态分析可知，当温度等外界因素变化时，R_e的反馈作用可使射极输出器具有较稳定的工作点。

（2）电压放大倍数接近于1的电压跟随性　由式（3-28）可以看出，共集放大电路的放大倍数小于1，但由于一般情况下$r_{be} \ll (1+\beta)R'_L$，可近似认为$A_u \approx 1$，即输出电压与输入电压近似相等，且相位相同。共集放大电路的这种性质称为电压跟随性，因此共集放大电路又称为电压跟随器或射极输出器。

（3）较高的输入电阻　对比式（3-29）与式（3-22）可知，共集放大电路与共射放大电路相比，输入电阻要高很多，一般来说，射极输出器的输入电阻可高达几十千欧到几百千欧。

（4）较低的输出电阻　从式（3-31）可以看出，共集放大电路的输出电阻比共射放大电路要小得多，一般为几欧至几百欧，这意味着射极输出器具有较强的带负载能力。

3.2.4　声光停电报警器电路构成及工作原理

声光停电报警器电路构成如图3-19所示。电路左半部分为交流监测器，右半部分为音频振荡器。220V交流电经过VD1整流、C1滤波后得到100V直流高压，此直流电一路经过R1使发光二极管LED1发光，另一路经过R2送入光电耦合器PC817的1脚，使内部的发光二极管点亮，光照射到光电晶体管上，使光电晶体管呈低电阻导通，将VT1基极电位拉到低电位，音频振荡器无法正常工作，扬声器与发光二极管均无电流流过，既不发声也不发光。一旦突然停电（断开S1），C1两端的100V检测电压消失，LED1熄灭，光电耦合器内部的发光二极管也随之熄灭，光电晶体管没受到光照呈高阻，VT1的基极不再被光电耦合器短接到地，VT1、VT2等元器件组成的音频振荡器满足振荡条件，开始振荡使扬声器发声，LED2发光，起动声光报警，这时，断开S2，报警器停止工作。

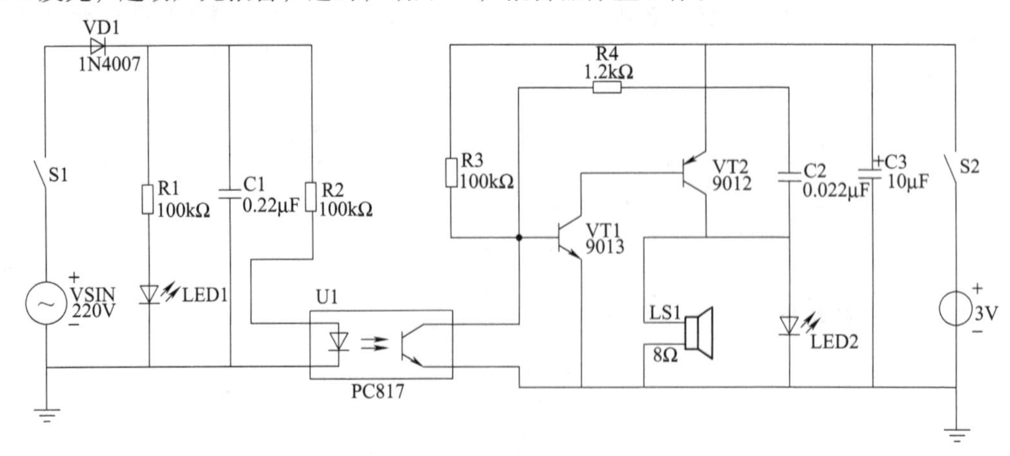

图3-19　声光停电报警器电路图

3.3　仿真分析

利用 Proteus 仿真软件搭建声光停电报警器仿真分析电路，如图 3-20 所示。当供电正常时，供电指示灯 VD2 亮，音频振荡器不工作，蜂鸣器不发声，VD3 不发光。突然停电时，VD2 熄灭，音频振荡器工作，蜂鸣器发声，VD3 闪烁报警。

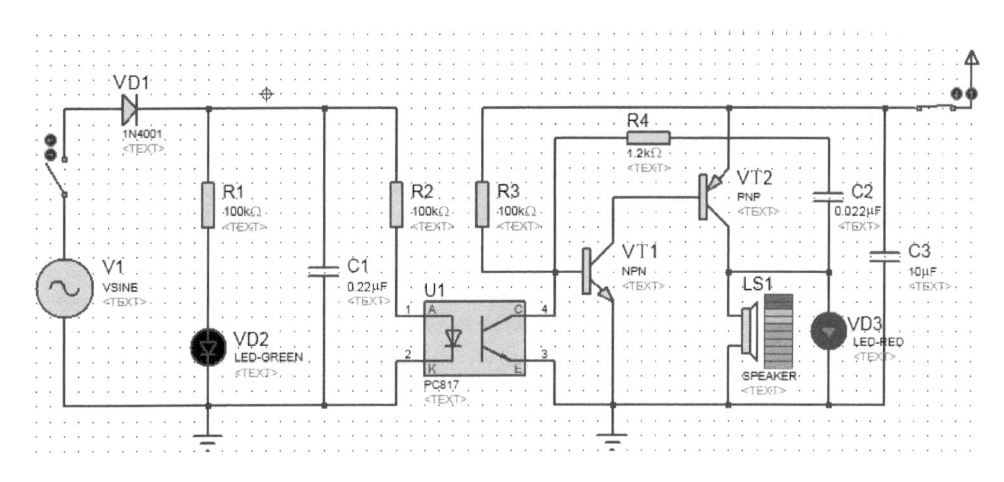

图 3-20　声光停电报警器仿真分析电路

3.4　实做体验

3.4.1　材料及设备准备

材料清单见表 3-2。

表 3-2　材料清单表

序号	名称	型号与规格	数量	备注
1	电阻	100kΩ/0.25W	3 个	
2	电阻	1.2kΩ/0.25W	1 个	
3	电容	0.22μF/400V	1 个	
4	电容	223（0.022μF）	1 个	
5	电解电容	10μF/25V	1 个	
6	二极管	1N4007	1 个	
7	发光二极管	红	2 个	
8	晶体管	9013	1 个	
9	晶体管	9012	1 个	
10	光电耦合器	PC817	1 个	
11	无源蜂鸣器	5V	1 个	

（续）

序号	名称	型号与规格	数量	备注
12	排针	2.54mm，双排针	8只	
13	PCB	7cm×9cm	1块	
14	导线	BVR线，ϕ0.5mm×10cm	2根	红、黑
15	焊锡丝	ϕ0.8mm	1.5m	

工具设备清单见表3-3。

表3-3 工具设备清单表

序号	名称	型号与规格	数量	备注
1	指针式万用表	MF47	1块	
2	数字式万用表	VC890D	1块	
3	斜口钳	JL-A15	1把	
4	尖嘴钳	HB-73106	1把	
5	电烙铁	220V/25W	1把	
6	吸锡枪	TP-100	1把	
7	镊子	1045-0Y	1个	
8	锉刀	W0086DA-DD	1个	

3.4.2 元器件筛选

1. 开关识别与检测

（1）开关外形及引脚辨别　开关通过操作可以使电路断开、电流中断或使电流流向其他电子元器件，常见开关外形图如图3-21所示。

a) 拨动开关　　b) 轻触开关　　c) 船形开关

图3-21　常见开关外形图

（2）开关性能测试　万用表选择电阻档，红、黑表笔分别接开关的两个引脚，测量一次阻值，改变开关状态，再测量一次，如果两次测量数据一次为零，一次为无穷大，说明该开关是好的。否则，说明开关已损坏。

2. 光电耦合器识别与检测

（1）光电耦合器外形及引脚辨别 光电耦合器是以光为媒介传输电信号的一种电-光-电转换器件。光电耦合器对输入、输出电信号具有良好的隔离作用。光电耦合器常见的封装形式有双列直插型、贴片封装型等，如图3-22所示。

a) 双列直插型　　b) 贴片封装型

图3-22　不同封装形式的光电耦合器

将光电耦合器的引脚向下，色点或标记放右边，从左到右，逆时针依次编号，如图3-23所示。对于4脚型光电耦合器，通常1、2脚接内部发光二极管，3、4脚接内部光电晶体管。对于6脚型光电耦合器，通常1、2脚接内部发光二极管，3脚为空脚，4、5、6脚接内部光电晶体管的E、C、B脚。

（2）光电耦合器性能测试

1）简易判别法

① 检测输入端的好坏。万用表选择电阻档，测量输入端发光二极管两引脚间的正、反向电阻。应该一次指针偏转或有数据显示，另一次指针不偏转或显示超量程。

② 检测输出端的好坏。万用表选择电阻档，测量光电晶体管两引脚间的正、反向电阻，两次测量数据都应该接近于无穷大，指针不偏转或显示超量程。

③ 检测输入端与输出端之间的绝缘电阻。万用表选择电阻档，一只表笔接输入端的任意一个引脚，另一只表笔接输出端的任意一个引脚，测量两者之间的正、反向电阻，测量数据都应该接近于无穷大。

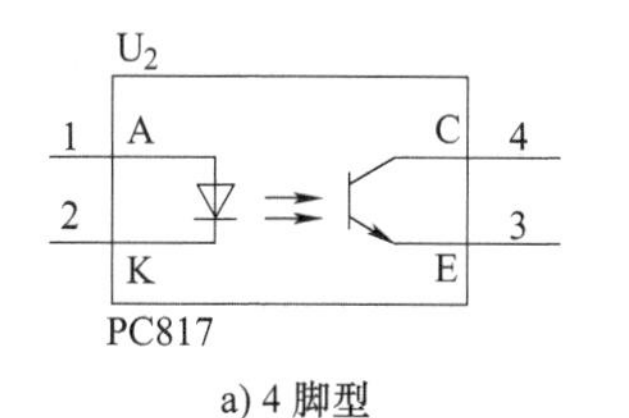

a) 4脚型

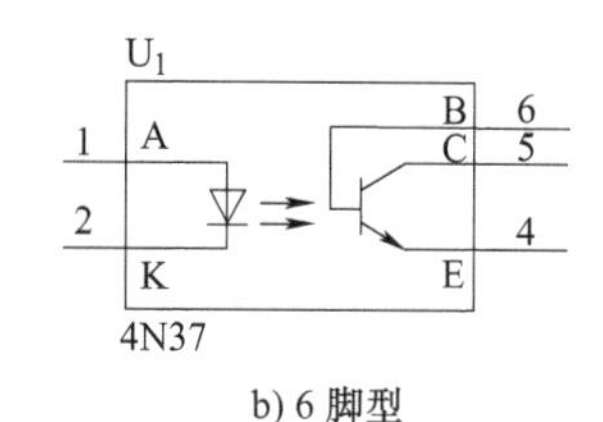

b) 6脚型

图3-23　光电耦合器引脚识别

2）可靠判别法。检测电路如图3-24所示，将指针式万用表置于R×1k档，两表笔分别接在光电耦合器的输出端3、4脚，然后用一节1.5V的干电池与一只50~100Ω的电阻串联，电池的正极接光电耦合器的1脚，负极接光电耦合器的2脚，观察接在输出端的万用表指针偏转情况。如果指针摆动，说明光电耦合器是好的；如果指针不摆动，说明光电耦合器已损坏。

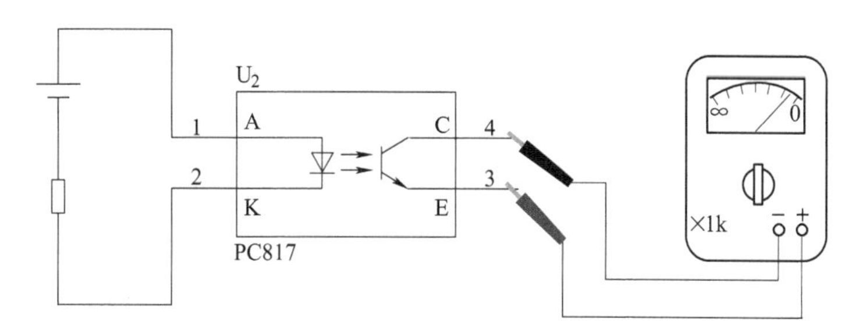

图3-24　光电耦合器性能检测电路

3. 蜂鸣器识别与检测

（1）蜂鸣器外形及引脚辨别　蜂鸣器是一种一体化结构的讯响器，采用直流电压供电，广泛应用于各种电子产品中作为发声部件。图 3-25 所示为一些常见的蜂鸣器外形图。蜂鸣器按驱动原理，可分为有源蜂鸣器和无源蜂鸣器；按构造方式，可分为电磁式蜂鸣器和压电式蜂鸣器。

图 3-25 常见蜂鸣器外形图

蜂鸣器的两个引脚有极性之分，一般长引脚或标有“+”的引脚为正极，如图 3-26 所示。同时，还可通过外观辨别出有源蜂鸣器和无源蜂鸣器，有源蜂鸣器的底部一般是用黑胶封闭，而无源蜂鸣器的底部一般是绿色电路板。

（2）蜂鸣器性能测试

1）压电蜂鸣器的检测。将 6V 直流电源（也可用四节干电池串联）的正、负极分别与压电蜂鸣器的正、负极连接，正常的压电蜂鸣器应发出悦耳的响声。如果通电后蜂鸣器不发声，则说明其已损坏。还可以用指针式万用表的 1V 或 2. 5V 直流电压档来检测压电式蜂鸣器的好坏。测量时，右手持两表笔，黑表笔接压电陶瓷表面，红表笔接金属片表面（不锈钢片或黄铜片），左手的食指与拇指同时用力捏紧蜂鸣片，然后再放手，如果压电蜂鸣器正常，万用表指针会向右摆动一下，然后回零。摆动幅度越大，说明压电蜂鸣器的灵敏度越高。如果指针不动，说明该压电蜂鸣器性能不良。

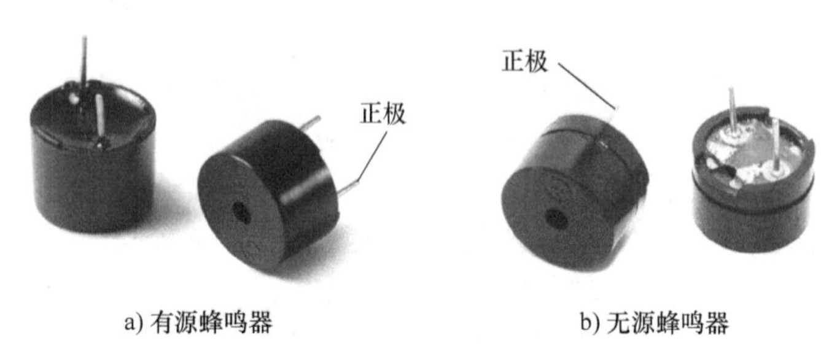

a) 有源蜂鸣器　　b) 无源蜂鸣器

图 3-26 蜂鸣器引脚识别

2）电磁式蜂鸣器的检测。有源式电磁蜂鸣器，可以在它的正、负极加上合适的工作电压，正常的蜂鸣器会发出连续响亮的长鸣声或节奏分明的断续声。如果蜂鸣器不响，则表明蜂鸣器损坏或其驱动电路有故障。

无源式电磁蜂鸣器，可以选择指针式万用表的 R×10 档，将黑表笔接蜂鸣器的正极，红表笔接蜂鸣器的负极，正常的蜂鸣器应发出较响的“喀喀”声，万用表指针大幅度摆动。如果无声响，万用表指针也不动，则表明蜂鸣器内部的电磁式线圈开路损坏。

3.4.3 布局图设计

电子元器件布局图设计是根据选定的待组装电路原理图，在电路板上对要组装的元器件分布进行设计，是电子产品制作过程中非常重要的一个环节。

1. 设计要点

1）要按电路原理图设计。

2）元器件分布要科学，电路连接规范。

3）元器件间距要合适，元器件分布要美观。

2. 具体方法和注意事项

1）根据电路原理图找准几条线，确保元器件分布合理、美观。

2）除电阻元件外，如二极管、电解电容、晶体管、光电耦合器、蜂鸣器等元器件，要注意布局图上标明引脚区分或极性。

3. 声光停电报警器 PCB 布局图（见图 3-27）

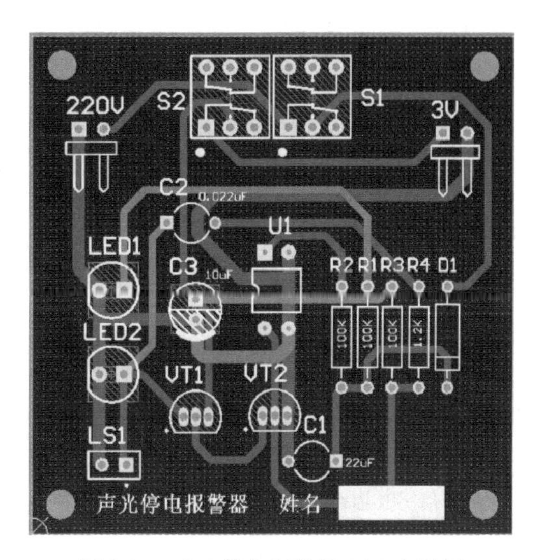

图 3-27　声光停电报警器 PCB 布局图

3.4.4　焊接制作

（1）元器件引脚成形　元器件成形时，无论是径向元器件还是轴向元器件，都必须考虑两个主要的参数：

1）最小内弯半径。

2）折弯时距离元器件本体的距离。

【小提示】

要求折弯处至元器件体、球状连接部分或引脚焊接部分的距离至少相当于一个引脚直径或厚度或者是 0.8mm（取最大者）。

（2）元器件插装　插装元器件时，应遵循“六先六后”原则，即先低后高，先小后大，先里后外，先轻后重，先易后难，先一般后特殊。具体的插装要求如下：

1）边装边核对，做到每个元器件的编号、参数（型号）、位置均统一。

2）晶体管插装要求极性正确，高度一致且高度尽量低，要端正不歪斜。

3）LED 插装要求极性正确，区分不同的发光颜色，要端正不歪斜。

4）光电耦合器插装要求极性正确，尽可能降低安装高度，要端正不歪斜。

5）蜂鸣器插装要求极性正确，尽可能降低安装高度，要端正不歪斜。

（3）电路板焊接　焊接时一定要控制好焊接时间的长短，同时，焊锡量要适中，要保证每个焊点均焊接牢固、接触良好，以确保焊接质量达到要求。焊接完成后，用斜口钳剪去多余的引线，确保引脚末端露出 2mm 左右。

3.4.5　功能调试

1. 目视检查

检查电源、地线、信号线、元器件接线端之间有无短路；连线处有无接触不良；二极管、晶体管、蜂鸣器、电解电容、光电耦合器等有极性元器件引脚有无错接、漏接、反接。

2. 通电检查

将焊接制作好的声光停电报警器电路板接入 220V 交流电源及 3V 直流电源，先观察有无异常现象，包括有无冒烟、有无异常气味、元器件是否发烫、电源是否短路等，如果出现异常，应立即切断电源，排除故障后方可重新通电。

电路检查正常之后，观察声光停电报警器功能是否正常，要求停电时（断开开关 S1），蜂鸣器连续发声，LED2 闪烁报警，如图 3-28 所示。两节干电池可以装在带开关的电池盒里，以方便使用。如果停电时蜂鸣器不响，LED2 不闪烁发光，说明电路出现故障，这时应检查电路，找出故障并排除。

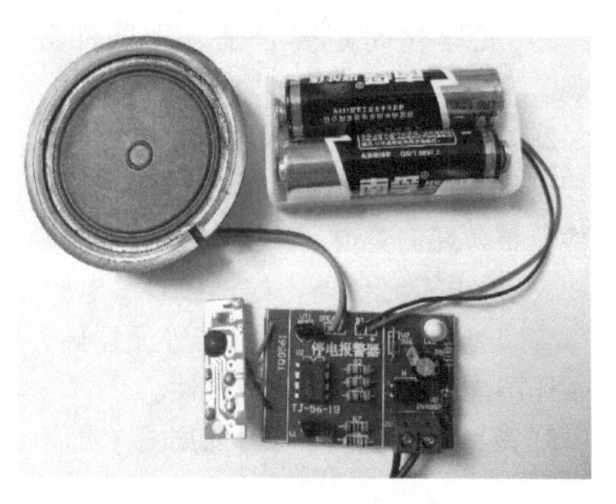

图 3-28 声光停电报警器成品图

3. 故障检测与排除

电子产品焊接制作及功能调试过程中，出现故障不可避免，通过观察故障现象、分析故障原因、解决故障问题可以提高实践和动手能力。故障检测与排除，就是从故障现象出发，通过反复测试做出分析判断，逐步找出问题的过程。

（1）故障查找方法 对于比较简单的电路或自己非常熟悉的电路，可以采用观察判断法，通过仪器、仪表观察结果，再根据自己的经验，直接判断故障发生的原因和部位，从而准确、迅速地找到故障并加以排除。对于比较复杂的电路，查找故障的通用方法是把合适的信号或某个模块的输出信号引到其他模块上，然后依次对每个模块进行测试，直到找到故障模块为止。故障查找步骤如下：

1）先检查用于测量的仪器是否使用得当。

2）检查安装制作的电路是否与电路图一致。

3）检查供电电源电压是否正常。

4）检查半导体器件工作电压是否正常，从而判断器件是否正常工作或损坏。

5）检查电容、电阻等元件是否工作正常。

（2）常见故障分析

1）蜂鸣器不响。蜂鸣器响的关键取决于音频振荡器是否工作，现在蜂鸣器不响，在确定连线可靠的情况下，从蜂鸣器是否损坏、VT1、VT2、R4 及 C2 构成的振荡电路是否正常工作及 3V 直流供电电源是否供电正常几个方面来查找故障点。

2）蜂鸣器一直响。220V 交流电供电正常时，光电耦合器 1、2 脚之间的发光二极管导通发光，3、4 脚之间的光电晶体管导通，从而使得 VT1 的基极为低电位，VT1、VT2 截止，音频振荡器不工作，蜂鸣器不发声。如果蜂鸣器在供电正常时也持续发声，证明供电正常时振荡电路也能振荡工作，可以从光电耦合器输入端内部二极管是否已开路损坏、输出端内部是否已开路损坏等几个方面来查找故障点。

3.5 应用拓展

3.5.1 电路组成与工作原理

完成拍手声控开关制作，其电路结构与组成如图 3-29 所示。该电路主要由音频放大电路和双稳态触发电路组成。VT1 和 VT2 组成二级音频放大电路，由 MIC 接收的音频信号经

C_1 耦合至 VT_1 的基极，放大后由集电极直接馈送至 VT_2 的基极，在 VT_2 的集电极得到一个负方波，用来触发双稳态电路。R_1、C_1 将电路频响限制在 3kHz 左右的高灵敏度范围。电源接通时，双稳态电路的状态为 VT_4 截止，VT_3 饱和，LED 不亮。当 MIC 接到控制信号，经过两级放大后输出一个负方波，经过微分处理后负尖脉冲通过 VD_1 加至 VT_3 的基极，使电路迅速翻转，LED 被点亮。当 MIC 再次接到控制信号时，电路又发生翻转，LED 熄灭。如果将 LED 灯回路与其他电路连接也可通过 J_2 实现对其他电路的声控。

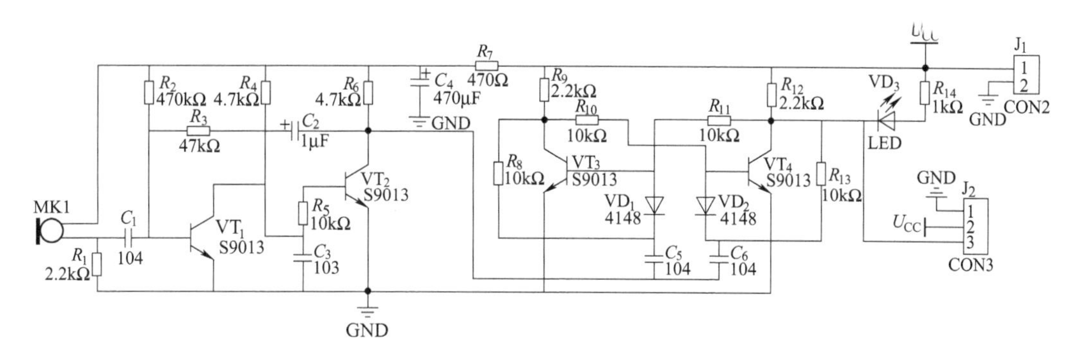

图 3-29　音乐闪烁灯电路图

3.5.2　材料及设备准备

材料清单见表 3-4。

表 3-4　材料清单表

序号	名称	型号与规格	数量	备注
1	陶瓷电容	104	3 个	
2	陶瓷电容	103	1 个	
3	电解电容	1μF	1 个	
4	电解电容	47μF	1 个	
5	稳压二极管	1N148	2 个	
6	发光二极管	红	1 个	
7	咪头	MK1	1 只	
8	晶体管	S9013	4 个	
9	电阻	2. 2kΩ	3 个	
10	电阻	470kΩ	1 个	
11	电阻	47kΩ	1 个	
12	电阻	4. 7kΩ	2 个	
13	电阻	10kΩ	5 个	
14	电阻	1kΩ	1 个	
15	电阻	470Ω	1 个	
16	电源插座	2P	2 个	
17	PCB	7cm×9cm	1 块	
18	导线	BVR 线，ϕ0. 5mm×10cm	2 根	红、黑
19	焊锡丝	ϕ0. 8mm	1. 5m	

工具设备清单见表 3-5。

表 3-5 工具设备清单表

序号	名称	型号与规格	数量	备注
1	指针式万用表	MF47	1 块	
2	数字式万用表	VC890D	1 块	
3	斜口钳	JL-A15	1 把	
4	尖嘴钳	HB-73106	1 把	
5	电烙铁	220V/25W	1 把	
6	吸锡枪	TP-100	1 把	
7	镊子	1045-0Y	1 个	
8	锉刀	W0086DA-DD	1 个	

【考核评价】

任务 3		声光停电报警器的制作			
考核环节		考核要求	评分标准	配分	得分
工作过程知识	点滴积累	1）相关知识点的熟练掌握与运用 2）系统工作原理分析正确	在线练习成绩×该部分所占权重（30%）= 该部分成绩。由教师统计确定得分	30 分	
	电路分析				
工作过程技能	任务准备	1）明确任务内容及实验要求 2）分工明确，作业计划书整齐美观	1）任务内容及要求分析不全面，扣 2 分 2）组员分工不明确，作业计划书潦草，扣 2 分	5 分	
	模拟训练	1）模拟训练完成 2）过关测试合格	1）模拟训练不认真，发现一次扣 1 分 2）过关测试不合格，扣 2 分	5 分	
	焊接制作	1）元器件的正确识别与检测 2）PCB 制图设计正确、整齐、美观 3）元器件装配到位，无错装、漏装 4）焊接可靠美观，无虚焊、漏焊、错焊等	1）元器件错选或检测错误，每个元器件扣 1 分 2）不能画出 PCB 图，扣 2 分 3）错装、漏装每处扣 1 分 4）焊接质量不符合要求，每个焊点扣 1 分 5）功能不能正常实现，扣 5 分 6）不会正确使用工具设备，扣 2 分	10 分	
	功能调试	1）调试顺序正确 2）仪器仪表使用正确 3）能正确分析故障现象及原因，查找故障并排除故障，确保产品功能正常实现	1）不会正确使用仪器仪表，扣 2 分 2）调试过程中，出现故障，每个故障扣 2 分 3）不能实现调光功能，扣 5 分	10 分	
	外观设计	1）外观效果图简洁美观 2）选择制作材料，完成外壳制作 3）完成外壳与电路板装配 4）产品功能实现，工作正常	1）外观设计潦草，不美观，扣 2 分 2）没有完成外壳制作，扣 2 分 3）产品无法正常使用，扣 5 分	10 分	
	总结评价	1）能正确演示产品功能 2）能对照考核评价表进行自评互评 3）技术资料整理归档	1）不能正确演示产品功能，扣 2 分 2）没有完成自评、互评，扣 2 分 3）技术资料记录、整理不齐全，缺 1 份扣 1 分	10 分	

（续）

任务3	声光停电报警器的制作			
考核环节	考核要求	评分标准	配分	得分
安全文明素养	1）安全用电，无人为损坏仪器设备 2）保持环境整洁，秩序井然，习惯良好，任务完成后清洁整理工作现场 3）小组成员协作和谐，态度正确 4）不迟到、早退、旷课	1）发生安全事故，扣5分 2）人为损坏设备、元器件，扣2分 3）现场不整洁，工作不文明，团队不协作，扣2分 4）不遵守考勤制度，每次扣1分	20分	
合计			100分	

【学习自测】

3.1　填空题

1. 对晶体管放大电路进行直流分析时，工程上常采用________法或________法。

2. ________通路常用以确定静态工作点；________通路提供了信号传输的途径。

3. 三种基本组态双极型晶体管放大电路中，输入电阻最大的是共________极电路，输入电阻最小的是共________极电路，输出电阻最小的是共________极电路。

4. 三种基本组态双极型晶体管放大电路中，输出电压与输入电压反相的为共________极电路，输出电压与输入电压同相的有共________极电路、共________极电路。

5. 三种基本组态双极型晶体管放大电路中，既能放大电压又能放大电流的是共________极电路，只能放大电压不能放大电流的是共________极电路，只能放大电流不能放大电压的是共________极电路。

6. 已知甲、乙两个放大电路的开路输出电压均为5V，甲电路的短路输出电流为2mA，乙电路接5.1kΩ时输出电压为2.5V，则可得甲电路的输出电阻为________，乙电路的输出电阻为________。

7. ________电阻反映了放大电路对信号源或前级电路的影响；________电阻反映了放大电路带负载的能力。

8. 已知某放大电路的$|A_u|=100$，$|A_i|=100$，则电压增益为________dB，电流增益为________dB，功率增益为________dB。

9. 放大器的静态工作点过高可能引起________失真，过低则可能引起________失真。分压式偏置电路具有自动稳定________的优点。

10. 放大电路中，当放大倍数下降到中频放大倍数的0.707倍时所对应的低端频率和高端频率，分别称为放大电路的________频率和________频率，这两个频率之间的频率范围称为放大电路的________。

3.2　选择题

1. ________情况下，可以用H参数小信号模型分析放大电路。

A. 正弦小信号　　B. 低频大信号　　C. 低频小信号　　D. 高频小信号

2. 放大电路A、B的放大倍数相同，但输入电阻、输出电阻不同，用它们对同一个具有内阻的信号源电压进行放大，在负载开路条件下测得A的输出电压小，这说明A

的________。

A. 输入电阻大　　B. 输入电阻小　　C. 输出电阻大　　D. 输出电阻小

3. 某放大器输入电压为 10mV 时，输出电压为 7V；输入电压为 15mV 时，输出电压为 6.5V，则该放大器的电压放大倍数为________。

A. 100　　B. 700　　C. -100　　D. 433

4. 关于 BJT 放大电路中的静态工作点（简称 Q 点），下列说法中不正确的是________。

A. Q 点过高会产生饱和失真　　B. Q 点过低会产生截止失真

C. 导致 Q 点不稳定的主要原因是温度变化　　D. Q 点可采用微变等效电路法求得

5. 某放大器的中频电压增益为 40dB，则在上限频率 f_H 处的电压放大倍数约为________倍。

A. 43　　B. 100　　C. 37　　D. 70

3.3 判断题

1. 分析晶体管低频小信号放大电路时，可采用微变等效电路分析法把非线性器件等效为线性器件，从而简化计算。（　　）

2. 晶体管放大电路中的耦合电容在直流分析时可视为短路，交流分析时可视为开路。（　　）

3. 输入电阻反映了放大电路带负载的能力。（　　）

4. 放大电路必须加上合适的直流电源才可能正常工作。（　　）

5. 晶体管小信号模型中，受控电流源流向不能任意假定，它由基极电流 i_b 的流向确定。（　　）

3.4 分析计算题

1. 图 3-30 中晶体管为硅管，$\beta=100$，试求电路中 I_B、I_C、U_{CE} 的值，判断晶体管工作在什么状态。

2. 图 3-31 所示电路中，已知 $U_G=15V$，$R_b=300k\Omega$，$R_c=5k\Omega$，$\beta=50$，$R_L=5k\Omega$，试：

（1）求静态工作点 Q。

（2）求电压放大倍数 A_u、输入电阻 R_i。

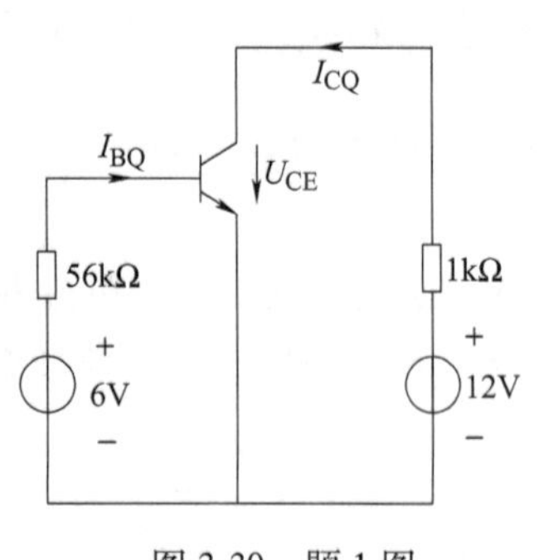

图 3-30　题 1 图

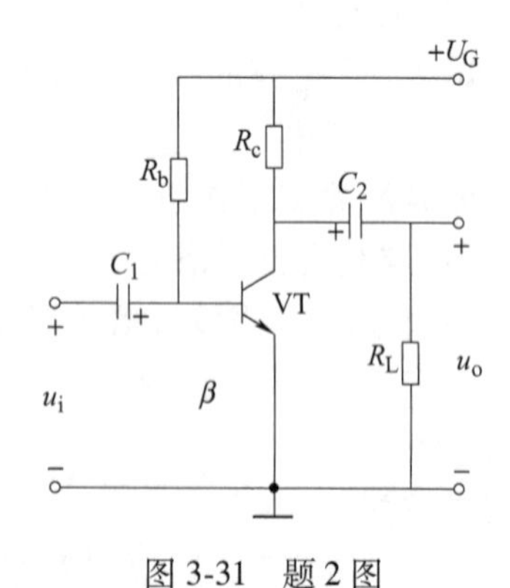

图 3-31　题 2 图

3. 放大电路如图 3-32 所示，已知电容量足够大，$U_{CC}=12V$，$R_{B1}=15k\Omega$，$R_{B2}=5k\Omega$，$R_E=2.3k\Omega$，$R_C=5.1k\Omega$，$R_L=5.1k\Omega$，晶体管的 $\beta=100$，$r'_{bb}=200\Omega$，$U_{BEQ}=0.7V$。试：

（1）计算静态工作点（I_{BQ}、I_{CQ}、U_{CEQ}）。

（2）画出放大电路的小信号等效电路。

（3）计算电压放大倍数 A_u、输入电阻 R_i和输出电阻 R_o。

（4）若断开 C_E，则对静态工作点、放大倍数、输入电阻的大小各有何影响?

4. 放大电路如图 3-33 所示，已知晶体管的 $\beta=80$，$r'_{bb}=200\Omega$，$U_{BEQ}=0.7V$，各电容对交流的容抗近似为零。试：

（1）求 I_{CQ}、U_{CEQ}。

（2）画出放大电路的小信号等效电路，求 r_{be}。

（3）求电压放大倍数 $A_u=u_o/u_i$、输入电阻 R_i、输出电阻 R_o。

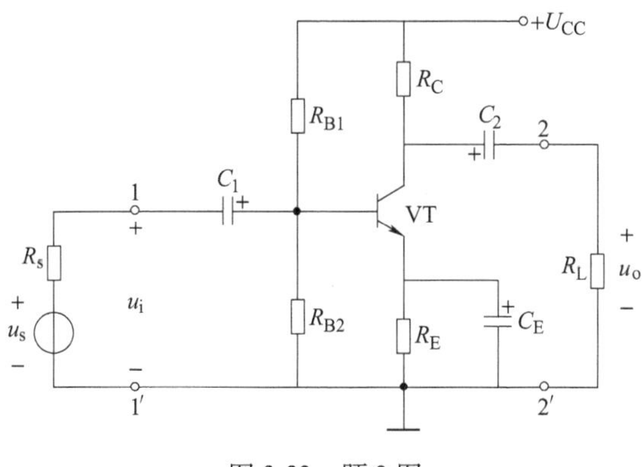

图 3-32　题 3 图

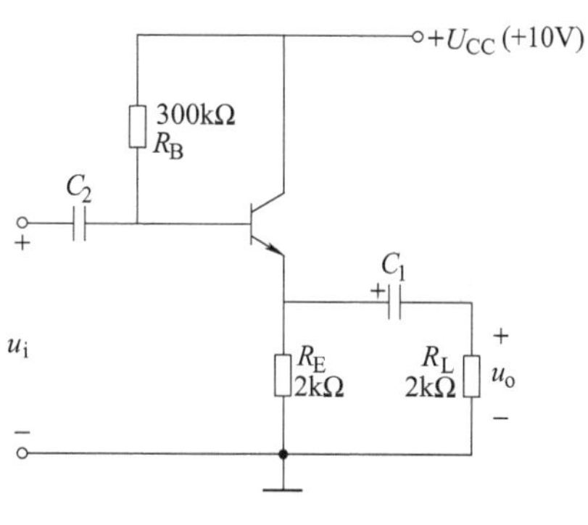

图 3-33　题 4 图

任务 4　简易集成功放的制作

4.1　任务简介

集成功放是集成音频功率放大器的简称，它的作用是将微弱的电信号进行功率放大，产生足够大的电流使扬声器完成电声转换。集成功放系统在电气、电子产品中是必不可少的。随着晶体管制造技术的不断提高，集成功放系统正不断朝着更大的输出功率、更小的体积、更轻的重量及功能多样化、智能化等方向发展。接下来学习功放系统涉及的电子电路知识，包括多级放大电路、功率放大电路、反馈放大电路及运算放大电路等，然后利用这些理论知识去指导具体的操作实践，完成简易集成功放的制作。

4.2　点滴积累

4.2.1　多级放大电路

1. 多级放大电路的组成

实际应用中，单级放大电路通常很难满足电路或系统要求，因此，需要将两级或两级以上的基本放大电路连接起来组成多级放大电路，如图 4-1 所示。输入级一般都处在小信号工作状态，主要进行电压放大；输出级为大信号放大，以提供给负载足够大的信号，常采用功率放大电路。

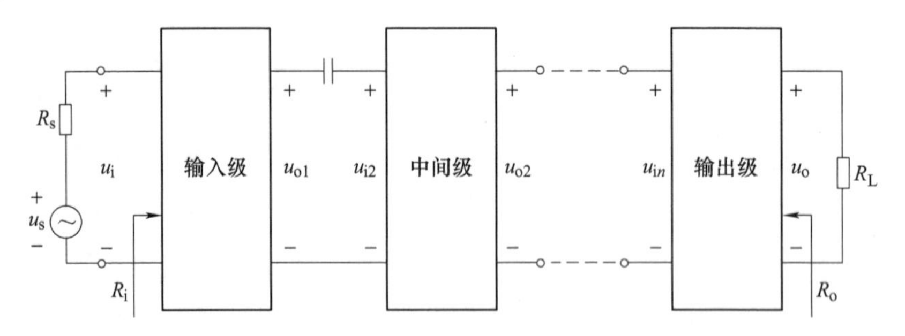

图 4-1　多级放大电路框图

2. 多级放大电路的耦合方式

多级放大电路中，级与级之间的连接电路称为耦合电路，它应保证有效地传输信号，使损失最小，同时使各级放大电路的直流工作状态不受影响。常用的级间耦合方式有电容耦合、直接耦合和变压器耦合等。

（1）电容耦合　电容耦合又称为阻容耦合，是指两级放大电路之间通过隔直电容相连接，图 4-2 所示的两级放大电路就采用了电容耦合方式。电容耦合的优点是前后级直流通路彼此隔开，每一级的静态工作点都相互独立，互不影响，便于分析、设计和应用。其缺点是不能传递直流信号和变化缓慢的信号。频率低的信号在通过耦合电容加到下一级时会有较大衰减，即低频特性差。此外，为了尽量减少对交流信号的损耗，耦合电容一般取值较大，而在集成电路里因制造大电容很困难，所以阻容耦合不利于电路的集成化。

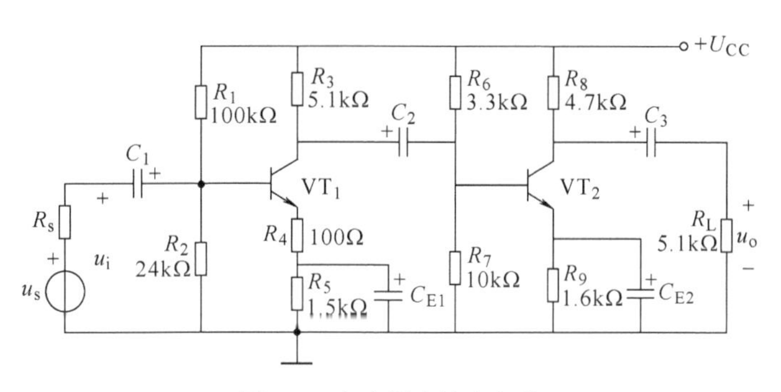

图 4-2　电容耦合放大电路

（2）直接耦合　直接耦合是将前后级直接相连的一种耦合方式。图 4-3 所示电路采用的就是这种耦合方式。直接耦合的优点是既可以放大交流信号，也可以放大直流和变化非常缓慢的信号。因其元器件少，电路简单，便于集成，所以集成电路中多采用这种耦合方式。其缺点是前后级直流通路相通，各级静态工作点互相牵制、互相影响；另外还存在零点漂移现象。因此，在设计时必须解决级间电平配置和工作点漂移两个问题，以保证各级有合适、稳定的静态工作点。

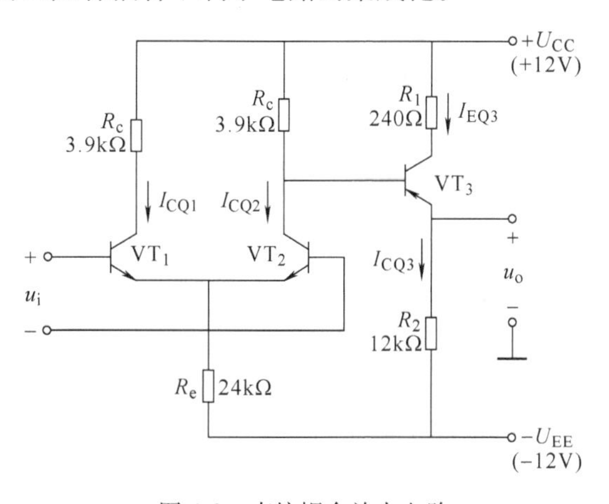

图 4-3　直接耦合放大电路

（3）变压器耦合　变压器耦合是用变压器将前级的输出端与后级的输入端连接起来的耦合方式。图 4-4 所示是一个典型的变压器耦合两级放大电路。变压器耦合的优点是由于变压器通过磁路把一次线圈的交流信号传到二次线圈，直流电压或电流无法通过变压器传给二次侧各级，因此各级直流通路相互独立；此外，变压器还能实现阻抗、电压、电流变换。其缺点是体积大，频率特性比较差，且不易集成化，故其应用范围较窄，如低频功率放大和中频调谐放大等。

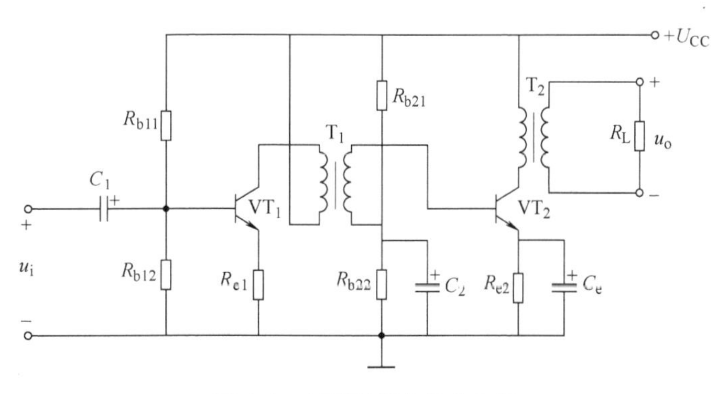

图 4-4　变压器耦合放大电路

3. 多级放大电路主要性能指标的估算

从多级放大电路的框图（见图 4-1）可以看出，多级放大电路的前一级，可看成后一级的信号源，而后一级则可以视为前一级的负载。因此，作为后级电路，其输入电阻就是前一级的负载电阻；作为前级电路，其输出电阻就是后一级电路的信号源内阻。

（1）电压放大倍数　由于信号是逐级传递的，前级的输出电压便是后级的输入电压，所以整个放大电路的电压放大倍数为

$$A_u=\frac{U_o}{U_i}=\frac{U_{o1}}{U_i}\cdot\frac{U_{o2}}{U_{o1}}\cdot\cdots\cdot\frac{U_o}{U_{o(n-1)}}=A_{u1}\cdot A_{u2}\cdot\cdots\cdot A_{un} \tag{4-1}$$

需要注意的是，在计算各级电压放大倍数时，要注意级与级之间的相互影响，要将下一级的输入电阻作为上一级的负载来考虑。

（2）输入电阻和输出电阻　根据输入电阻的概念，整个多级放大电路的输入电阻即为从第一级看进去的输入电阻。在实际电路分析时应当注意，有一些单级放大电路的输入电阻与负载有关，例如射极输出器的输入电阻为 $R_i=R_b\,/\!/\,[r_{be}+(1+\beta)R'_L]$，当这种电路作为第一级计算输入电阻时，就必须考虑第一级电路的负载，亦即第二级电路的输入电阻的影响。

多级放大电路的输出电阻即为从最后一级看进去的输出电阻。在实际分析电路时也应当注意，有一些单级放大电路的输出电阻与信号源内阻有关，例如射极输出器的输出电阻即为 $R_o=R_e\,/\!/\,\frac{r_{be}+(R_s\,/\!/\,R_b)}{1+\beta}$。当这种电路出现在电路的最后一级时，计算输出电阻就应当考虑倒数第二级的输出电阻的影响。

4.2.2　功率放大电路

在多级放大电路中，输出级不但要向负载提供大的信号电压，而且要向负载提供大的信号电流以驱动一定的装置，如扬声器的音圈、电动机控制绕组、计算机监视器等，这类用于向负载提供足够大的信号功率的放大电路，称为功率放大电路。

1. 功率放大电路的特点

（1）输出功率尽可能大　为了获得最大功率输出，要求功放管的电压和电流都有足够大的输出幅度，因此其往往在接近极限运行状态下工作，只要输出波形不超过规定的非线性失真指标即可。

（2）效率要高　所谓效率就是负载得到的有用信号功率和电源供给的直流功率的比值，这个比值越大，意味着效率越高。如果效率不高，不仅造成能量的浪费，而且消耗在电路内部的电能将转换成热能，使功放管等元器件的温度升高，容易损坏功放管。

（3）非线性失真要小　功率放大电路是在大信号下工作，所以不可避免地会产生非线性失真，而且同一功放管输出功率越大，非线性失真往往越严重。在实际的功率放大电路中，应根据负载的要求来规定允许的失真范围。

2. 功率放大电路分类

根据功率放大电路中晶体管的工作状态不同，通常把功率放大电路分为甲类、乙类和甲乙类。当功放电路输入正弦波信号时，若晶体管在信号的整个周期均导通放大（即导通角 $\theta=360°$），则称为甲类功率放大电路，如图 4-5a 所示；若晶体管仅在信号的正半周或负半周导通放大（即导通角 $\theta=180°$），则称为乙类功率放大电路，如图 4-5b 所示；若晶体管的导通时间大于半个周期但又小于一个周期（即 $180°<\theta<360°$），则称为甲乙类功率放大电路，如图 4-5c 所示。

甲类功率放大电路虽然具有电路结构简单的优点，但它在无输入信号时自身消耗的功率较大（这种功率称为静态功耗），因此效率较低（<50%），输出功率小；甲乙类和乙类功率

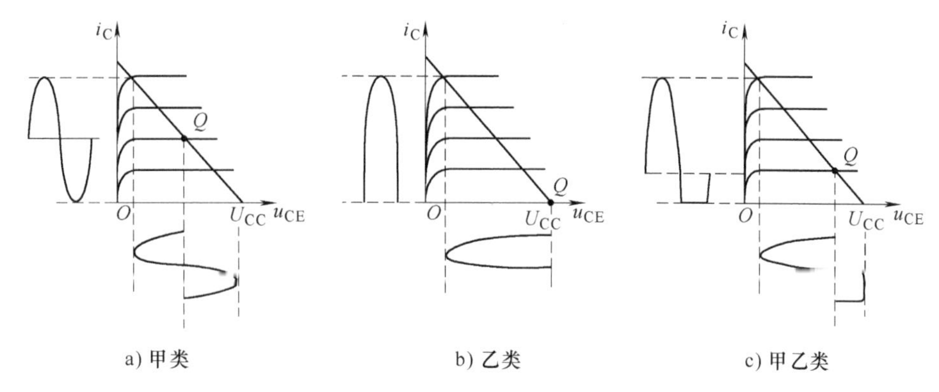

图 4-5　功率放大电路三种工作状态

放大电路，虽然减小了静态功耗，提高了效率，但都出现了严重的波形失真。当要求输出功率大且失真较小时，就需要在电路结构上采取措施，通常采用互补对称式电路。

3. 互补对称功率放大电路

（1）乙类双电源互补对称功率放大电路

1）电阻组成及工作原理。工作在乙类的功率放大电路，输入信号的半个波形因进入截止区而被削掉了，如果采用两个晶体管，使之都工作在乙类放大状态，其中一个工作在正半周，另一个工作在负半周，而将两管的输出波形都加在负载上，负载上就可以获得完整的波形了。

图 4-6 所示电路是一个基本的乙类互补对称功率放大电路，因为静态时公共发射极电位为零，不必采用电容耦合，因此又称为 OCL（Output Capacitor Less）电路。

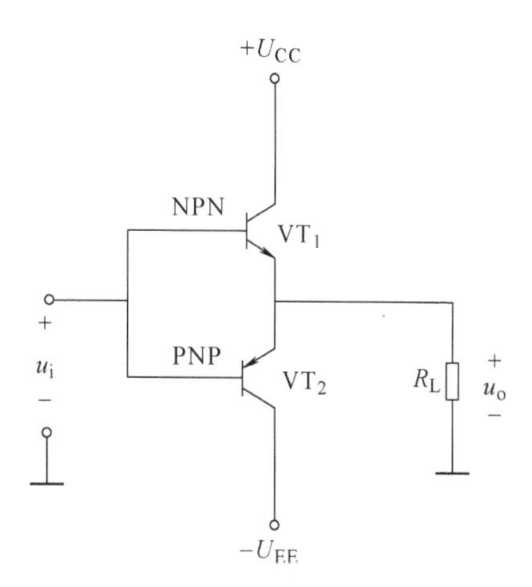

图 4-6　乙类互补对称功率放大电路

当输入正弦信号 u_i 为正半周时，VT_1 的发射结为正向偏置，VT_2 的发射结为反向偏置，于是 VT_1 管导通，VT_2 管截止。此时电流从上至下流过负载 R_L，$u_o \approx u_i$。当输入信号 u_i 为负半周时，VT_1 管为反向偏置，VT_2 管为正向偏置，VT_1 管截止，VT_2 管导通，此时有电流自下而上流过负载 R_L。这种 VT_1、VT_2 两管在输入信号的作用下交替导通，交替起到放大作用的工作方式称为推挽式工作方式。在这种工作方式下，两个晶体管性能对称，互补对方的不足，使负载得到了完整的波形，因此这种电路被称作互补对称电路。

2）功率与效率

① 输出功率 P_o。输出功率用输出电压有效值 U_o 和输出电流有效值 I_o 乘积来表示。设输出电压幅值为 U_{om}，则

$$P_o = U_o I_o = \frac{U_{om}}{\sqrt{2}} \frac{U_{om}}{\sqrt{2} R_L} = \frac{1}{2} \frac{U_{om}^2}{R_L} \tag{4-2}$$

由于 $U_{om} = U_{cem} = U_{CC} - U_{CES} \approx U_{CC}$，所以

$$P_{om}=\frac{1}{2}\frac{U_{om}^2}{R_L}=\frac{1}{2}\frac{U_{cem}^2}{R_L}\approx\frac{1}{2}\frac{U_{CC}^2}{R_L} \tag{4-3}$$

② 管耗 P_T。当输出电压幅度为 U_{om}时，VT_1的管耗为

$$P_{T1}=\frac{1}{R_L}\left(\frac{U_{CC}U_{om}}{\pi}-\frac{U_{om}^2}{4}\right) \tag{4-4}$$

则两管的总管耗为

$$P_T=P_{T1}+P_{T2}=\frac{2}{R_L}\left(\frac{U_{CC}U_{om}}{\pi}-\frac{U_{om}^2}{4}\right) \tag{4-5}$$

③ 直流电源供给功率 P_U

$$P_U=P_o+P_T=\frac{2U_{CC}U_{om}}{\pi R_L} \tag{4-6}$$

当输出电压幅值达到最大，即 $U_{om}\approx U_{CC}$时，则得电源供给的最大功率为

$$P_{Um}=\frac{2U_{CC}^2}{\pi R_L} \tag{4-7}$$

④ 效率 η。放大电路的效率定义为放大电路输出给负载的交流功率 P_o与直流电源提供的功率 P_U之比，即

$$\eta=\frac{P_o}{P_U}\times 100\% \tag{4-8}$$

将式（4-2）和式（4-6）代入式（4-8），可得 OCL 电路的一般效率为

$$\eta=\frac{P_o}{P_U}=\frac{\pi}{4}\frac{U_{om}}{U_{CC}} \tag{4-9}$$

当 $U_{om}\approx U_{CC}$时，

$$\eta=\frac{P_o}{P_U}=\frac{\pi}{4}\approx 78.5\% \tag{4-10}$$

这个结论是假定负载电阻为理想值，忽略晶体管的饱和压降 U_{CES}和输入信号足够大情况下得来的，实际效率比这个数值要低些。

⑤ 最大管耗。由式（4-4）可知，乙类互补对称放大电路的管耗是输出电压幅度 U_{om}的函数，对式（4-4）中 P_{T1}求极值可得，当 $U_{om}=\frac{2U_{CC}}{\pi}\approx 0.6U_{CC}$ 时，具有最大管耗，此时

$$P_{T1m}=\frac{1}{\pi^2}\frac{U_{CC}^2}{R_L} \tag{4-11}$$

考虑到最大输出功率 $P_{om}=U_{CC}^2/2R_L$，则每管最大管耗和电路的最大输出功率之间有如下关系：

$$P_{T1m}=\frac{1}{\pi^2}\frac{U_{CC}^2}{R_L}\approx 0.2P_{om} \tag{4-12}$$

在选择功率管时，可按式（4-12）考虑其最大允许管耗。例如，如果要求输出功率为10W，则只要功率管的最大允许管耗大于 2W 就可以了。

（2）甲乙类双电源互补对称功率放大电路

1）交越失真的产生。由于乙类互补对称功率放大电路静态时处于零偏置，当输入信号u_i低于死区电压时，VT_1和VT_2都截止，i_{C1}和i_{C2}基本为零，负载R_L上无电流通过，出现波形的缺失，如图4-7所示。这种现象称为交越失真。

2）交越失真的消除。克服交越失真的办法就是给电路提供一定的直流偏置，将电路改换成甲乙类互补对称放大电路。图4-8所示为两种常用的甲乙类OCL电路。

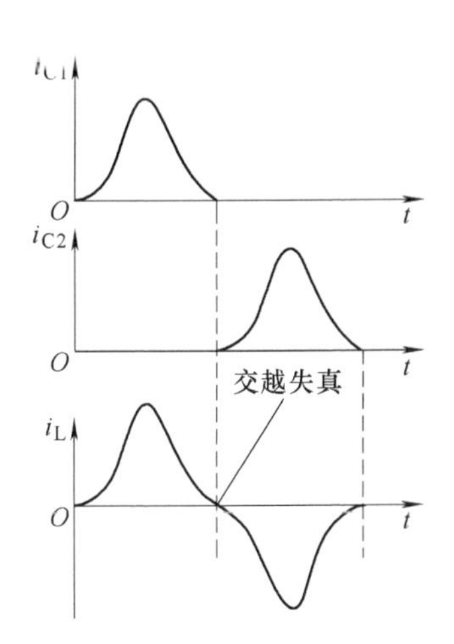

图4-7　OCL电路的交越失真

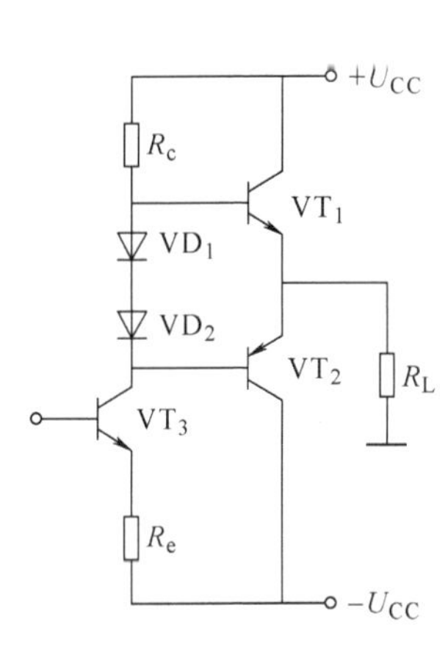

a) 利用二极管提供偏置

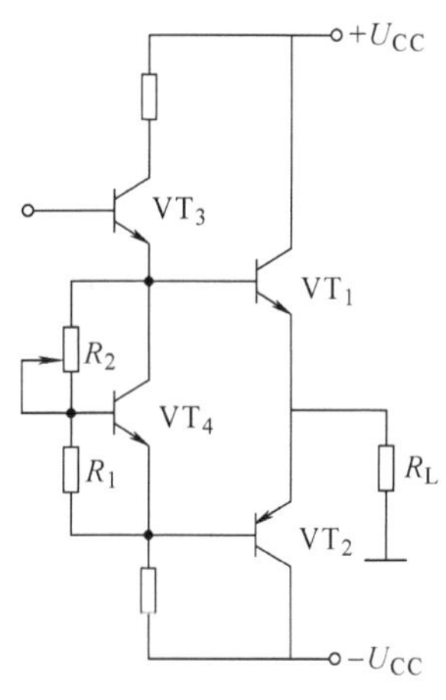

b) 利用u_{BE}扩大电路提供偏置

图4-8　甲乙类互补对称功率放大电路

图4-8a所示的电路利用二极管VD_1和VD_2上产生的压降为VT_1和VT_2提供了适当的偏压，使之处于微导通状态。由于电路对称，静态时$i_{C1}=i_{C2}$，$i_L=0$，$u_o=0$。有信号时，电路工作在甲乙类，基本上可以线性地进行放大。但这种偏置电路也存在缺点，即偏置电压不容易调整。

图4-8b所示的电路采用电阻R_1、R_2和VT_4构成的u_{BE}扩大电路为VT_1和VT_2提供偏压，由于流入VT_4基极的电流远小于流过R_1、R_2电阻的电流，因此可求得

$$U_{B1B2}=U_{R1}+U_{R2}=U_{BE4}+\frac{U_{BE4}}{R_1}R_2=U_{BE4}\left(1+\frac{R_2}{R_1}\right) \tag{4-13}$$

由于U_{BE4}基本为一固定值，因此，只要适当调节R_1、R_2的阻值，就可改变VT_1和VT_2的偏压。

（3）甲乙类单电源互补对称功率放大电路　前面介绍的互补对称功率放大电路均采用双电源供电，但在实际应用中，有些场合只能有一个电源，这时可采用单电源供电的互补对称电路，如图4-9所示。这种电路的输出通过电容器与负载耦合，而不用变压器，所以又称OTL（Output Transformer Less）电路。

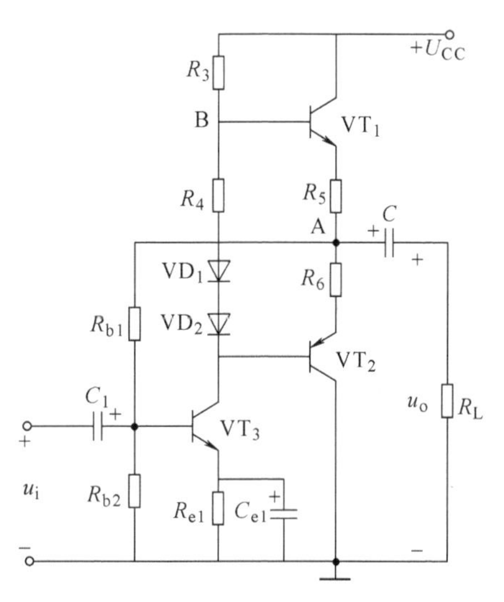

图4-9　OTL互补对称功率放大电路

为使VT_1、VT_2管工作状态对称，要求它们的发射极A点静态时对地电压为电源电压的

一半，只要合理选择 R_{b1}、R_{b2}的数值，就可以使得 $U_E=U_{CC}/2$。这样，静态时电容 C 上也充有 $U_{CC}/2$ 的直流电压。当输入信号 u_i（设为正弦电压）在负半周时，经前置级 VT_3 倒相后，VT_1的发射结正向偏置而导通，VT_2的发射结反向偏置而截止，有电流经 VT_1通过 R_L，同时 U_{CC}经 VT_1对电容器 C 充电；当输入信号 u_i在正半周时，VT_1的发射结反向偏置而截止，VT_2的发射结为正向偏置而导通。这时已充电的电容器 C 起负电源的作用，通过 VT_2和负载电阻 R_L放电。使负载获得了随输入信号而变化的电流波形。通常将 C 的容量选择得足够大，使充放电的时间常数也足够大，这样就可以保证 A 点的电位基本稳定在 $U_{CC}/2$，从而实现用电容 C 和一个电源 U_{CC}代替了原来两个电源的作用。

在 OTL 电路中有关输出功率、效率、管耗等指标的计算与 OCL 电路相同，但 OTL 电路中每个晶体管的工作电压仅为 $U_{CC}/2$，因此在应用 OCL 电路的有关公式时，应用 $U_{CC}/2$ 取代 U_{CC}。

4. 集成功率放大电路 TDA2030

TDA2030 是许多音频功放产品所采用的 Hi-Fi 功放集成块。它接法简单，价格实惠，输出电流大，谐波失真和交越失真小，具有优良的短路和过热保护电路。额定功率为 14W，电源电压为±6～±18V。在现有的各种功率集成电路中，它的引脚属于最少的一类，总共才 5 个引脚，外形如同塑封大功率管，给使用带来不少方便。图 4-10 所示为其引脚功能。

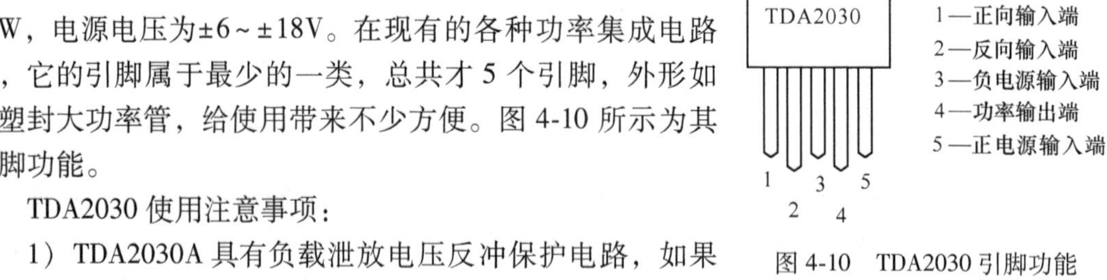

图 4-10 TDA2030 引脚功能

TDA2030 使用注意事项：

1）TDA2030A 具有负载泄放电压反冲保护电路，如果电源峰值电压达到 40V，那么在 5 脚与电源之间必须插入 LC 滤波器、二极管限压以保证 5 脚上的脉冲串维持在规定的幅度内。

2）印制电路板设计时必须较好地考虑地线与输出的去耦，因为这些线路有大的电流通过。

3）与普通电路相比较，加散热片可以使其有更高的安全系数。装配时散热片与其之间要绝缘，引线长度应尽可能短，焊接温度不得超过 260℃，焊接时间一般不超过 12s。

4）TDA2030A 所需的元器件很少，但所选的元器件必须是品质有保障的元器件。

4.2.3 反馈放大电路

1. 反馈基本概念

将放大电路已被放大的信号（电压或电流），取出一部分或全部，通过某一电路送回到输入端，称为反馈。用于反馈的电路称为反馈电路或反馈网络，带有反馈环节的放大电路称为反馈放大电路。

（1）反馈放大电路的基本结构 任意一个反馈放大电路都可以表示为一个基本放大电路和反馈网络组成的闭环系统，其构成如图 4-11 所示。

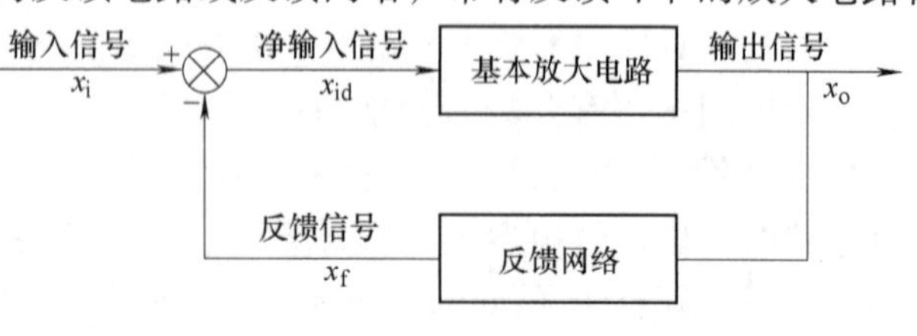

图 4-11 反馈放大电路框图

图 4-11 中，箭头表示信号传输

或反馈方向，x_i表示输入信号，x_o表示输出信号，x_f表示反馈信号，x_{id}表示净输入信号。“采样点”是取出反馈信号的地方。“⊗”表示比较环节，在此处，输入信号与反馈信号相加或相减，使输入信号加强或减弱，得到净输入信号。

（2）反馈放大电路的基本关系式　由图4-11所示的反馈电路框图可得出反馈电路各物理量之间的关系。为分析方便，放大电路中的信号频率均处在放大电路的通频带内，并假设反馈网络为纯电阻元件构成，所有信号均用有效值表示，A和F为实数。

基本放大电路的放大倍数（也称开环增益）为

$$A=\frac{X_o}{X_i}=\frac{X_o}{X_{id}} \tag{4-14}$$

反馈网络的反馈系数为

$$F=\frac{X_f}{X_o} \tag{4-15}$$

净输入信号为

$$X_{id}=X_i-X_f=\frac{X_i}{1+AF} \tag{4-16}$$

反馈放大电路的放大倍数（也称闭环增益）用A_f表示为

$$A_f=\frac{X_o}{X_i}=\frac{X_o}{X_{id}+X_f} \tag{4-17}$$

将式（4-14）、式（4-16）代入式（4-17），可得

$$A_f=\frac{A}{1+AF} \tag{4-18}$$

闭环放大倍数反映了引入反馈后的电路的放大能力，$1+AF$称为反馈深度，它是一个反映反馈强弱的物理量，其值越大，表示反馈越深，对放大器的影响也越大。

2. 反馈的分类及判别

1）正反馈和负反馈

① 定义。如果反馈信号使净输入信号加强，这种反馈就称为正反馈；如果反馈信号使净输入信号减弱，这种反馈就称为负反馈。正反馈主要用于振荡电路、信号产生电路，其他电路中则很少用正反馈。一般放大电路中经常引入负反馈，以改善放大电路的性能指标。

② 判定方法。通常采用电压瞬时极性法判定电路中引入反馈极性的正、负。这种方法是首先假定放大电路的输入信号电压处于某一瞬时极性，然后按照信号单向传输的方向及各级输入、输出之间的相位关系，确定电路中其他相关各点电压的瞬时极性。最后，根据反送到输入端的反馈电压信号的瞬时极性，确定是增强还是削弱了原来输入信号的作用，增强了为正反馈，削弱了则为负反馈。

判定反馈的极性时，一般有这样的结论：在放大电路的输入回路，输入信号电压u_i和反馈信号电压u_f相比较，当输入信号u_i和反馈信号u_f在相同端点时，如果引入的反馈信号u_f和输入信号u_i同极性，则为正反馈；若二者的极性相反，则为负反馈。当输入信号u_i和反馈信号u_f不在相同端点时，若引入的反馈信号u_f和输入信号u_i同极性，则为负反馈；若二者的极性相反，则为正反馈。图4-12所示为反馈极性的判定方法。

2）直流反馈和交流反馈

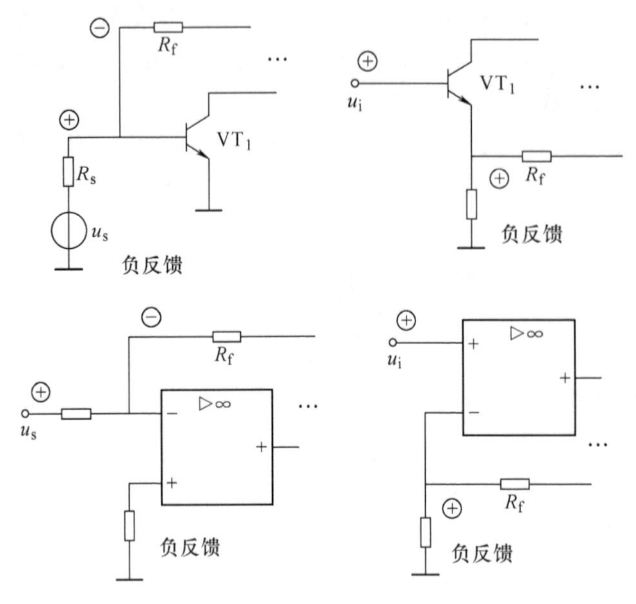

图 4-12 正、负反馈的判定

① 定义。如果反馈信号中只有直流成分，即反馈元件只能反映直流量的变化，这种反馈就称为直流反馈；如果反馈信号中只有交流成分，即反馈元件只能反映交流量的变化，这种反馈就称为交流反馈。直流反馈一般用于稳定静态工作点，而交流反馈用于改善放大器的性能。

② 判定方法。交流反馈和直流反馈的判定，可以通过观察反馈元件出现在哪种电流通路中来判断。若出现在交流通路中，则该元件起交流反馈作用；若出现在直流通路中，则该元件起直流反馈作用。如图 4-13a 所示，反馈元件 R_e 在交流通路中被 C_e 短接，所以引入的为直流反馈，而图 4-13b 中，因为隔直电容 C_f 的存在，反馈元件 R_f 只存在于交流通路中，所以引入的为交流反馈。

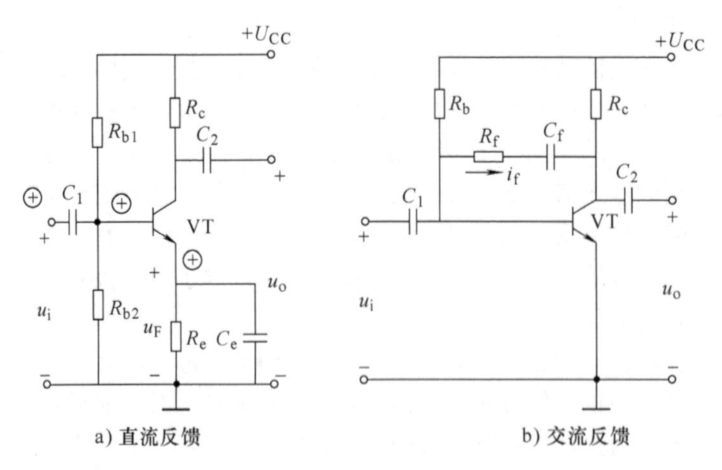

图 4-13 交、直流反馈的判定

3）电压反馈与电流反馈

① 定义。在放大电路的输出回路上，依据反馈网络从输出回路上的取样方式，可将反馈分为电压反馈和电流反馈。若反馈信号取样为电压，即反馈信号（电压）大小与输出电压的大小成正比，这样的反馈为电压反馈，如图4-14a所示。若反馈信号取样为电流，即反馈信号（电流）大小与输出电流的大小成正比，这样的反馈为电流反馈，如图4-14b所示。

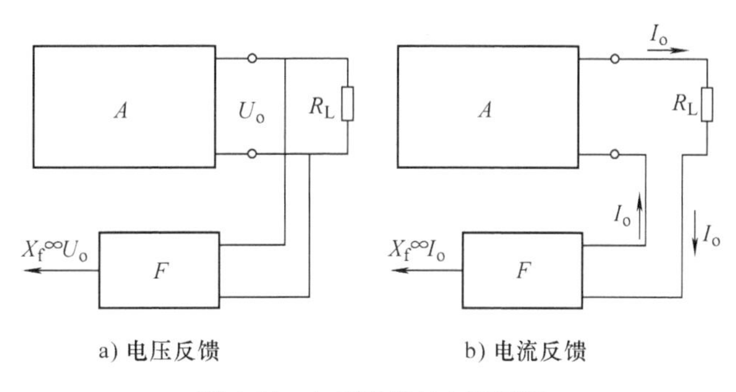

图4-14　电压反馈与电流反馈

② 判定方法。将负载 R_L 短路使输出电压为零，即 $u_o=0$，而 $i_o\neq0$，检查反馈信号是否存在。若不存在，则为电压反馈，否则为电流反馈。还可采用经验判断方法，反馈元件直接接在输出端为电压反馈，反馈元件没有直接接在输出端则为电流反馈。

4）串联反馈和并联反馈

① 定义。如果反馈信号 X_f 与输入信号 X_i 在输入回路中以电压的形式相加减，即在输入回路中彼此串联，就是串联反馈；如果反馈信号 X_f 与输入信号 X_i 在输入回路中以电流的形式相加减，即在输入回路中彼此并联，则是并联反馈。

② 判定方法。如果输入信号 X_i 与反馈信号 X_f 在输入回路的不同端点，则为串联反馈；若输入信号 X_i 与反馈信号 X_f 在输入回路的相同端点，则为并联反馈。

3. 负反馈对放大电路性能的影响

从反馈放大电路的一般表达式可知，电路中引入负反馈后其增益下降，但放大电路的其他性能会得到改善，如提高放大倍数的稳定性、减小非线性失真、抑制噪声干扰、扩展通频带等。

（1）提高放大倍数的稳定性　由于负载和环境温度的变化、电源电压的波动和器件老化等因素影响，放大电路的放大倍数会发生变化，通常用放大倍数相对变化量的大小来表示放大倍数稳定性的优劣，相对变化量越小，则稳定性越好。对式（4-18）求微分，可得

$$\frac{dA_f}{A_f}=\frac{1}{1+AF}\frac{dA}{A} \tag{4-19}$$

上式表明，引入负反馈后放大倍数的相对变化量为其基本放大电路放大倍数相对变化量的 $1/(1+AF)$，即放大倍数 A_f 的稳定性提高到 A 的（$1+AF$）倍。

（2）减小放大电路引起的非线性失真　晶体管是一个非线性器件，放大器在对信号进行放大时不可避免地会产生非线性失真。假设放大器的输入信号为正弦信号，没有引入负反馈时，开环放大器产生如图4-15a所示的非线性失真，即输出信号的正半周幅度变大，而负半周幅度变小。

现在引入负反馈，假设反馈网络为不会引起失真的线性网络，则反馈回的信号同输出信号的波形一样。反馈信号在输入端与输入信号相比较，使净输入信号 $X_{id}=(X_i-X_f)$ 的波形正半周幅度变小，而负半周幅度变大，如图4-15b所示。经基本放大电路放大后，输出信号趋于正、负半周对称的正弦波，从而减小了非线性失真。必须指出，引入负反馈减小的是闭环路内的失真。如果输入信号本身有失真，此时引入负反馈的作用不大。

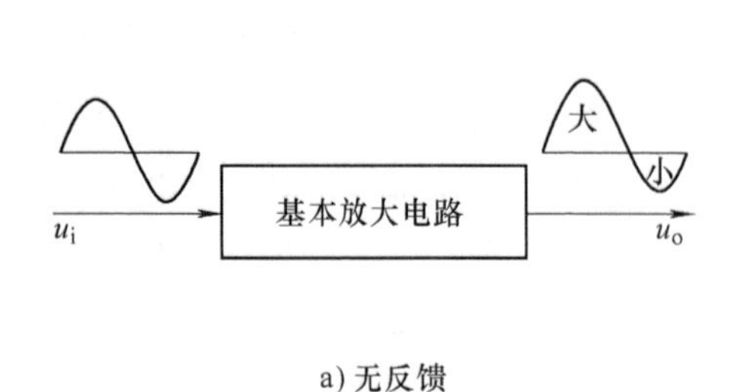

a) 无反馈

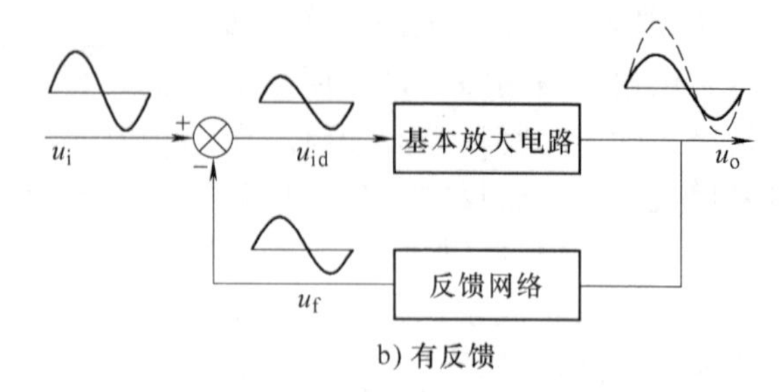

b) 有反馈

图 4-15 负反馈减小非线性失真

（3）扩展通频带 频率响应是放大电路的重要特性之一。在多级放大电路中，级数越多，增益越大，频带越窄。引入负反馈后，可有效扩展放大电路的通频带。图 4-16 所示为放大器引入负反馈后通频带的变化。根据上、下限频率的定义，从图中可见，放大器引入负反馈以后，其下限频率降低，上限频率升高，通频带变宽。

$$BW_f = (1 + AF)BW \quad (4\text{-}20)$$

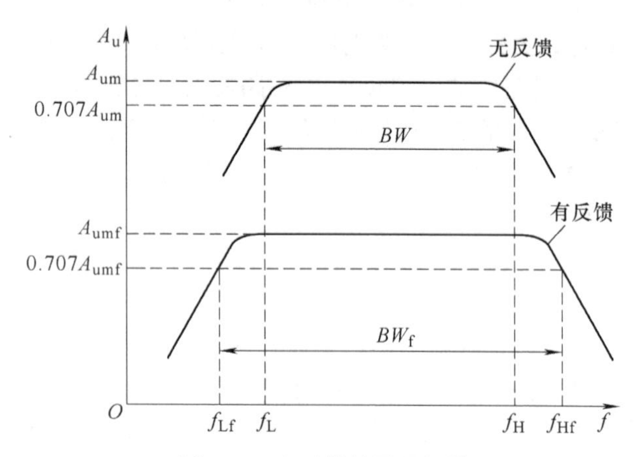

图 4-16 负反馈扩展通频带

（4）改变输入电阻和输出电阻

1）负反馈对放大电路输入电阻的影响。对输入电阻的影响仅与反馈网络与基本放大电路输入端的接法有关，即决定于是串联反馈还是并联反馈。令 R_i 为基本放大电路的输入电阻，称为开环输入电阻，R_{if} 为有反馈的输入电阻，称为闭环输入电阻。

在串联负反馈放大电路中，反馈网络与基本放大电路相串联，所以 R_{if} 必大于 R_i，即串联负反馈使放大电路输入电阻增大。在并联负反馈放大电路中，反馈网络与基本放大电路相并联，所以 R_{if} 必小于 R_i，即并联负反馈使放大电路输入电阻减小。

2）负反馈对放大电路输出电阻的影响。对输出电阻的影响仅与反馈网络与基本放大电路输出端的接法有关，即决定于是电压反馈还是电流反馈。令 R_o 为基本放大电路的输出电阻，称为开环输出电阻，R_{of} 为有反馈的输出电阻，称为闭环输出电阻。

在电压负反馈放大电路中，反馈网络与基本放大电路相并联，所以 R_{of} 必小于 R_o，即电压负反馈使放大电路的输出电阻减小。在电流负反馈放大电路中，反馈网络与基本放大电路相串联，所以 R_{of} 必大于 R_o，即电流负反馈使放大电路的输出电阻增大。

4. 深度负反馈放大电路

由上述分析可知，负反馈放大电路性能的改善与反馈深度有关，反馈深度越大，对放大电路性能的改善越明显。实际应用中，应尽量采用较大的反馈深度来改善电路的性能，习惯上将（$1+AF$）$\gg 1$ 的负反馈放大电路称为深度负反馈放大电路。

由于（$1+AF$）$\gg 1$，所以

$$A_f = \frac{A}{1 + AF} \approx \frac{A}{AF} = \frac{1}{F} \quad (4\text{-}21)$$

由于 $A_f = x_o/x_i$，$F = x_f/x_o$，所以深度负反馈放大电路中，有

$$x_i \approx x_f \tag{4-22}$$

即

$$x_{id} \approx 0 \tag{4-23}$$

由式（4-21）、式（4-22）、式（4-23）及负反馈对输入电阻、输出电阻的影响，可得深度负反馈放大电路有如下特点：

1）闭环放大倍数主要由反馈网络决定，即 $A_f \approx 1/F$，当反馈网络由电阻等无源线性元件组成时，深度负反馈放大电路的增益为常数，基本不受外界因素影响，输出信号与输入信号之间呈线性关系，失真极小。

2）反馈信号近似等于输入信号，$x_i \approx x_f$，净输入信号近似为零。对于串联反馈有，$u_i \approx u_f$，$u_{id} \approx 0$，称为虚短；对于并联反馈有，$i_i \approx i_f$，$i_{id} \approx 0$，称为虚断。

3）闭环输入电阻和输出电阻可以近似看成零或无穷大，即深度串联负反馈闭环输入电阻趋于无穷大，深度并联负反馈闭环输入电阻趋于零，深度电流负反馈闭环输出电阻趋于无穷大，深度电压负反馈闭环输出电阻趋于零。

4.2.4　运算放大电路

1. 运算放大电路简介

运算放大电路（简称运放）是一种包含许多晶体管的电子器件，主要用于模拟加、减、积分、微分等运算，从而对电路进行模拟分析。运算放大电路是高放大倍数的直接耦合的放大器，可用来放大直流和频率不太高的交流信号，最早开始应用于1940年。1960年后，随着集成电路技术的发展，运算放大电路逐步集成化，在信号处理、测量及波形产生方面也获得广泛应用。

（1）集成运算放大电路符号　虽然运放有多种型号，其内部结构也各不相同，但从电路分析的角度出发，感兴趣的仅仅是运放的外部特性及其电路符号模型，图4-17给出了运放的常用电路图形符号。其中“三角形”符号表示“放大电路”。

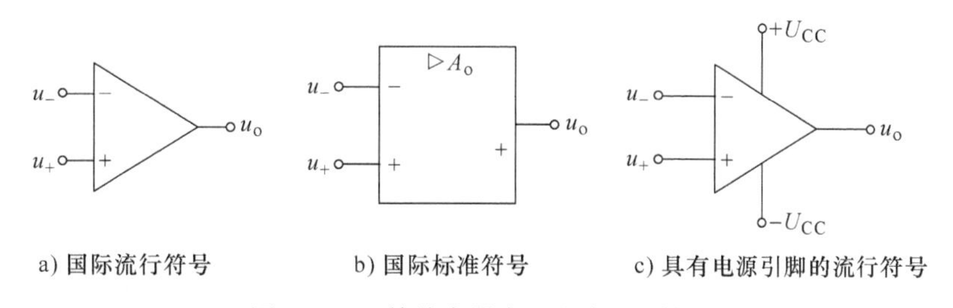

a) 国际流行符号　b) 国际标准符号　c) 具有电源引脚的流行符号

图4-17　运算放大器常用电路图形符号

其中：

u_o——电压输出。

u_+——同相电压输入，u_o与u_+同相。

u_-——反相电压输入，u_o与u_-反相。

A_o——开环电压放大倍数。

（2）集成运算放大电路主要技术指标

1）开环差模电压增益 A_{ud}。集成运放在开环时（无外加反馈时）输出电压与输入差模信号电压之比，即

$$A_{ud}=u_o/(u_p-u_n) \tag{4-24}$$

通常用分贝数表示，其值可达100~140dB。

2）差模输入电阻 R_{id}。集成运放在输入差模信号时的输入电阻，它反映了运放索取信号的能力，R_{id}越大越好。

3）开环输出电阻 R_o。集成运放开环时的动态输出电阻，其值越小，输出的电压越稳定，带负载能力越强，理想集成运放的输出电阻 R_o视为零。

4）共模抑制比 K_{CMR}。集成运放电路在开环状态下，差模放大倍数与共模放大倍数之比，K_{CMR}越大，运放性能越好。

5）输入失调电压 U_{IO}及输入失调电压温漂 dU_{IO}/dT。

① 输入失调电压 U_{IO}：当输入电压为零时，将输出电压除以电压增益，即为折算到输入端的失调电压，是表征运放内部电路对称性的指标。U_{IO}越小，表明电路的对称性越好。

② 输入失调电压温漂 dU_{IO}/dT：在规定的工作温度范围内，输入失调电压随温度的变化量与温度变化量之比值。它是衡量集成运放温度漂移的重要参数，其值越小，表明集成运放的温漂越小。

6）输入失调电流 I_{IO}及输入失调电流温漂 dI_{IO}/dT。

① 输入失调电流 I_{IO}：在零输入时，差分输入级的差分对管基极电流之差，用于表征差分级输入电流不对称的程度。I_{IO}的大小反映了差分电路输入级两管的 β 的失配程度。I_{IO}越小，表明电路参数的对称性越好。

② 输入失调电流温漂 dI_{IO}/dT：在规定的工作温度范围内，输入失调电流随温度的变化量与温度变化量之比值。其值越小，表明运放的温漂越小。

7）输入偏置电流 I_{IB}。输入电压为零时，运放两个输入端偏置电流的平均值，即 $I_{IB}=(I_{BN}+I_{BP})/2$，用于衡量差分放大对管输入电流的大小。

8）最大差模输入电压 U_{idmax}。集成运放同相输入端与反相输入端之间能承受的最大电压值。使用时差模输入电压不能超过此值，否则集成运放的输入级的晶体管将被击穿，甚至造成永久性的损坏。

9）最大共模输入电压 U_{icmax}。集成运放在线性工作范围内所能承受的最大共模输入电压。在使用中若超过此值，集成运放的各级电路工作将失常，性能变差，共模抑制能力将明显变差。

10）开环带宽 BW。集成运放的差模电压放大倍数 A_{ud}值比直流时下降3dB所对应的频率。

2. 理想集成运算放大电路

（1）理想运算放大器的条件和符号　理想集成运放就是将集成运放理想化，由于实际运放的一些主要技术参数接近理想化的缘故。用理想运放代替实际运放进行分析，可使分析过程大大简化，而所引起的误差在工程允许范围之内。一个理想的运算放大器，必须具备下列条件：

1）开环差模电压放大倍数 $A_{uo}\to\infty$。

2）开环差模输入电阻 $r_{id}\to\infty$。

3）开环输出电阻 $r_o \to 0$。

4）共模抑制比 $K_{CMR} \to \infty$。

理想运算放大器的电路图形符号如图 4-18 所示。

（2）电压传输特性（见图 4-19）

1）线性区（放大区）

$$u_o = A_{uo}(u_+ - u_-)$$

2）非线性区（饱和区）

$$u_+ > u_- \text{ 时}, u_o = +U_{o(sat)}$$
$$u_+ < u_- \text{ 时}, u_o = -U_{o(sat)}$$

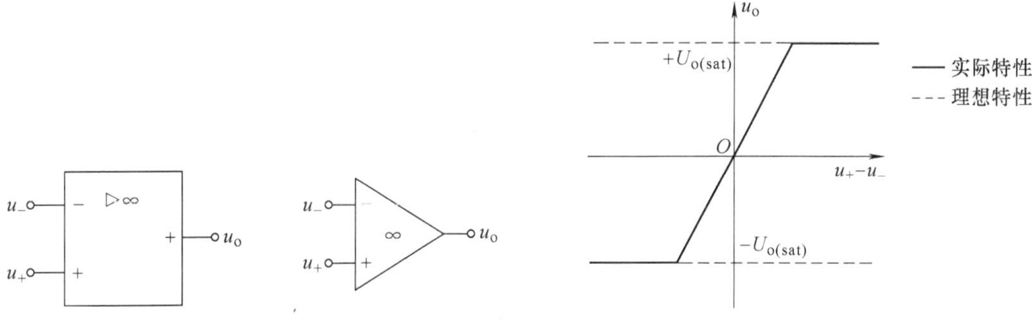

图 4-18 理想运算放大器的图形符号　　图 4-19 电压传输特性

（3）理想运放工作在线性区时的分析依据

1）开环差模输入电阻 $r_{id} \to \infty$，输入电流约等于 0，即 $i_+ = i_- \approx 0$，称“虚断”。

2）开环差模电压放大倍数 $A_{uo} \to \infty$，差模输入电压约等于 0，即 $u_+ = u_-$，称“虚短”。

3. 集成运算放大电路的应用

采用集成运算放大电路接入适当的负反馈就可以构成各种线性应用电路，它们广泛应用于各种信号的运算、放大、处理、测量等电路中。由于集成运算放大电路开环增益很高，所以由它构成的线性应用电路均为深度负反馈电路，可用运算放大电路两输入端之间的“虚短”和“虚断”的特点进行分析。

（1）比例运算电路

1）反相比例运算电路。反相比例运算电路也称为反相放大器，电路组成如图 4-20 所示。

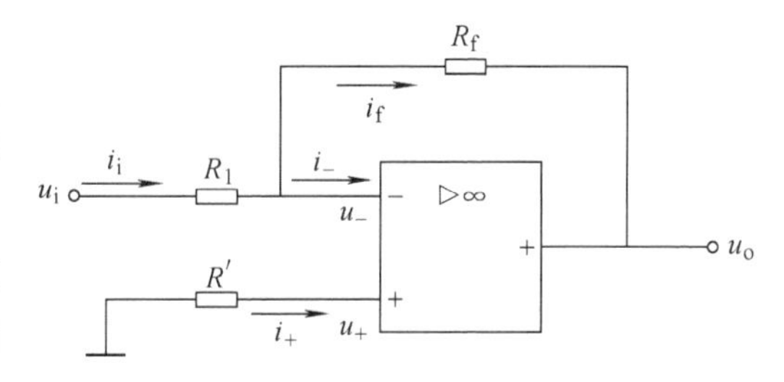

图 4-20 反相比例运算电路

输入电压 u_i 通过电阻 R_1 作用于集成运放的反相输入端，电阻 R_f 跨接在集成运放的输出端和反相输入端，引入了电压并联负反馈，同相端通过 R' 接地，R' 为平衡电阻，以保证集成运放输入级差分放大电路的对称性，其值 $R' = R_1 // R_f$。

根据虚短，$u_- = u_+ = 0$

根据虚断，$i_- = i_+ = 0$

可推理得，$u_o=-\frac{R_f}{R_1}u_i$

$$A_{uf}=\frac{u_o}{u_i}=-\frac{R_f}{R_1} \tag{4-25}$$

A_{uf}仅决定于反馈网络的电阻比值R_f/R_1，而与集成运放本身参数无关，“-”表示输出与输入相位相反。比例系数可大于、等于或小于1，若$R_f/R_1=1$，电路就成了反相器。

2）同相比例运算电路。同相比例运算电路又称为同相放大器，其电路如图4-21所示。

输入电压u_i由同相端输入，反相输入端经R_1接地，电阻R_f跨接在集成运放的输出端和反相输入端，引入了电压串联负反馈，$R'=R_1 /\!/ R_f$。故可认为输入电阻无穷大，输出电阻为零。

根据虚短，$u_-=u_+=u_i$

根据虚断，$i_-=i_+=0$

推理可得，$u_o=\left(1+\frac{R_f}{R_1}\right)u_i$

$$A_{uf}=\frac{u_o}{u_i}=1+\frac{R_f}{R_1} \tag{4-26}$$

A_{uf}由R_f/R_1的比值决定，与运放本身参数无关，式（4-26）表明，u_o与u_i同相且u_o大于u_i。

应当指出，虽然同相比例运算电路具有高输入电阻、低输出电阻的优点，但因为集成运放有共模输入，所以为了提高运算精度，应当选用高共模抑制比的集成运放。

（2）加减运算电路

1）反相加法电路。反相求和电路如图4-22所示，图中有两个输入信号u_{i1}、u_{i2}（实际应用中可以根据需要增减输入信号的数量），分别经电阻R_1、R_2加在反相输入端；为使运放工作在线性区，R_f引入深度电压并联负反馈；R'为平衡电阻$R'=R_f /\!/ R_1 /\!/ R_2$。

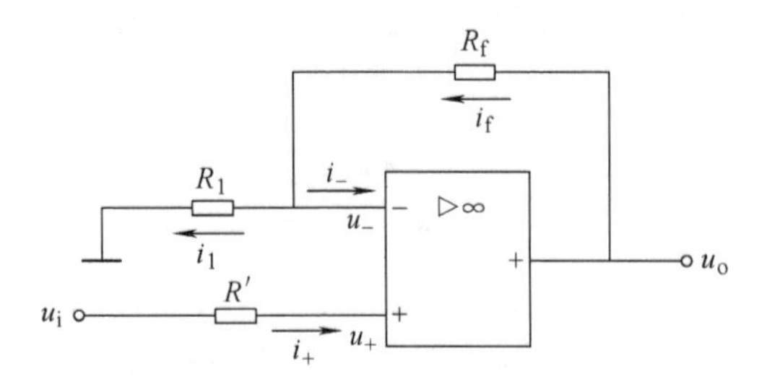

图4-21 同相比例运算电路

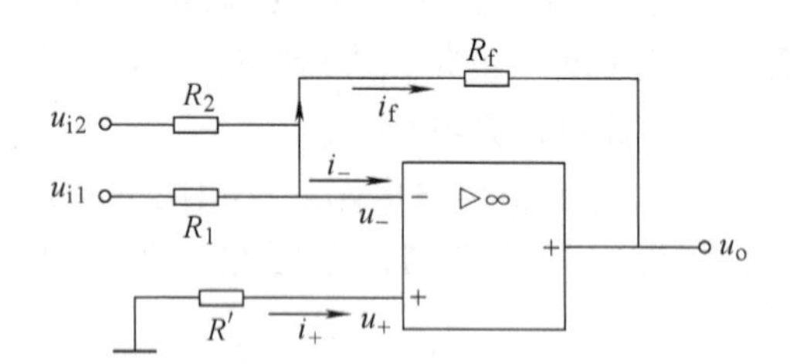

图4-22 反相求和电路

根据虚短，$u_-=u_+=0$

根据虚断，$i_-=i_+=0$

推理可得，$u_o=-\left(\frac{R_f}{R_1}u_{i1}+\frac{R_f}{R_2}u_{i2}\right)$ （4-27）

当$R_1=R_2=R_f$时，输出电压u_o等于两个输入电压u_{i1}、u_{i2}之和，即$u_o=-(u_{i1}+u_{i2})$。如

果在图4-22所示的输出端再接一级反相器，则可消去负号，实现完全的符合常规的算术加法运算。图4-22所示的加法电路可以扩展到多个输入电压相加。

2）同相加法电路。为实现同相求和，在同相比例运算电路的基础上，增加一个或几个输入支路，为使运放工作在线性状态，电阻支路R_f引入深度电压串联负反馈，如图4-23所示。

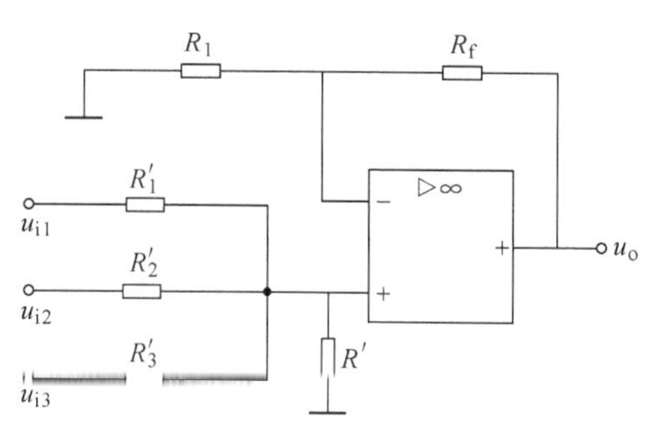

图4-23　同相求和电路

利用运放“虚短”“虚断”的两个特点，对运放同相输入端的电压可用叠加原理求得：

$$u_i = \frac{R'_2 /\!/ R'_3 /\!/ R'}{R'_1 + R'_2 /\!/ R'_3 /\!/ R'}u_{i1} + \frac{R'_1 /\!/ R'_3 /\!/ R'}{R'_2 + R'_1 /\!/ R'_3 /\!/ R'}u_{i2} + \frac{R'_1 /\!/ R'_2 /\!/ R'}{R'_3 + R'_1 /\!/ R'_2 /\!/ R'}u_{i3}$$

利用同相比例运算电路的运算特性，可得

$$\begin{aligned} u_o &= \left(1 + \frac{R_f}{R_1}\right)u_i \\ &= \left(1 + \frac{R_f}{R_1}\right)\left(\frac{R'_2 /\!/ R'_3 /\!/ R'}{R'_1 + R'_2 /\!/ R'_3 /\!/ R'}u_{i1} + \frac{R'_1 /\!/ R'_3 /\!/ R'}{R'_2 + R'_1 /\!/ R'_3 /\!/ R'}u_{i2} + \frac{R'_1 /\!/ R'_2 /\!/ R'}{R'_3 + R'_1 /\!/ R'_2 /\!/ R'}u_{i3}\right) \end{aligned}$$

当$R'_1 = R'_2 = R'_3 = R'$时，则

$$u_o = (1 + \frac{R_f}{R_1}) \times \frac{1}{4}(u_{i1} + u_{i2} + u_{i3}) \tag{4-28}$$

比较式（4-27）和式（4-28），两者都实现了加法运算，只是输出电压的符号不同而已。若在同相输入端接输入信号，为同相加法电路，输出电压u_o符号为正；若在反相输入端接输入信号，为反相加法电路，输出电压u_o符号为负。

3）减法运算电路。图4-24所示电路为一减法运算电路，两个输入信号分别加到集成运放的反相输入端和同相输入端，相当于减法输入方式。

由比例运算电路的运算特性，可得

$$u_o = \left(1 + \frac{R_f}{R_1}\right)\left(\frac{R_3}{R_2 + R_3}u_{i2}\right) - \frac{R_f}{R_1}u_{i1} \tag{4-29}$$

当$R_1 = R_2$，$R_3 = R_f$时，

$$u_o = \frac{R_f}{R_1}(u_{i2} - u_{i1}) \tag{4-30}$$

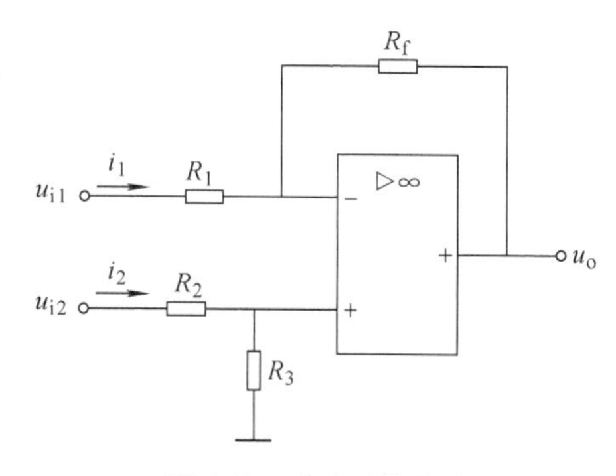

图4-24　减法运算电路

（3）积分、微分运算

1）积分运算电路。积分电路可以完成对输入信号的积分运算，即输出电压与输入电压的积分成正比。这里介绍常用的反相积分电路，如图4-25所示。电容C引入电压并联负反馈，运放工作在线性区。

根据虚短，虚断

$$u_o = -u_C = -\frac{1}{C}\int i_f dt = -\frac{1}{C}\int i_1 dt = -\frac{1}{R_1C}\int u_i dt \tag{4-31}$$

上式表明输出电压为输入电压对时间的积分，所以称积分电路。负号表示它们在相位上是相反的。当输入信号是阶跃直流电压时

$$u_o = -u_C = -\frac{1}{R_1C}\int u_i dt = -\frac{u_i}{R_1C}t \tag{4-32}$$

图 4-26 所示为输入信号是矩形波的输出电压波形图。

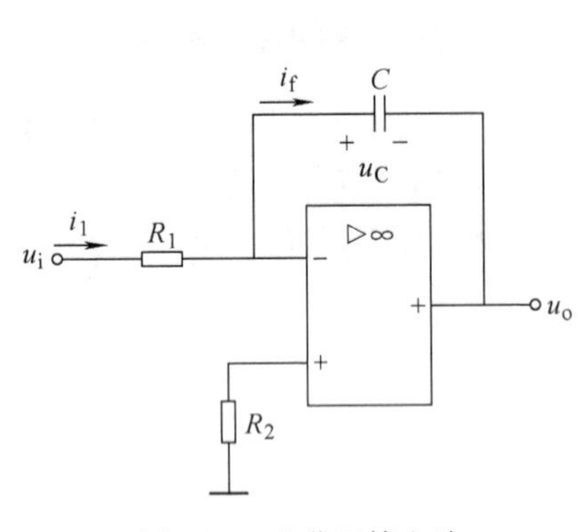

图 4-25 积分运算电路

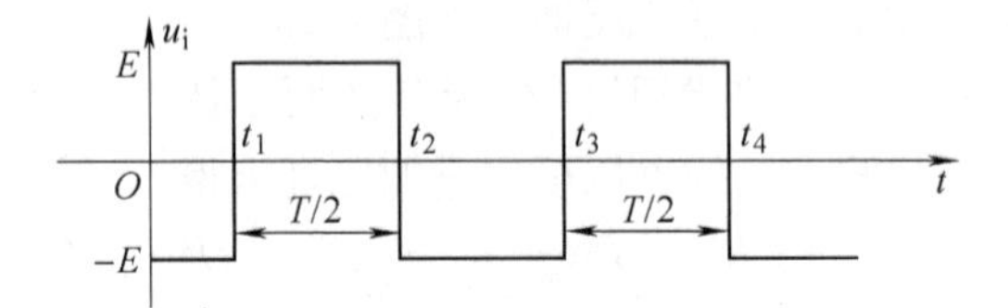

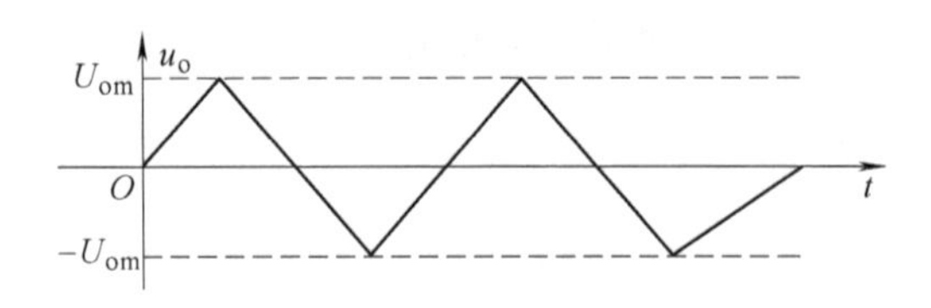

图 4-26 输入电压是矩形波的积分电路输出电压波形图

2）微分电路。微分是积分的逆运算，微分电路的输出电压是输入电压的微分，电路如图 4-27 所示。图中 R 引入电压并联负反馈使运放工作在线性区。

根据虚短，虚断

$$i_i = C\frac{du_C}{dt} = C\frac{du_i}{dt} \tag{4-33}$$

$$u_o = -i_fR_f = -i_iR_f = -R_fC\frac{du_i}{dt} \tag{4-34}$$

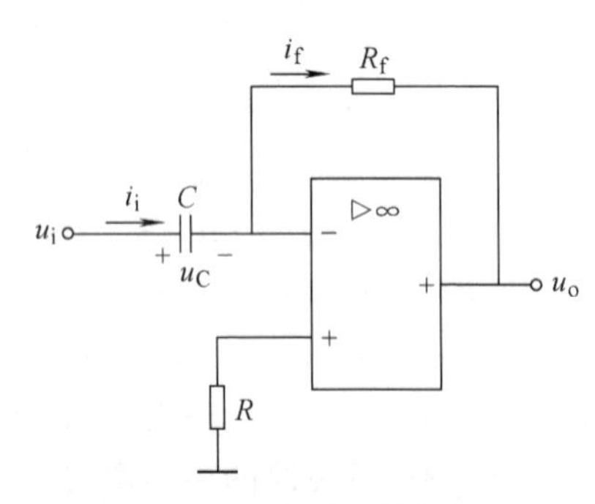

图 4-27 微分运算电路

上式表明输出电压与输入电压的微分成正比，该电路实现了对输入信号求微分的运算，故称之为微分电路，负号表示它们在相位上是相反的。

（4）信号处理电路

1）电压比较器。电压比较器将输入电压接入集成运放的一个输入端而将参考电压接入另一个输入端，将两个电压进行幅度比较，由输出状态反映所比较的结果。图 4-28 所示为一个电压过零比较器。当 $u_i>0$ 时，$u_->0$，$u_o=-U_Z$；当 $u_i<0$ 时，$u_-<0$，$u_o=+U_Z$。其传输特性如图 4-28b 所示。

2）三角波发生器。三角波发生器如图 4-29a 所示，它由比较器 A_1 和反相积分器 A_2 构成。比较器的输入信号就是积分器的输出电压，比较器的输出信号加到积分器的输入端。

A_1 同相输入端的输入电压为

$$u_+ = \frac{R_2}{R_2+R_f}u_{o1} + \frac{R_f}{R_2+R_f}u_o \tag{4-35}$$

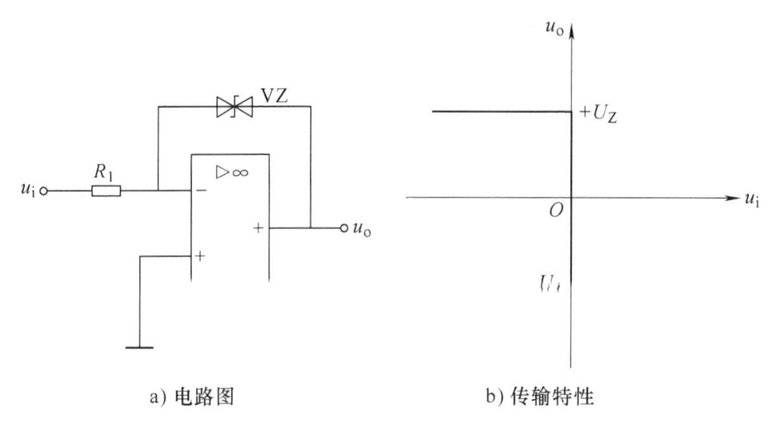

a) 电路图 b) 传输特性

图 4-28 电压比较器

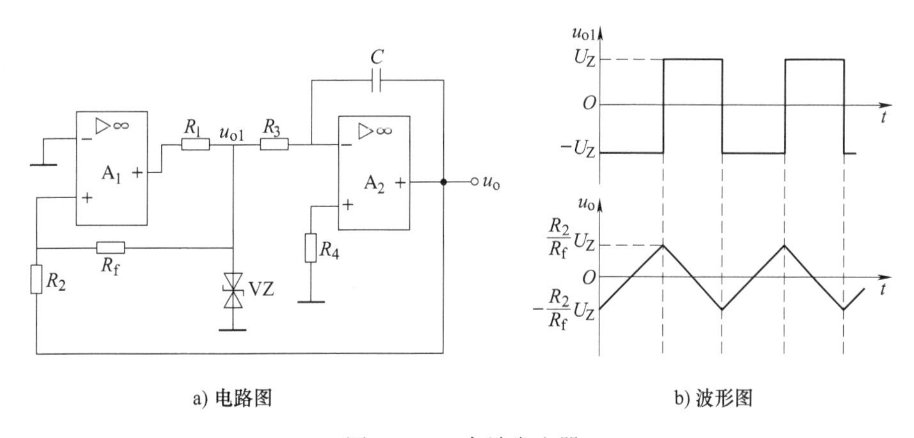

a) 电路图 b) 波形图

图 4-29 三角波发生器

当 $u_{o1}=+U_Z$时，积分器的输入电压为正值，且输出电压 u_o随时间线性下降，同时使 u_+亦下降。当 u_+由正值过零变负时，比较器 A_1翻转，其输出电压 u_{o1}由$+U_Z$迅速跃变为$-U_Z$，此时积分器的输出电压也降至最低点。此后，由于积分器的输入电压为负值（$-U_Z$），其输出电压 u_o随时间线性上升，同时使 u_+亦上升。当 u_+由负值过零变正时，比较器 A_1翻转，其输出电压 u_{o1}由$-U_Z$迅速跃变为$+U_Z$，此时积分器的输出电压也升至最高点。此后，周期循环变化下去，这样，在比较器的输出端产生矩形波，积分器的输出端产生三角波，如图 4-29b 所示。

4.2.5 简易集成功放电路构成及工作原理

简易集成功放电路构成如图 4-30 所示，信号从 P1 输入，经放大后从 P3 输出。电源电压 VCC 经 R2、R3 分压后为集成功放芯片 TDA2030 输入端提供半电源基准电压，利用 C2 去耦后经 R2 加到同相输入端；R4、R5、C3 为负反馈电路；R4、R5 的比值决定功放的增益，增益大小为（R4+R5）/ R4；C3 为交流旁路电容，使直流 100%负反馈，提高静态工作点的稳定性；R6、C6 为茹贝网络，防止可能产生的高频振荡；VD1、VD2 为保护二极管，防止输出电压峰值损坏集成功放芯片 TDA2030；C4、C5 为电源滤波电容；C1 为输入耦合电容，

C7 为输出耦合电容，负载可接 4~16Ω 的全频带扬声器。

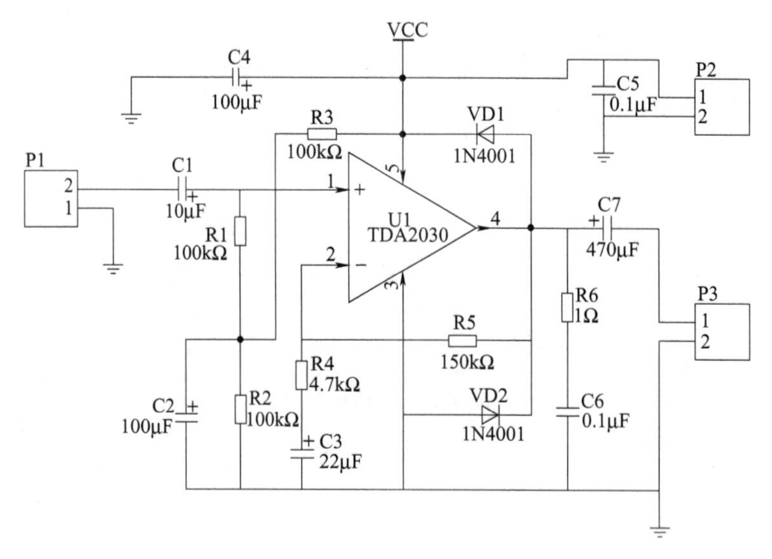

图 4-30 简易集成功放电路图

4.3 仿真分析

利用 Proteus 仿真软件搭建简易集成功放仿真分析电路，如图 4-31 所示。

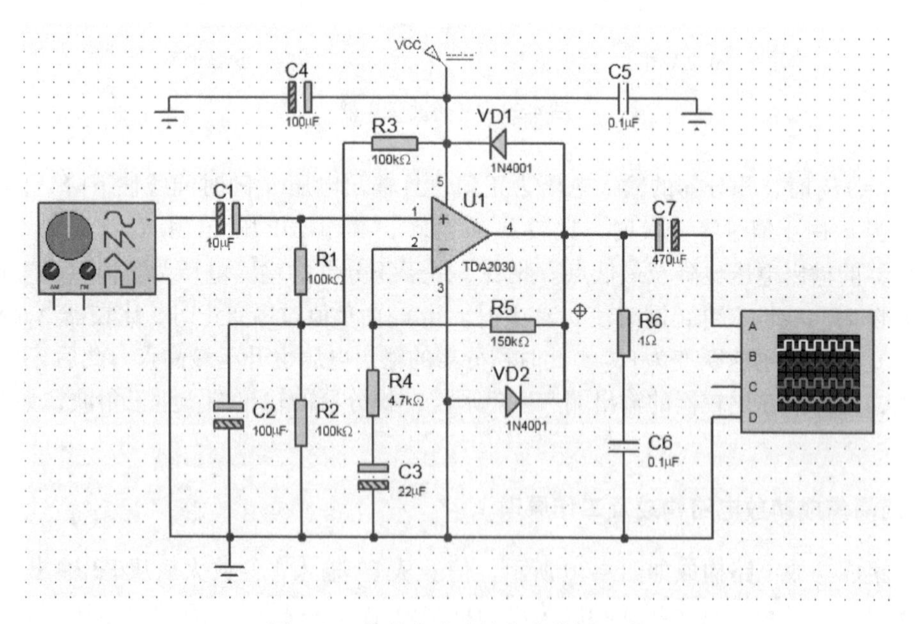

图 4-31 简易集成功放仿真分析电路

改变输入信号频率及波形，在输出端都能得到无失真的放大信号。图 4-32 所示为仿真结果输出，输入峰峰值为 10mV、频率为 400Hz 的正弦波信号，经过功率放大后，输出信号波形无失真，周期为2.5ms，峰峰值为50mV/格×6.6格=330mV，计算放大倍数为330/10=33=（R4+R5）/R4。

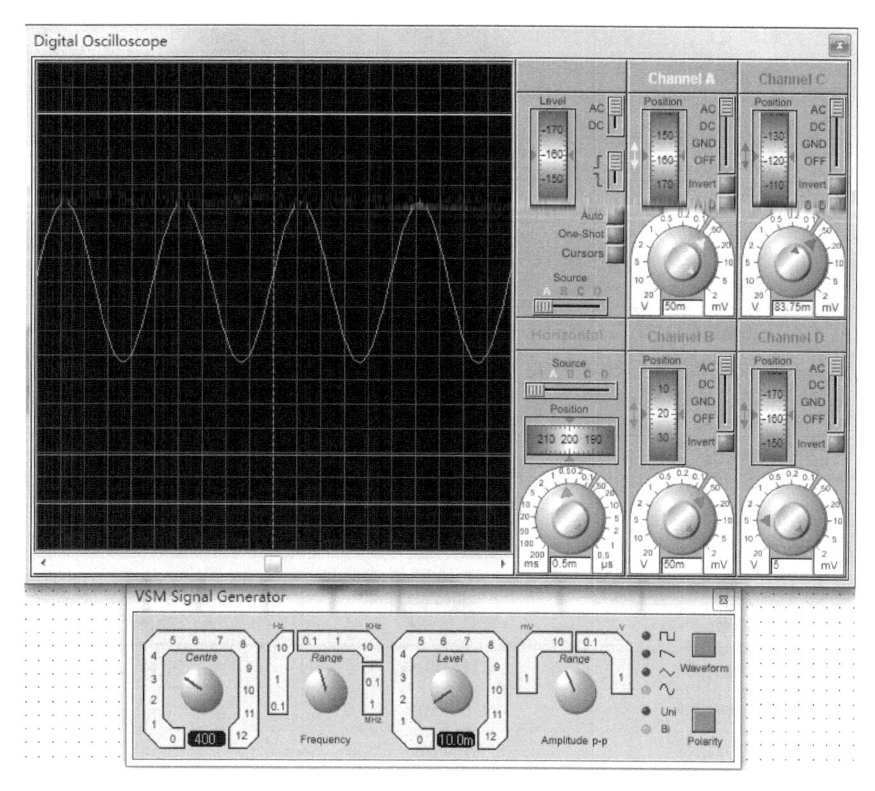

图4-32　简易集成功放仿真演示结果

4.4　实做体验

4.4.1　材料及设备准备

材料清单见表4-1。

表4-1　材料清单表

序号	名称	型号与规格	数量	备注
1	电阻	150kΩ	1个	
2	电阻	4.7kΩ	1个	
3	电阻	100kΩ	3个	
4	电阻	1Ω	1个	
5	功率电阻	30Ω/2W	1个	
6	电解电容	10μF/25V	1个	
7	电解电容	22μF/25V	1个	
8	电解电容	100μF/25V	2个	

（续）

序号	名称	型号与规格	数量	备注
9	电解电容	470μF/25V	1 个	
10	瓷片电容	0. 1μF	2 个	
11	二极管	1N4007	2 个	
12	集成功放	TDA2030	1 只	
13	扬声器	4Ω，5W	1 只	
14	排针	2. 54mm，双排针	12 个	
15	DC 座	DC-005	1 只	
16	音频座	3. 5mm	1 只	
17	PCB	7cm×9cm	1 块	
18	导线	BVR 线，ϕ0. 5mm×10cm	2 根	红、黑
19	焊锡丝	ϕ0. 8mm	1. 5m	

工具设备清单见表 4-2。

表 4-2　工具设备清单表

序号	名称	型号与规格	数量	备注
1	信号发生器	UTG9002C	1 台	
2	数字示波器	UTD2102	1 台	
3	数字式万用表	VC890D	1 块	
4	指针式万用表	MF47	1 块	
5	斜口钳	JL-A15	1 把	
6	尖嘴钳	HB-73106	1 把	
7	电烙铁	220V/25W	1 把	
8	吸锡枪	TP-100	1 把	
9	镊子	1045-0Y	1 个	
10	锉刀	W0086DA-DD	1 个	

4. 4. 2　元器件筛选

1. 扬声器识别与检测

（1）扬声器外形及引脚辨别　扬声器是将电能转换为声能，并将声能辐射到室内或开阔空间的电声换能器，使用非常普遍，在发声的电子电气设备中都能见到它。图 4-33 所示为一些常见的扬声器外形图。

扬声器有两个引脚，单只使用时引脚不分正、负极性，多只同时使用时引脚有极性之分。一般在扬声器的引出端会标明“+”“-”极，如图 4-34 所示。

（2）扬声器性能测试

1）扬声器好坏检测。扬声器质量的好坏可以用万用表进行检测。检测时，万用表置于 R×1Ω 档，两表笔（不分正、负）断续触碰扬声器的两引出端，扬声器应发出“喀喀”声，否则说明该扬声器已损坏。“喀喀”声越大越清脆越好，如果“喀喀”声小或不清晰，则说明该扬声器质量不好。

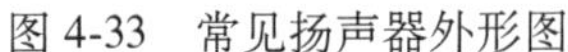

图 4-33　常见扬声器外形图

图 4-34　扬声器引脚识别

2）扬声器正、负极性检测。如果电子产品中同时用到多个扬声器，为了保持各扬声器的相位一致，必须分清楚扬声器的正、负极。如果扬声器引出端极性标记不清或标记脱落，可以选择借助万用表来辨别极性。将扬声器口朝上放置，指针式万用表置于直流 50μA 档，两表笔分别接扬声器的两个引出端，用手轻轻压一下纸盆，如果指针向右偏转，则黑表笔所接为扬声器的“+”端，红表笔所接为扬声器的“-”端。

3）扬声器阻抗检测。一般在扬声器磁体的商标上标有额定阻抗值，若遇到标记不清或标记脱落的扬声器，则可以用万用表的电阻档来检测阻抗值。测量时，万用表应置于 R×1Ω 档，用两表笔分别接扬声器的两引出端，测量扬声器音圈的直流电阻值，而扬声器的额定阻抗通常为音圈直流电阻值的 1.17 倍。8Ω 扬声器音圈的直流电阻值为 6.5～7.2Ω。在已知扬声器标称阻值的情况下，也可以用测量扬声器直流电阻值的方法来判断音圈是否正常。

【小提示】

蜂鸣器一般是高电阻，直流电阻无限大，交流阻抗也很大，通常由压电陶瓷片发声，需要较大的电压来驱动，但电流很小，几毫安就可以了，功率也很小。

扬声器则是低电阻，直流电阻很小，交流阻抗一般为几至十几欧。宽频扬声器通常是利用线圈的电磁力推动膜片发声。

2. 集成运放识别与检测

（1）集成运放外形及引脚辨别　集成运放的种类和型号很多，按制造工艺可分为双极型、CMOS 型和兼容型的 BiFET 型，按功能和性能可分为通用型和专用型，常用的封装形式有双列直插式和圆盘式两种，如图 4-35 所示。

（2）集成运放性能测试

1）外观检查。型号是否与要求相符，引脚有无缺少或断裂，封装有无损坏痕迹等。

2）好坏检测。按图 4-36 所示接线，先不接 u_i，将 3 脚对地短接（使输入电压为零），用万用表直流电压档测量输出电压 u_o应为零，然后接入 $u_i=5V$，若测得输出电压 u_o为 5V，则说明该器件是好的。在接线可靠的条件下，若测得 u_o始终等于-10V 或+10V，则说明该器件已损坏。

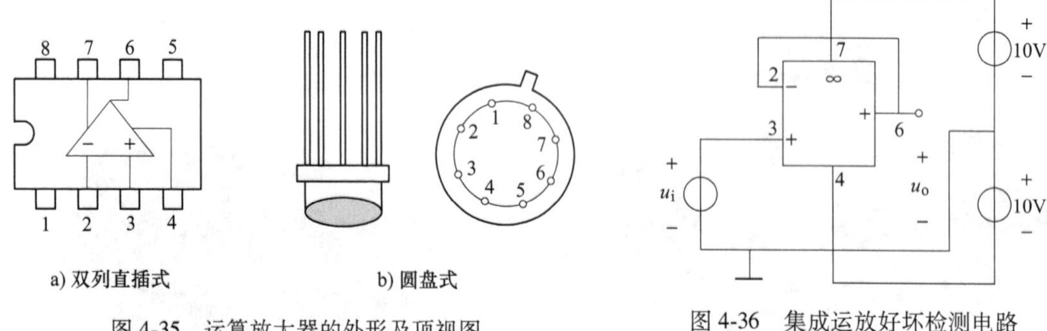

a) 双列直插式　　b) 圆盘式

图 4-35　运算放大器的外形及顶视图

1、5—外接调零电位器　2—反相输入端　3—同相输入端
4—负电源端　6—输出端　7—正电源端　8—空端

图 4-36　集成运放好坏检测电路

3. 集成功放识别与检测

（1）集成功放外形　集成功率放大器（简称集成功放）是由集成运放发展而来，通常有一定的电压增益，输出功率大，效率高。为了保证器件在大功率状态下安全可靠工作，集成功放中还常设有过电流、过电压、过热保护电路等。集成功放的种类很多，图 4-37 所示为一些常见功放的外形。

a) TDA2030　　b) LM386　　c) TDA1521

图 4-37　不同类型功放的外形图

（2）集成功放使用注意事项

1）合理选择品种和型号。器件品种和型号的选择主要依据电路对功率放大级的要求，使所选用器件的主要性能指标均能满足电路要求，同时要求在任何情况下，器件所有极限参数都不会超过量程，而且还要留有足够的裕量，否则使用中有可能造成元器件失效或者使电路性能变差，形成隐患，缩短使用寿命。使用中一般可采用手册中所提供的典型电路及其元器件参数，并尽量采用手册所推荐的工作条件。

2）合理选用散热装置。改善散热条件，可使器件承受更大的耗散功率，通常采用的散热措施就是给功率器件加装散热器。特别是中、大功率器件，必须按手册要求加装散热器方能正常工作。散热器是由铜、铝等导热性能良好的金属材料制成，并有各种规格成品供选用。

4.4.3　布局图设计

电子元器件布局图设计是根据选定的待组装电路原理图，在电路板上对要组装的元器件分布进行设计，是电子产品制作过程中非常重要的一个环节。

1. 设计要点

1）要按电路原理图设计。

2）元器件分布要科学，电路连接规范。

3）元器件间距要合适，元器件分布要美观。

2. 具体方法和注意事项

1）根据电路原理图找准几条线，确保元器件分布合理，美观。

2）除电阻元件外，如二极管、电解电容、集成功放等元器件，要注意布局图上标明引脚区分。

3）由于功率放大器处于大信号工作状态，布局设计时元器件分布排线不合理，极容易产生自激振荡或放大器工作不稳定，严重时甚至无法正常工作。布局设计时应将功率放大器安置在电路通风良好的部位，并远离前置放大级及耐热性能差的元器件（如电解电容），同时，电路接地线要尽量短而粗，需要接地的引出端要尽量做到一点接地，接地端应与输出回路负载接地端靠在一起。

3. 简易集成功放 PCB 布局图（见图 4-38）

4.4.4 焊接制作

（1）元器件引脚成形　元器件成形时，无论是径向元器件还是轴向元器件，都必须考虑两个主要的参数：

① 最小内弯半径。

② 折弯时距离元器件本体的距离。

【小提示】

要求折弯处至元器件体、球状连接部分或引脚焊接部分的距离至少相当于一个引脚直径或厚度，或者是 0.8mm（取最大者）。

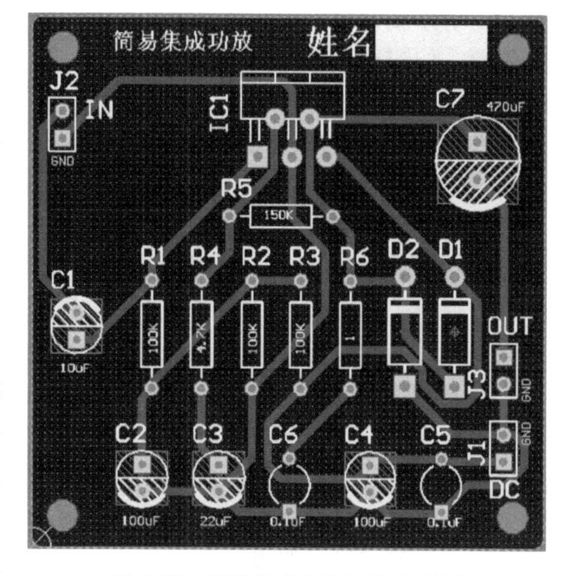

图 4-38　简易集成功放 PCB 布局图

（2）元器件插装　插装元器件时，应遵循“六先六后”原则，即先低后高，先小后大，先里后外，先轻后重，先易后难，先一般后特殊。具体的插装要求如下：

① 边装边核对，做到每个元器件的编号、参数（型号）、位置均统一。

② 二极管插装要求极性正确，高度一致且高度尽量低，要端正不歪斜。

③ 电容插装要求极性正确，尽可能降低安装高度，要端正不歪斜。

④ 集成功放芯片插装要求正确，尽可能降低安装高度，要端正不歪斜。

（3）电路板焊接　焊接时一定要控制好焊接时间的长短，同时，焊锡量要适中，要保证每个焊点均焊接牢固、接触良好，以确保焊接质量达到要求。焊接完成后，用斜口钳剪去多余的引线，确保引脚末端露出 2mm 左右。

4.4.5 功能调试

1. 目视检查

检查电源、地线、信号线、元器件接线端之间有无短路；连线处有无接触不良；二极管、电解电容、集成功放等有极性元器件引脚有无错接、漏接、反接。

2. 通电检查

将焊接制作好的简易集成功放电路板接入 12V 直流电源，先观察有无异常现象，包括有无冒烟、有无异常气味、元器件是否发烫、电源是否短路等，如果出现异常，应立即切断电源，排除故障后方可重新通电。

电路检查正常之后，观察简易集成功放功能是否正常，利用信号发生器输入不同频率的交流信号，用示波器观察输出信号波形，检查电路是否能够正常放大信号及波形有无失真等。然后输入音频信号，检查功放电路是否能够正常驱动扬声器发声，如图 4-39 所示。如果扬声器不响或不能正常播放音频信号，说明电路出现故障，这时应检查电路，找出故障并排除。

图 4-39 简易集成功放成品图

3. 故障检测与排除

电子产品焊接制作及功能调试过程中，出现故障不可避免，通过观察故障现象、分析故障原因、解决故障问题可以提高实践和动手能力。查找故障时，首先要有耐心，还要细心，切忌马马虎虎，同时还要开动脑筋，认真进行分析、判断。

（1）故障查找方法　对于比较简单的电路或自己非常熟悉的电路，可以采用观察判断法，通过仪器、仪表观察结果，再根据自己的经验，直接判断故障发生的原因和部位，从而准确、迅速地找到故障并加以排除。对于比较复杂的电路，查找故障的通用方法是把合适的信号或某个模块的输出信号引到其他模块上，然后依次对每个模块进行测试，直到找到故障模块为止。故障查找步骤如下：

1）先检查用于测量的仪器是否使用得当。

2）检查安装制作的电路是否与电路图一致。

3）检查电路主要点的直流电位，并与理论设计值进行比较，以精确定位故障点。

4）检查半导体元器件工作电压是否正常，从而判断该管是否正常工作或损坏。

5）检查电容、集成功放等元器件是否工作正常。

（2）常见故障分析

1）扬声器不响。扬声器响的关键取决于集成功放芯片 TDA2030 能够正常放大音频信号，并将音频信号有效耦合到输出端，现在扬声器不响，在确定连线可靠的情况下，从集成功放芯片是否损坏、扬声器是否损坏、输入耦合电容 C1 及输出耦合电容 C7 是否损坏及 12V 直流供电电源是否供电正常几个方面来查找故障点。可以在电路输入端加入输入信号，用示波器由前级向后级逐级观察有关点的电压波形，并测量其大小是否正常。必要时可断开后级进行测量，以判断故障在前级还是在后级。

2）扬声器响但声音不大或声音失真。扬声器输出声音的大小由输出信号幅度决定，而简易集成功放电路中输出信号幅度主要取决于反馈深度，与 R4、R5 阻值大小有关，扬声器声音小，证明放大电路增益小，可以检查 R4、R5 阻值是否正确及线路连接是否可靠。而声音失真的原因有很多，可能是元器件布局不合理引入的干扰，也可能是电源电压不足或芯片性能下降使输入信号不能无失真地有效放大，还可能是电路本身滤波电路没能有效滤除杂散信号。

4.5　应用拓展

4.5.1　电路组成与工作原理

完成双声道立体声功放电路制作，其电路结构与组成如图 4-40 所示。电路采用 TDA2822M 集成功放芯片，该芯片工作电压为直流 4.5~9V，实际 3~15V 均可以工作。电路中包含了桥式整流电路（由 VD_1、VD_2、VD_3、VD_4 组成），所以电路采用交直流电源供电都

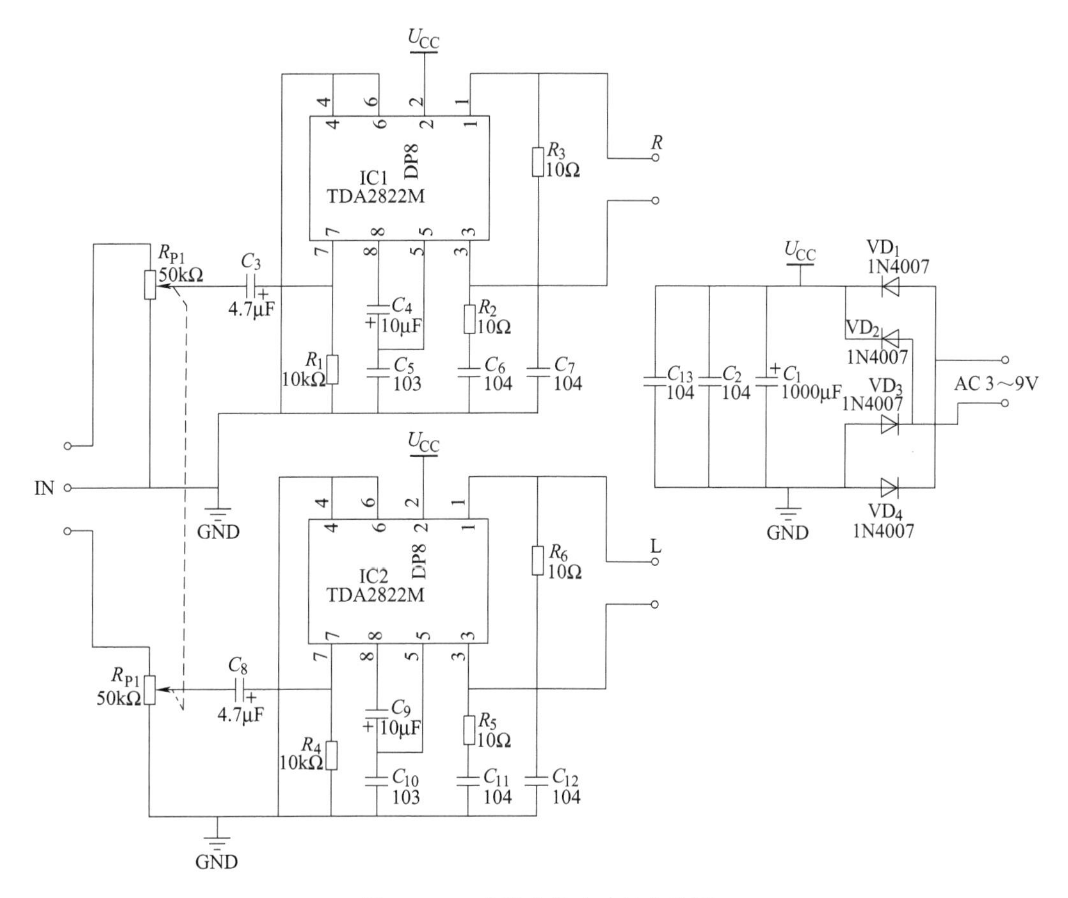

图 4-40　双声道立体声功放电路图

可以，C_1、C_2、C_{13}实现滤波，保证电源电压的稳定。R_2、R_3、C_6、C_7 及 R_5、R_6、C_{11}、C_{12}构成选频网络，隔离不需要的高频信号，防止电路自激振荡。C_4、C_5、C_9、C_{10}为耦合电容，滤除干扰，让语音信号顺利通过。电位器 R_{P1}、R_{P1}可以控制调节输入信号的幅度。音源信号经电阻 R_1、R_4、C_3、C_8 组成的高通滤波器分别送入 IC1、IC2 进行功率放大，放大后的音频信号经 IC1、IC2 的 1 脚输出推动扬声器发声。本电路将功放电路接成 BTL 输出，这种接法可以将输出功率提高 3~4 倍，同时也可以改善音质，降低失真。

4.5.2 材料及设备准备

材料清单见表 4-3。

表 4-3 材料清单表

序号	名称	型号与规格	数量	备注
1	电阻	10kΩ	2 个	
2	电阻	10Ω	4 个	
3	电位器	50kΩ	2 个	
4	电解电容	10μF/25V	2 个	
5	电解电容	4. 7μF/25V	2 个	
6	电解电容	1000μF/25V	1 个	
7	瓷片电容	103	2 个	
8	瓷片电容	104	6 个	
9	二极管	1N4007	4 个	
10	集成功放	TDA2822M	2 只	
11	扬声器	4Ω，5W	2 只	
12	排针	2. 54mm，双排针	12 个	
13	DC 座	DC-005	1 只	
14	音频座	3. 5mm	1 只	
15	PCB	7cm×9cm	1 块	
16	导线	BVR 线，ϕ0. 5mm×10cm	2 根	红、黑
17	焊锡丝	ϕ0. 8mm	1. 5m	

工具设备清单见表 4-4。

表 4-4 工具设备清单表

序号	名称	型号与规格	数量	备注
1	信号发生器	UTG9002C	1 台	
2	数字示波器	UTD2102	1 台	
3	数字式万用表	VC890D	1 块	
4	指针式万用表	MF47	1 块	
5	斜口钳	JL-A15	1 把	
6	尖嘴钳	HB-73106	1 把	
7	电烙铁	220V/25W	1 把	

（续）

序号	名称	型号与规格	数量	备注
8	吸锡枪	TP-100	1把	
9	镊子	1045-0Y	1个	
10	锉刀	W0086DA-DD	1个	

【考核评价】

考核评价表

<table>
<tr><td colspan="2">任务4</td><td colspan="4">简易集成功放的制作</td></tr>
<tr><td colspan="2">考核环节</td><td>考核要求</td><td>评分标准</td><td>配分</td><td>得分</td></tr>
<tr><td rowspan="2">工作过程知识</td><td>点滴积累</td><td rowspan="2">1）相关知识点的熟练掌握与运用
2）系统工作原理分析正确</td><td rowspan="2">在线练习成绩×该部分所占权重（30%）= 该部分成绩。由教师统计确定得分</td><td rowspan="2">30分</td><td rowspan="2"></td></tr>
<tr><td>电路分析</td></tr>
<tr><td rowspan="6">工作过程技能</td><td>任务准备</td><td>1）明确任务内容及实验要求
2）分工明确，作业计划书整齐美观</td><td>1）任务内容及要求分析不全面，扣2分
2）组员分工不明确，作业计划书潦草，扣2分</td><td>5分</td><td></td></tr>
<tr><td>模拟训练</td><td>1）模拟训练完成
2）过关测试合格</td><td>1）模拟训练不认真，发现一次扣1分
2）过关测试不合格，扣2分</td><td>5分</td><td></td></tr>
<tr><td>焊接制作</td><td>1）元器件的正确识别与检测
2）PCB制图设计正确、整齐、美观
3）元器件装配到位，无错装、漏装
4）焊接可靠美观，无虚焊、漏焊、错焊等</td><td>1）元器件错选或检测错误，每个元器件扣1分
2）不能画出PCB图，扣2分
3）错装、漏装，每处扣1分
4）焊接质量不符合要求，每个焊点扣1分
5）功能不能正常实现，扣5分
6）不会正确使用工具设备，扣2分</td><td>10分</td><td></td></tr>
<tr><td>功能调试</td><td>1）调试顺序正确
2）仪器仪表使用正确
3）能正确分析故障现象及原因，查找故障并排除故障，确保产品功能正常实现</td><td>1）不会正确使用仪器仪表，扣2分
2）调试过程中，出现故障，每个故障扣2分
3）不能实现调光功能，扣5分</td><td>10分</td><td></td></tr>
<tr><td>外观设计</td><td>1）外观效果图简洁美观
2）选择制作材料，完成外壳制作
3）完成外壳与电路板装配
4）产品功能实现，工作正常</td><td>1）外观设计潦草，不美观，扣2分
2）没有完成外壳制作，扣2分
3）产品无法正常使用，扣5分</td><td>10分</td><td></td></tr>
<tr><td>总结评价</td><td>1）能正确演示产品功能
2）能对照考核评价表进行自评互评
3）技术资料整理归档</td><td>1）不能正确演示产品功能，扣2分
2）没有完成自评、互评，扣2分
3）技术资料记录、整理不齐全，缺1份扣1分</td><td>10分</td><td></td></tr>
</table>

（续）

任务 4	简易集成功放的制作			
考核环节	考核要求	评分标准	配分	得分
安全文明素养	1）安全用电，无人为损坏仪器设备 2）保持环境整洁，秩序井然，习惯良好，任务完成后清洁整理工作现场 3）小组成员协作和谐，态度正确 4）不迟到、早退、旷课	1）发生安全事故，扣 5 分 2）人为损坏设备、元器件，扣 2 分 3）现场不整洁、工作不文明，团队不协作，扣 2 分 4）不遵守考勤制度，每次扣 1 分	20 分	
合计			100 分	

【学习自测】

4.1 填空题

1. 根据晶体管导通时间的不同对放大电路进行分类，在输入信号的整个周期内，晶体管都导通的称为________类放大电路；只有半个周期导通的称为________类放大电路；有半个多周期导通的称为________类放大电路。

2. 乙类互补对称功率放大电路中，由于晶体管存在死区电压而导致输出信号在过零点附近出现失真，称之为________。

3. 乙类互补对称功率放大电路的效率比甲类功率放大电路的________，理想情况下其数值可达________。

4. 某两级晶体管放大电路，测得输入电压有效值为 2mV，第一级和第二级的输出电压有效值均为 0.1V，输出电压和输入电压反相，输出电阻为 30Ω，则可判断第一级和第二级放大电路的组态分别是________和________。

5. 理想集成运放差模输入电阻为________，开环差模电压放大倍数为________，输出电阻为________。

6. 理想集成运放中存在虚断是因为差模输入电阻为________，流进集成运放的电流近似为________；集成运放工作在线性区时存在有虚短，是指________和________电位几乎相等。

7. 根据反馈信号在输出端的取样方式不同，可分为________反馈和________反馈，根据反馈信号和输入信号在输入端的比较方式不同，可分为________反馈和________反馈。

8. 与未加反馈时相比，如反馈的结果使净输入信号变小，则为________，如反馈的结果使净输入信号变大，则为________。

9. ________反馈主要用于振荡等电路中，________反馈主要用于改善放大电路的性能。

10. 一个两级晶体管放大电路，测得输入电压有效值为 2mV，第一级和第二级的输出电压有效值均为 0.1V，则该电路的放大倍数为________。其中，第一级电路的放大倍数为________，第二级电路的放大倍数为________。

4.2　选择题

1. 电容耦合放大电路________信号。

A. 只能放大交流信号

B. 只能放大直流信号

C. 既能放大交流信号，也能放大直流信号

D. 既不能放大交流信号，也不能放大直流信号

2. 直接耦合放大电路________信号。

A. 只能放大交流信号

B. 只能放大直流信号

C. 既能放大交流信号，也能放大直流信号

D. 既不能放大交流信号，也不能放大直流信号

3. 对于放大电路，所谓开环是指________。

A. 无信号源　　B. 无反馈通路

C. 无电源　　D. 无负载

4. 放大电路引入负反馈是为了________。

A. 提高放大倍数　　B. 稳定输出电流

C. 稳定输出电压　　D. 改善放大电路的性能

5. 集成运放的输出级一般采用互补对称放大电路是为了________。

A. 增大电压放大倍数　　B. 稳定电压放大倍数

C. 提高带负载能力　　D. 减小线性失真

4.3　判断题

1. 多级放大电路的输入电阻等于第一级的输入电阻，输出电阻等于末级的输出电阻。（　）

2. 若放大电路的放大倍数为负，则引入的反馈一定是负反馈。（　）

3. 如果电压负反馈稳定输出电压，那么必然稳定输出电流。（　）

4. 凡是集成运放构成的电路都可利用“虚短”和“虚断”的概念加以分析。（　）

5. 可以利用运放构成积分电路将三角波变换为方波。（　）

4.4　分析计算题

1. 图4-41所示电路中，已知 $U_{CC}=U_{EE}=15V$，$R_L=10\Omega$，VT_1、VT_2的死区电压和饱和压降可忽略不计，试求最大不失真输出时的功率 P_{om}、电源供给的总功率 P_{DC}、两管的总管耗 P_C及放大电路的效率 η。

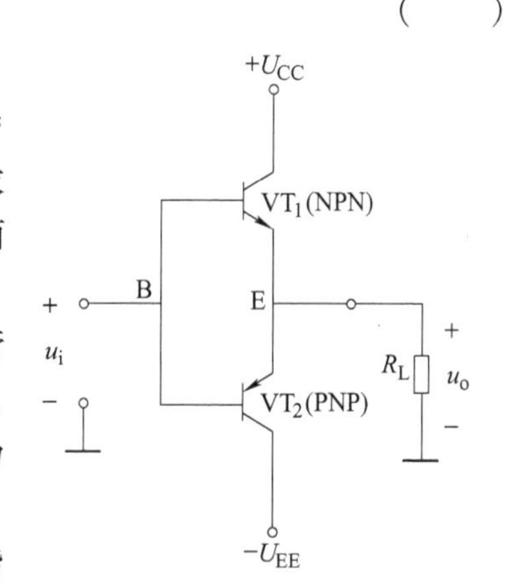

图4-41　题1图

2. 两级阻容耦合放大电路如图4-42所示，设晶体管VT_1、VT_2的参数相同，$\beta=100$，$r_{be}=1k\Omega$，电容值足够大，信号源电压有效值 $U_s=10mV$，试求输出电压有效值 U_o为多大？

3. 分析图4-43中各电路是否存在反馈；若存在，请指出是电压反馈还是电流反馈、是串联反馈还是并联反馈、

是正反馈还是负反馈。

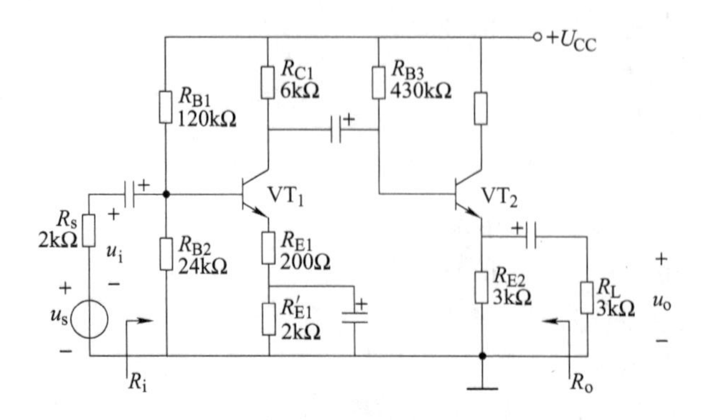

图 4-42　题 2 图

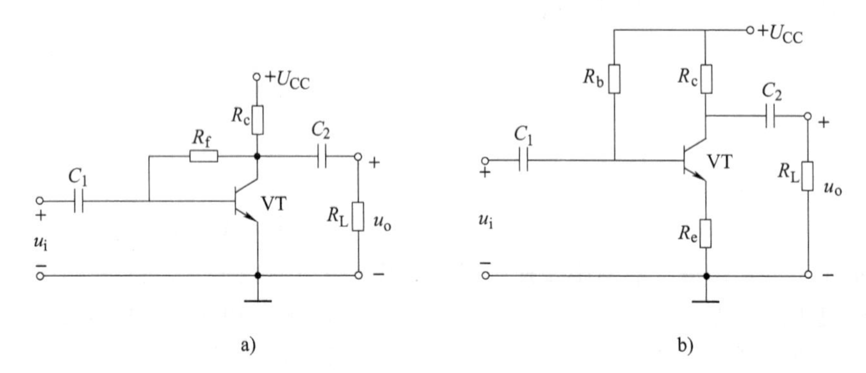

图 4-43　题 3 图

4. 集成运放应用电路如图 4-44 所示，试：

（1）判断负反馈类型。

（2）指出电路稳定什么量。

（3）计算电压放大倍数 A_{uf} = ？

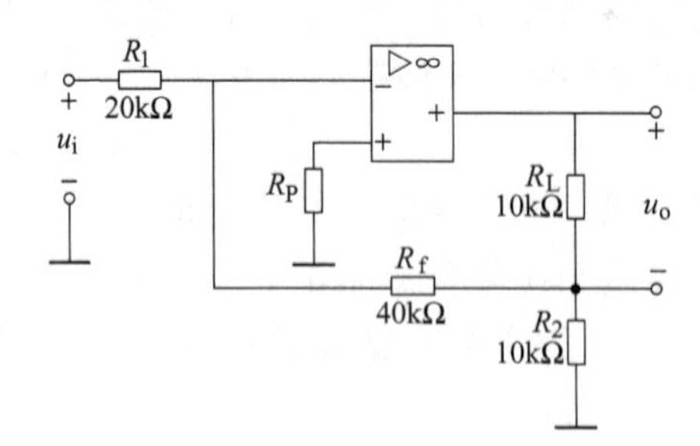

图 4-44　题 4 图

任务5　三人表决器的制作

5.1　任务简介

表决器是投票系统中的客户端，是一种代表投票或举手表决的表决装置。表决时，与会的有关人员只要按动各自表决器上的按钮，表决器显示部分即显示出表决结果。三人表决器中，三个评委各控制A、B、C三个按键中一个，按下表示同意，否则为不同意，按照少数服从多数的原则来表决事件。若表决通过，发光二极管点亮，否则不亮。接下来学习三人表决器涉及的电子电路知识，包括逻辑函数的表示与化简、基本逻辑运算与门电路、组合逻辑电路分析与设计等，然后利用这些理论知识去指导具体的操作实践，完成三人表决器的制作。

5.2　点滴积累

5.2.1　数制与编码

电子电路按其处理信号的不同通常可分为模拟电子电路及数字电子电路两大类。模拟电子电路处理的是模拟信号。模拟信号在时间和幅值上都是连续变化的，如温度、压力等实际的物理信号。数字电子电路处理的是数字信号。数字信号在时间和幅值上都是离散的，如刻度尺的读数、数字显示仪表的显示值及各种门电路的输入输出信号等。接下来学习数字电子电路的基础理论知识及实际应用技术。

1. 数制

数制是一种计数方法，它是计数进位制的总称。采用何种计数制方法应根据实际需要而定。日常生活中我们习惯用十进制数，而在数字系统中进行数字的运算和处理采用的是二进制数、八进制数、十六进制数。

（1）十进制　十进制是人们最熟悉的一种计数制，它用0、1、2、3、4、5、6、7、8、9十个数码，按照“逢十进一”的原则计数，基数为10，位权为10的幂。任意一个十进制数都可以表示为数码与其对应的位权的乘积之和，称权展开式。例如：

$$(123.44)_{10} = 1\times10^{2} + 2\times10^{1} + 3\times10^{0} + 4\times10^{-1} + 4\times10^{-2} \tag{5-1}$$

式中，$(123.44)_{10}$的注脚10表示十进制，也可以写成$(123.44)_{D}$。

（2）二进制　在数字电子电路中广泛采用二进制，这是因为数字电子电路工作时，通常只有两种基本状态，如电位高或低、脉冲有或无、晶体管导通或截止等。二进制中只有0、1两个数码，按照“逢二进一”的原则计数，基数为2，位权为2的幂。它的一般形式为

$$(1011101)_{2} = 1\times2^{6} + 0\times2^{5} + 1\times2^{4} + 1\times2^{3} + 1\times2^{2} + 0\times2^{1} + 1\times2^{0} \tag{5-2}$$

式中，$(1011101)_2$ 的注脚 2 表示二进制，也可以写成 $(1011101)_B$。由于数值越大，二进制数的位数就越多，读写都不方便，而且容易出错。所以，在数字电子电路中还会用到八进制和十六进制。

（3）八进制　八进制中，采用 0、1、2、3、4、5、6、7 八个数码，按照“逢八进一”的原则计数，基数为 8，位权为 8 的幂。任意一个八进制数都可以表示为数码与其对应的位权的乘积之和，例如：

$$(217.02)_8 = 2\times 8^2 + 1\times 8^1 + 7\times 8^0 + 0\times 8^{-1} + 2\times 8^{-2} \tag{5-3}$$

式中，$(217.02)_8$ 的注脚 8 表示八进制，也可以写成 $(217.02)_O$。

（4）十六进制　十六进制中，采用 0、1、2、3、4、5、6、7、8、9、A、B、C、D、E、F 十六个数码，按照“逢十六进一”的原则计数，基数为 16，位权为 16 的幂。任意一个十六进制数都可以表示为数码与其对应的位权的乘积之和，例如：

$$(E8.B)_{16} = 14\times 16^1 + 8\times 16^0 + 11\times 16^{-1} \tag{5-4}$$

式中，$(E8.B)_{16}$的注脚 16 表示十六进制，也可以写成 $(E8.B)_H$。

2. 数制转换

同一个数可采用不同的计数体制来表示，各种数制表示的数是可以相互转换的。数制转换指一个数从一种进位制表示形式转换成等值的另一种进位制表示形式。

（1）二进制、八进制、十六进制数转换为十进制数　分别写出二进制、八进制、十六进制数按权展开式，数码和位权的乘积称为加权系数，各位加权系数相加的结果便为对应的十进制数。例如：

$$(101.01)_B = 1\times 2^2 + 0\times 2^1 + 1\times 2^0 + 0\times 2^{-1} + 1\times 2^{-2} = (5.25)_D$$

$$(207.04)_O = 2\times 8^2 + 0\times 8^1 + 7\times 8^0 + 0\times 8^{-1} + 4\times 8^{-2} = (135.0625)_D$$

$$(D8.A)_H = 13\times 16^1 + 8\times 16^0 + 10\times 16^{-1} = (216.625)_D$$

（2）十进制数转换为二进制、八进制、十六进制数　整数和小数转换方法不同，因此必须分别进行转换，然后再将两部分转换结果合并得完整的目标数制形式。整数部分采用基数连除法，先得到的余数为低位，后得到的余数为高位。小数部分采用基数连乘法，先得到的整数为高位，后得到的整数为低位。例如，将十进制数 $(44.375)_D$ 转换为二进制数可按以下方式来做，$(44.375)_D=(101100.011)_B$。

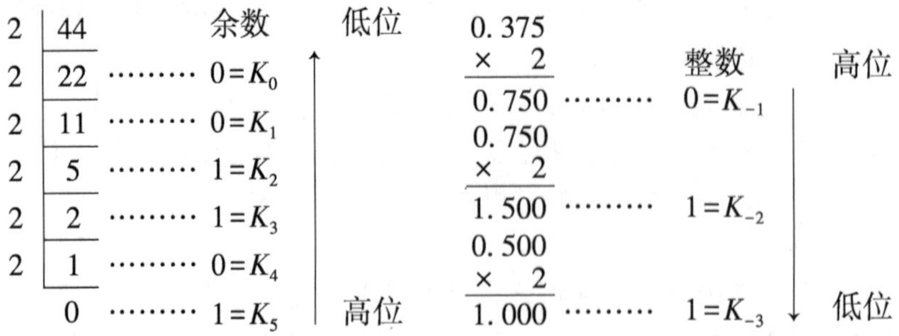

除数	商	余数		小数部分运算	整数	
2	44		低位	0.375 × 2		高位
2	22	$0=K_0$	↑	0.750	$0=K_{-1}$	↓
2	11	$0=K_1$		0.750 × 2		
2	5	$1=K_2$		1.500	$1=K_{-2}$	
2	2	$1=K_3$		0.500 × 2		
2	1	$0=K_4$		1.000	$1=K_{-3}$	低位
	0	$1=K_5$	高位			

十进制数转成八进制、十六进制数可以采用同样的方法，但由于八进制和十六进制的基数较大，做乘除法不是很方便，因此需要将十进制转成八进制、十六进制数时，通常是将其先转成二进制，然后再将二进制转成八进制、十六进制数。

（3）二进制数与八进制、十六进制数的转换

1）二进制数与八进制数的转换。二进制数转换为八进制数的方法：整数部分从低位开始，每三位二进制数为一组，最后不足三位的，则在高位加 0 补足三位为止；小数点后的二进制数则从高位开始，每三位二进制数为一组，最后不足三位的，则在低位加 0 补足三位，然后用对应的八进制数来代替，再按顺序排列写出对应的八进制数。例如：

$(11010111.0100111)_B = (?)_O$

二进制数：　011　010　111.　010　011　100

↓　↓　↓　↓　↓　↓

八进制数：　3　2　7　2　3　4

反之，将八进制数转换成二进制数时，只需将每位八进制数用三位二进制数来代替，再按原来的顺序排列起来，便得到了相应的二进制数。例如：

$(745.361)_O = (111\ 100\ 101.011\ 110\ 001)_B$

2）二进制数与十六进制数的转换。二进制数转换为十六进制数的方法：整数部分从低位开始，每四位二进制数为一组，最后不足四位的，则在高位加 0 补足四位为止；小数点后的二进制数则从高位开始，每四位二进制数为一组，最后不足四位的，则在低位加 0 补足四位，然后用对应的十六进制数来代替，再按顺序排列写出对应的十六进制数。例如：

$(111011.10101)_B = (?)_H$

二进制数：　0011　1011.　1010　1000

↓　↓　↓　↓

十六进制数：　3　B　A　8

反之，将十六进制数转换成二进制数时，只需将每位十六进制数用四位二进制数来代替，再按原来的顺序排列起来，便得到了相应的二进制数。例如：

$(E6C.3A7)_H = (1110\ 0110\ 1100.0011\ 1010\ 0111)_B$

3. 编码

在数字电路和计算机内部，数据、字母、符号等信息是以二进制形式存在的，这种用若干位二进制数按一定的方式组合起来以表示数据和字符信息的方式，就称为编码。

（1）BCD 码　用四位二进制数码表示一位十进制数的编码方法称为二-十进制编码，简称 BCD 码。四位二进制代码有 16 种组合状态，若从中选取任意十种状态来表示 0~9 十个数字，可以有许多种排列方式。因此，BCD 码有许多种，表 5-1 列出了几种常用的 BCD 码。

表 5-1　几种常用的 BCD 码

十进制数	8421BCD 码	5421BCD 码	余 3 码
0	0000	0000	0011
1	0001	0001	0100
2	0010	0010	0101
3	0011	0011	0110
4	0100	0100	0111
5	0101	1000	1000
6	0110	1001	1001

（续）

十进制数	8421BCD 码	5421BCD 码	余 3 码
7	0111	1010	1010
8	1000	1011	1011
9	1001	1100	1100

（2）其他常用的代码

1）格雷码。格雷码又称循环码，它的特点是任意两个相邻的数所对应的代码之间只有一位不同，其余位都相同。循环码的这个特点，使它在代码的形成与传输时引起的误差比较小。表 5-2 所示为四位循环码的编码表。

表 5-2　四位循环码的编码表

十进制数	格雷码	十进制数	格雷码
0	0000	8	1100
1	0001	9	1101
2	0011	10	1111
3	0010	11	1110
4	0110	12	1010
5	0111	13	1011
6	0101	14	1001
7	0100	15	1000

2）字符码。字符码种类很多，是专门用来处理英文字母、标点符号及运算符号的二进制代码。最常用的字符码是美国标准信息交换码，简称 ASCII 码。ASCII 码位数为 7，因此可表示 $2^7=128$ 个字符。

5.2.2　逻辑函数及其化简

1. 逻辑代数的基本运算

逻辑代数是进行逻辑分析与综合的数学工具。逻辑代数和普通代数一样，也是用字母表示变量，不同的是，逻辑代数变量的取值仅为 **0** 或 **1**。而且，**0** 或 **1** 并不表示数量的大小，而是表示两种不同的逻辑状态，比如，是和非、真和假、高和低、亮和灭、有和无、开和关等。把逻辑代数中的这种变量称为逻辑变量，用大写字母 A、B、C、…表示。

（1）与运算　图 5-1 所示电路中，有两个开关 A 和 B，只有当 A 和 B 都闭合时，灯泡 Y 才亮。如果将开关闭合定义为逻辑 **1**，断开定义为逻辑 **0**，灯泡亮定义为逻辑 **1**，其全部可能的取值及运算结果列成表，见表 5-3，这样的表称为真值表。

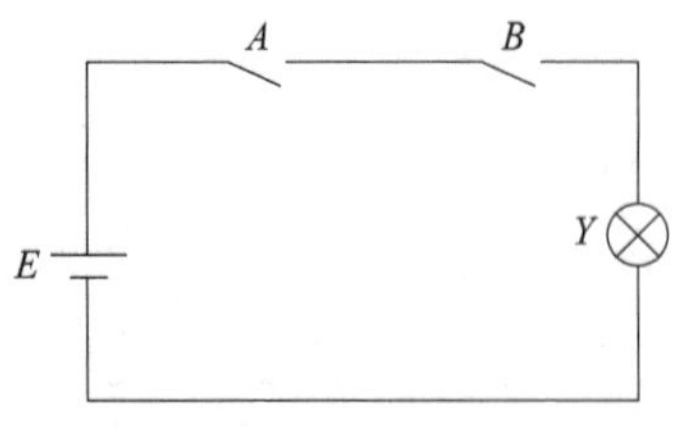

图 5-1　与运算电路

表 5-3　与运算真值表

A	*B*	*Y*
0	**0**	**0**
0	**1**	**0**
1	**0**	**0**
1	**1**	**1**

从真值表可以看出，只有当 A 和 B 都为 **1** 时，Y 才为 **1**。把这样的逻辑运算关系称为与逻辑，其逻辑表达式为

$$Y = A \cdot B;\ Y = A \times B;\ Y = A \wedge B;\ Y = AB \tag{5-5}$$

（2）或运算　图 5-2 所示电路中，有两个开关 A 和 B，只要有一个开关闭合，灯泡 Y 就亮。如果将开关闭合定义为逻辑 **1**，断开定义为逻辑 **0**，灯泡亮定义为逻辑 **1**，其全部可能的取值及运算结果列成表，见表 5-4。

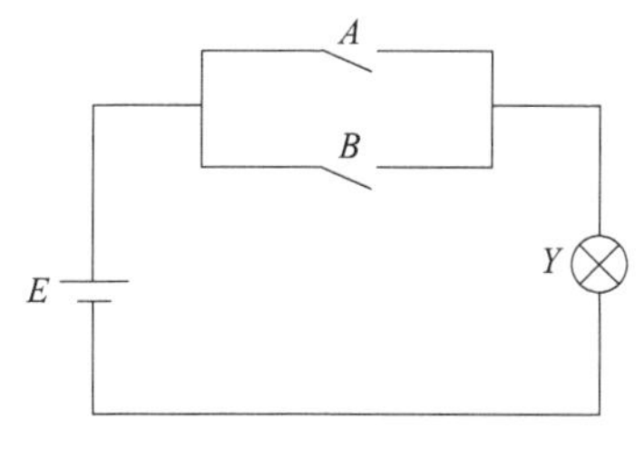

图 5-2　或运算电路

表 5-4　或运算真值表

A	B	Y
0	0	0
0	1	1
1	0	1
1	1	1

从真值表可以看出，只要 A 或 B 中有一个为 **1** 时，Y 就为 **1**。把这样的逻辑运算关系称为或逻辑，其逻辑表达式为

$$Y = A + B;\ Y = A \vee B \tag{5-6}$$

（3）非运算　图 5-3 所示电路中，当开关 A 闭合时，灯泡 Y 不亮，当开关 A 断开时，灯泡 Y 亮。如果将开关闭合定义为逻辑 **1**，断开定义为逻辑 **0**，灯泡亮定义为逻辑 **1**，其全部可能的取值及运算结果列成表，见表 5-5。

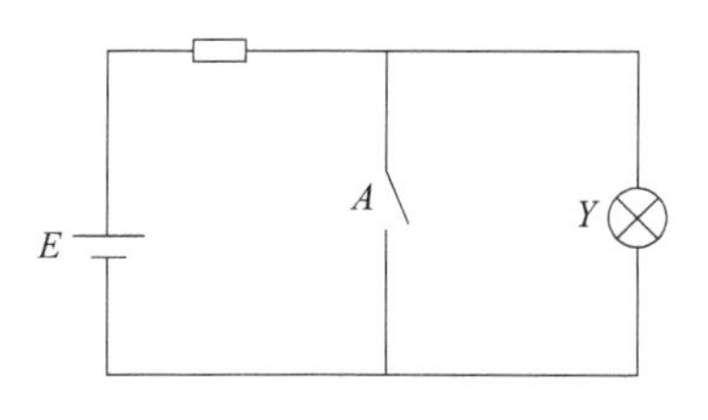

图 5-3　非运算电路

表 5-5　非运算真值表

A	Y
0	1
1	0

从真值表可以看出，Y 的取值与 A 的取值正好相反。把这样的逻辑运算关系称为非逻辑，其逻辑表达式为

$$Y = \overline{A} \tag{5-7}$$

2. 逻辑函数及其表示法

从前面的各种逻辑运算关系中可以看出，当输入变量的取值确定之后，输出变量的取值便随之确定，因而输入和输出之间是一种函数关系，将这种逻辑变量之间的函数关系称为逻辑函数，写作

$$Y = F(A,\ B\ ,\ C\ ,\ D,\ \cdots) \tag{5-8}$$

逻辑函数与普通函数相比有两个特点，一是逻辑变量的取值只有 0 或 1 两种，二是逻辑变量之间的运算关系只能是与、或、非三种基本逻辑关系。逻辑函数的表示方法：真值表、逻辑函数表达式、逻辑电路图和卡诺图。

3. 逻辑代数的公式和运算法则

（1）基本公式　根据与、或、非三种基本逻辑运算的特点，可以推导出逻辑代数的基本公式，见表5-6。

表5-6　逻辑代数的基本公式

名称	公式和定理	
0、1律	$0+A=A$ $1+A=1$	$1\cdot A=A$ $0\cdot A=0$
重叠律	$A+A=A$	$A\cdot A=A$
互补律	$A+\overline{A}=1$	$A\cdot\overline{A}=0$
结合律	$(A+B)+C=A+(B+C)$	$(A\cdot B)\cdot C=A\cdot(B\cdot C)$
交换律	$A+B=B+A$	$A\cdot B=B\cdot A$
分配律	$A\cdot(B+C)=A\cdot B+A\cdot C$	$A+B\cdot C=(A+B)(A+C)$
反演律	$\overline{A\cdot B}=\overline{A}+\overline{B}$	$\overline{A+B}=\overline{A}\cdot\overline{B}$
还原律	$\overline{\overline{A}}=A$	

（2）运算规则

1）代入规则。任何一个含有变量A的等式，如果将所有出现A的位置都用同一个逻辑函数代替，则等式仍然成立。这个规则称为代入规则。例如：

已知等式$A(A+B)=A$，用函数$Y=A+C$代替等式中的A，根据代入规则，则$(A+C)(A+C+B)=A+C+AB+BC=A+C$等式仍然成立。

2）反演规则。对于任何一个逻辑表达式Y，如果将表达式中的所有“·”换成“+”，“+”换成“·”，“**0**”换成“**1**”，“**1**”换成“**0**”，原变量换成反变量，反变量换成原变量，那么所得到的表达式就是函数Y的反函数$\overline{Y}$（或称补函数）。这个规则称为反演规则。

【例5-1】　已知$Y=A\cdot\overline{B}+C\overline{D}E$，求$\overline{Y}$。

解：根据反演规则，可得

$$\overline{Y}=(\overline{A}+B)(\overline{C}+D+\overline{E})$$

3）对偶规则。对于任何一个逻辑表达式Y，如果将表达式中的所有“·”换成“+”，“+”换成“·”，“**0**”换成“**1**”，“**1**”换成“**0**”，那么所得到的新的函数表达式Y'，称为原函数Y的对偶式。反过来Y也是Y'的对偶函数。如果两个逻辑函数表达式相等，那么它们的对偶式也一定相等，这就是对偶规则。不难看出，表5-6所列基本公式中的左右两边的等式就互为对偶式。

4. 逻辑函数的公式化简法

（1）化简的意义和最简的概念　逻辑函数的化简是逻辑设计中的一个重要课题。同一个逻辑函数可以用多种表达式表示，如$Y=A+\overline{A}B$和$Y=A+B$表示同一个逻辑函数。在设计数字电路时，通常要对逻辑函数化简，寻求最优的函数表达式，以便实现此函数时所用的集成电路芯片少，电路更简单、经济、可靠。

逻辑函数化简后称为最简表达式，有最简与-或式、最简或-与式、最简与非-与非式、最简或非-或非式，最简与-或非式等多种形式，最常用的是与-或式。所谓最简与-或式，通常是指：

① 表达式中的乘积项（与项）的个数最少。

② 每个与项中变量的个数最少。

（2）公式化简法　公式化简法是反复利用逻辑代数的基本公式，经过运算化简逻辑函数的方法，这种方法又称为代数化简法。通常采用的方法有：并项法、吸收法、消去法和配项法。

1）并项法。运用公式 $AB+A\overline{B}=A$。例如：

$$Y=ABC+A\overline{B}C=AC(B+\overline{B})=AC$$

2）吸收法。运用吸收律 $A+AB=A$，消去多余的与项。例如：

$$Y=A\overline{B}+A\overline{B}(C+DE)=A\overline{B}$$

3）消去法。运用吸收律 $A+\overline{A}B=A+B$，消去多余的因子。例如：

$$Y=\overline{A}+AB+\overline{B}E=\overline{A}+B+\overline{B}E=\overline{A}+B+E$$

4）配项法。先利用公式 $A+\overline{A}=1$ 或加上 $A\overline{A}$，给某个与项完成配项，并进一步化简逻辑函数。例如：

$$Y=AB+\overline{A}C+BCD=AB+\overline{A}C+BCD(A+\overline{A})$$

$$=AB+\overline{A}C+BCDA+BCD\overline{A}=AB+\overline{A}C$$

采用公式法对逻辑函数进行化简时，可以看出其优点是不受变量数目的限制，缺点是没有固定的步骤可循。能否以最快的速度进行化简，从而得到最简表达式，与我们的经验及对公式的掌握和运用的熟练程度有关。

5. 逻辑函数的卡诺图化简法

卡诺图是按一定的规则画出来的框图，它也是表示逻辑函数的一种方法。卡诺图化简法具有确定的化简步骤，克服了公式化简法对最终化简结果难以确定的缺点。其可以直观方便地获得逻辑函数的最简与-或表达式。

（1）最小项及最小项表达式

1）最小项的定义。如果一个函数的某个乘积项包含了函数的全部变量，其中每个变量都以原变量或反变量的形式出现，且仅出现一次，则这个乘积项称为该函数的一个标准乘积项，通常称为最小项。例如：

3 个变量 A、B、C 可组成 8 个最小项：$\overline{A}\,\overline{B}\,\overline{C}$、$\overline{A}\,\overline{B}C$、$\overline{A}B\overline{C}$、$\overline{A}BC$、$A\overline{B}\,\overline{C}$、$A\overline{B}C$、$AB\overline{C}$、$ABC$，那么 n 个变量逻辑函数的全部最小项共有 2^n 个。

为了书写方便，用“m_i”表示最小项，下标 i 是最小项的编号。编号方法：最小项中的原变量取 1，反变量取 0，则最小项取值为一组二进制数，对应的十进制数便为该最小项的编号。如三变量最小项 $A\overline{B}C$ 对应的变量取值为 101，对应的十进制数为 5，因此最小项 $A\overline{B}C$ 的编号为 5，用 m_5 表示。表 5-7 是三变量的全部最小项及编号。

表 5-7 三变量的全部最小项及编号

A B C	m_0	m_1	m_2	m_3	m_4	m_5	m_6	m_7
	$\overline{A}\,\overline{B}\,\overline{C}$	$\overline{A}\,\overline{B}C$	$\overline{A}B\overline{C}$	$\overline{A}BC$	$A\overline{B}\,\overline{C}$	$A\overline{B}C$	$AB\overline{C}$	ABC
0 0 0	1	0	0	0	0	0	0	0
0 0 1	0	1	0	0	0	0	0	0
0 1 0	0	0	1	0	0	0	0	0
0 1 1	0	0	0	1	0	0	0	0
1 0 0	0	0	0	0	1	0	0	0
1 0 1	0	0	0	0	0	1	0	0
1 1 0	0	0	0	0	0	0	1	0
1 1 1	0	0	0	0	0	0	0	1

2）最小项的性质。由表 5-7 可知，最小项具备下列性质：

① 任意一个最小项，只有一组变量取值使它的值为 1，其余各组变量取值均使它的值为 0。

② 任意两个不同的最小项的乘积必为 0。

③ 全部最小项的和必为 1。

3）最小项表达式。任何一个逻辑函数表达式都可以转换为一组最小项之和，称为最小项表达式。对于不是最小项表达式的与-或表达式，可利用公式 $A+\overline{A}=1$ 和 $A(B+C)=AB+AC$ 来配项展开成最小项表达式。

【例 5-2】 将 $Y=A+BC$ 展开成最小项表达式。

解： $Y=A+BC$

$$=A(B+\overline{B})(C+\overline{C})+BC(A+\overline{A})$$

$$=(AB+A\overline{B})(C+\overline{C})+ABC+\overline{A}BC=AB\overline{C}+A\overline{B}C+A\overline{B}\,\overline{C}+ABC+\overline{A}BC$$

$$=m_6+m_5+m_4+m_7+m_3$$

$$=\sum m(3,4,5,6,7)$$

（2）卡诺图及其画法

1）卡诺图及其构成原则。卡诺图可以看作是把最小项按照一定规则排列而构成的框图。最小项是构成卡诺图的基本单元，卡诺图中一个小方格代表一个最小项。因为 N 变量有 2^N 个最小项，所以 N 个变量的卡诺图也应该有 2^N 个小方块。卡诺图中的最小项按照相邻性原则排列，即几何相邻的最小项必须逻辑相邻。

所谓几何相邻，是指最小项在排列位置上紧挨着；所谓逻辑相邻，是指两个最小项中除了有一个变量取值不同外，其余的都相同。

2）卡诺图的画法。首先以三变量 A、B、C 的卡诺图为例来讨论卡诺图的画法。三变量卡诺图应该有 $2^3=8$ 个小方块，每个小方块对应一个最小项。为了满足几何相邻最小项必须逻辑相邻的原则，B、C 变量的取值按 00、01、11、10 的顺序排列，画出的卡诺图如图 5-4 所示。按同样的方法，不难画出四变量的卡诺图，如图 5-5 所示。

（3）用卡诺图表示逻辑函数

1）从真值表到卡诺图。根据真值表填写每一个小方块的值即可。由于真值表和卡诺图变量取值组合是一一对应的，因此，只要在对应输入变量取值组合的每一个小方块中，函数值为1的填1，为0的填0，就可以达到逻辑函数的卡诺图。

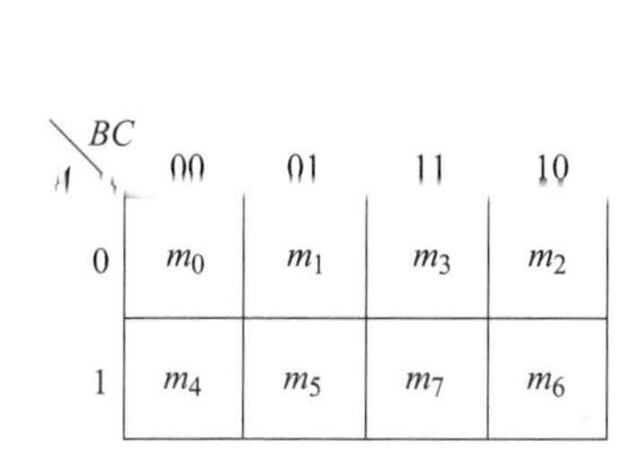

图5-4　三变量的卡诺图

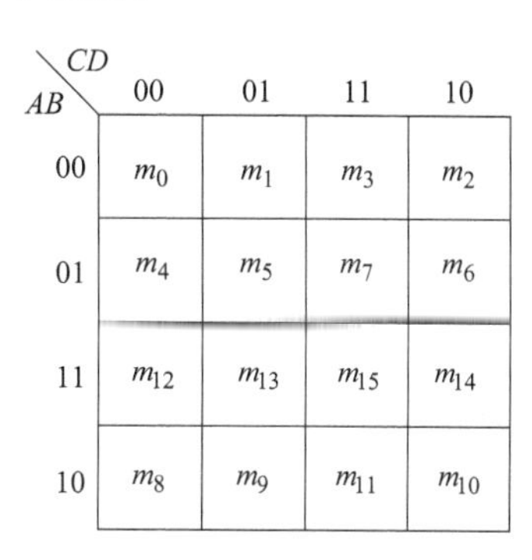

图5-5　四变量的卡诺图

例：某逻辑函数的真值表见表5-8，用卡诺图表示该逻辑函数。

表5-8　真值表

A	B	C	Y	A	B	C	Y
0	0	0	0	1	0	0	0
0	0	1	0	1	0	1	0
0	1	0	1	1	1	0	1
0	1	1	1	1	1	1	1

解：该函数为三变量，先画出三变量卡诺图，然后根据真值表将8个最小项的取值0或者1填入卡诺图中对应的8个小方格中即可，如图5-6所示。

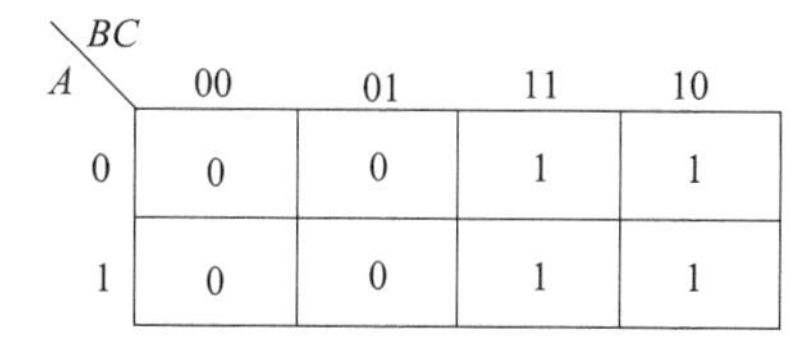

图5-6　卡诺图示例

2）从逻辑函数表达式到卡诺图。从逻辑函数的最小项表达式也可以很方便地画出逻辑函数的卡诺图，其方法是，把表达式中所有的最小项在对应的小方块中填入1，其余的小方块中填入0。对于一般形式的逻辑表达式，可以先将表达式变化为与-或表达式，然后再变换为最小项表达式，则可画出卡诺图。实际上可以从一般的与-或表达式直接画出卡诺图，其方法是，只需把每一个乘积项所包含的那些最小项（该乘积项就是这些最小项的公因子）所对应的小方块都填上1，剩下的填0，就可以得到逻辑函数的卡诺图。

【例5-3】　用卡诺图表示逻辑函数 $Y = A\overline{B} + B\overline{C}D$。

解：含有 $A\overline{B}$ 公因子的最小项有4个：$A\overline{B}CD$、$A\overline{B}C\overline{D}$、$A\overline{B}\,\overline{C}D$、$A\overline{B}\,\overline{C}\,\overline{D}$，含有 $B\overline{C}D$ 公因子的最小项有2个：$AB\overline{C}D$、$\overline{A}B\overline{C}D$，画出对应的卡诺图，如图5-7所示。

（4）卡诺图化简法　由于卡诺图两个相邻最小项中，只有一个变量取值不同，而其余变量的取值都相同，所以，合并相邻最小项，利用公式 $A + \overline{A} = 1$，可以消去一个或多个变量。

1）卡诺图中最小项合并的规律

① 2个相邻的最小项结合，可以消去1个取值不同的变量而合并为1项。

② 4个相邻的最小项结合，可以消去2个取值不同的变量而合并为1项。

③ 8 个相邻的最小项结合，可以消去 3 个取值不同的变量而合并为 1 项。

2）卡诺图化简逻辑函数。利用卡诺图化简逻辑函数，一般可分三步进行，首先画出逻辑函数的卡诺图，然后对几何相邻的最小项进行圈组（即合并最小项），最后从圈组写出最简的与-或表达式。利用卡诺图能否得到函数的最简与-或表达式，关键在于能否正确圈组，圈的最小项越多，消去的变量就越多，圈的个数越少，化简后所得到的乘积项就越少。正确圈组的原则：

① 尽量画大圈，但每个圈内只能含有 $2^n(n=0, 1, 2, 3, \cdots)$ 个相邻项。要特别注意对边相邻性和四角相邻性。

② 圈的个数尽量少。

③ 卡诺图中所有取值为 1 的方格均要被圈过，即不能漏下取值为 1 的最小项。

④ 在新画的包围圈中至少要含有 1 个未被圈过的 1 方格，否则该包围圈是多余的。

【例 5-4】 化简图 5-8 所示卡诺图表示的逻辑函数。

AB \ CD	00	01	11	10
00	0	0	0	0
01	0	1	0	0
11	0	1	0	0
10	1	1	1	1

图 5-7 例 5-3 卡诺图

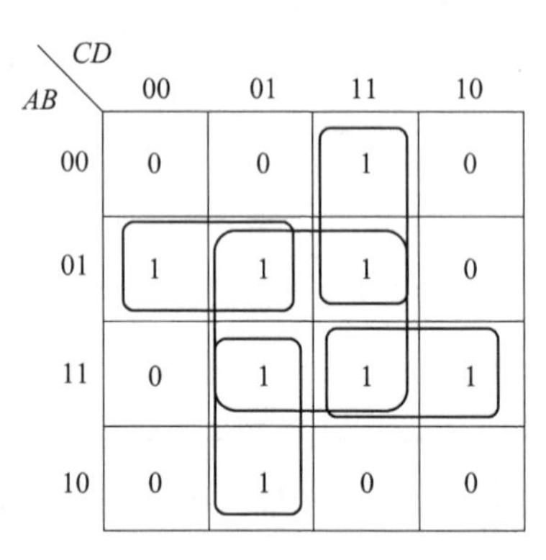

图 5-8 示例卡诺图

解：

① 圈组。中间的那个圈注意了圈尽可能大，但没有注意圈的个数应最少，实际上中间的那个圈是多余的。

② 写出最简与-或表达式：

$$Y = \overline{A}CD + \overline{A}B\overline{C} + A\overline{C}D + ABC$$

【小提示】 圈组技巧

① 先圈孤立的。

② 再圈只有一种圈法的 1。

③ 最后圈大圈。

④ 检查，保证每个圈中至少有一个 1 未被其他圈圈过。

5.2.3 逻辑门电路

1. 基本逻辑门电路

（1）二极管与门电路 二极管与门电路的原理图如图 5-9a 所示。图中 A、B 代表与门的输入，F 代表与门的输出。输入信号为+3V 或 0V，电压 U_{CC}为+12V。

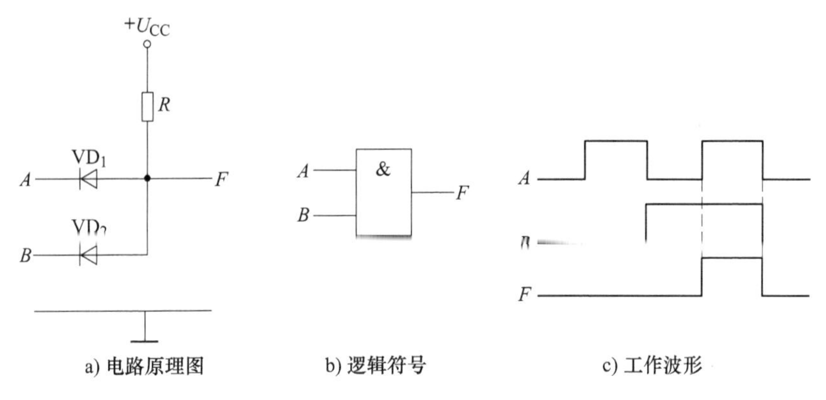

a) 电路原理图　　b) 逻辑符号　　c) 工作波形

图 5-9　二极管与门电路的原理图、逻辑符号及工作波形

分析图 5-9a 所示电路的工作原理，可以得到表 5-9 所示输入电压与输出电压的关系。如果用逻辑 1 表示高电平（+3V 及其以上），逻辑 0 表示低电平，可以列出图 5-9a 所示电路的逻辑真值表，见表 5-10。从表 5-10 可以看出，这是与逻辑的真值表，所以该电路实现了与运算，称为与门。图 5-9b 所示为与门逻辑符号，图 5-9c 所示为与门电路工作波形。

表 5-9　电路输入与输出电压的关系

A	B	F
0V	0V	0.7V
0V	3V	0.7V
3V	0V	0.7V
3V	3V	3.7V

表 5-10　电路逻辑真值表

A	B	F
0	0	0
0	1	0
1	0	0
1	1	1

（2）二极管或门电路　二极管或门电路的原理图如图 5-10a 所示。图中 *A*、*B* 代表或门的输入，*F* 代表或门的输出。

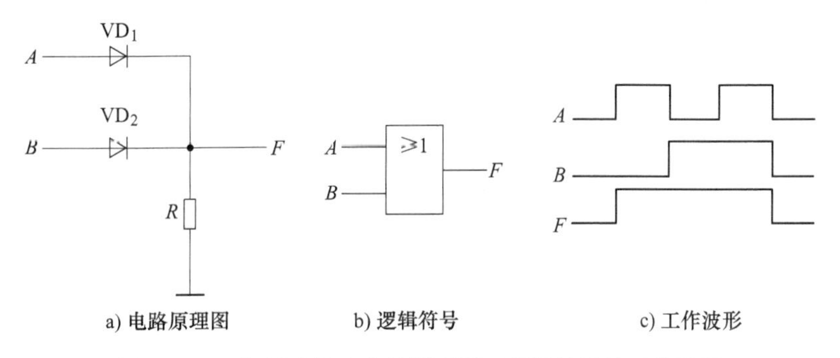

a) 电路原理图　　b) 逻辑符号　　c) 工作波形

图 5-10　二极管或门电路的原理图、逻辑符号及工作波形

如果用逻辑 1 表示高电平，逻辑 0 表示低电平，可以列出图 5-10a 所示电路的逻辑真值表，见表 5-11。从表 5-11 可以看出，这是或逻辑的真值表，该电路实现了或运算，称为或门。图 5-10b 所示为或门逻辑符号，图 5-10c 所示为或门电路工作波形。

（3）晶体管非门电路　晶体管非门电路的原理图如图 5-11a 所示。当输入信号为高电平时，晶体管 VT 饱和，输出 F 为低电平；当输入信号为低电平时，晶体管 VT 截止，输出 F 为高电平。

表 5-11　电路逻辑真值表

A	*B*	*F*
0	0	0
0	1	1
1	0	1
1	1	1

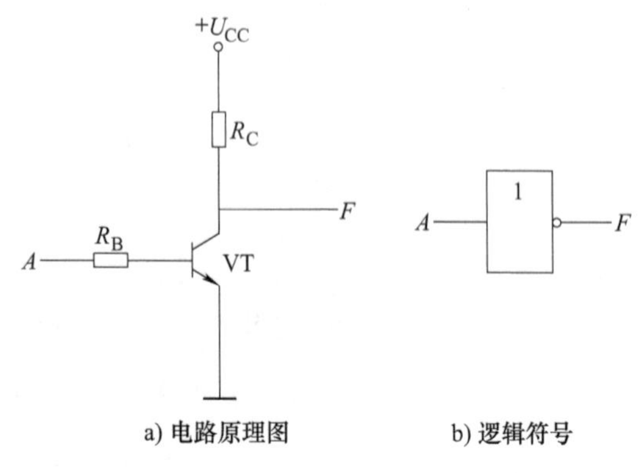

a) 电路原理图　　b) 逻辑符号

图 5-11　晶体管非门电路的原理图及逻辑符号

如果用逻辑 1 表示高电平，逻辑 0 表示低电平，可以列出图 5-11a 所示电路的逻辑真值表，见表 5-12。从表 5-12 可以看出，这是非逻辑的真值表，所以该电路实现了非运算，称为非门。图 5-11b 所示为非门逻辑符号。

表 5-12　电路逻辑真值表

A	*F*	*A*	*F*
0	1	1	0

2. 高、低电平的概念及状态赋值

前面逻辑门电路分析时，用到了高电平和低电平，其实这里讲的电平就是指电位，在数字电子电路中习惯用高、低电平来描述电位的高低。它们表示的是一定的电压范围，如在 TTL 电路中，通常规定高电平的额定值为 3V，但从 2～5V 都算高电平；低电平的额定值为 0.3V，但从 0～0.8V 都算是低电平。

在数字电子电路中，经常用逻辑 1 和逻辑 0 来表示电平的高和低，如用 1 表示高电平，0 表示低电平。这种用逻辑 1 和逻辑 0 表示输入、输出电平高低的过程称为逻辑赋值，经过逻辑赋值之后可以得到逻辑电路的真值表，便于进行逻辑分析。

3. 正逻辑和负逻辑

（1）正负逻辑的规定　在数字电子电路中，输入和输出一般都用电平表示，当对高低电平进行逻辑赋值时，有两种体制。如果用 1 表示高电平，0 表示低电平，则称为正逻辑。如果用 1 表示低电平，0 表示高电平，则称为负逻辑。

（2）正负逻辑的转换　对于同一个门电路，可以采用正逻辑，也可以采用负逻辑，但是，逻辑体制确定之后，门的功能也就确定了。同一个电路，对正、负逻辑而言，其逻辑功能是不同的，正与门相当于负或门，正与非门相当于负或非门。实际分析时，一般采用正逻辑。

4. 其他常用逻辑门电路及其符号

（1）与非门　与非门的逻辑关系为

$$F = \overline{ABC} \tag{5-9}$$

与非门的图形符号如图5-12所示。

（2）或非门　或非门的逻辑关系为

$$F = \overline{A + B + C} \tag{5-10}$$

或非门的图形符号如图5-13所示。

（3）异或门　异或门的逻辑关系为

$$F = A \oplus B \tag{5-11}$$

异或门的图形符号如图5-14所示。

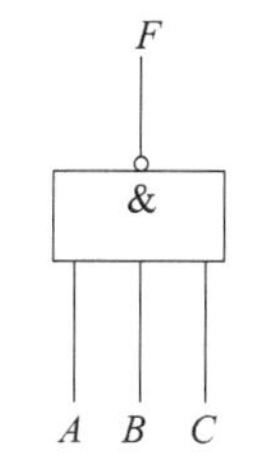

图5-12　与非门符号

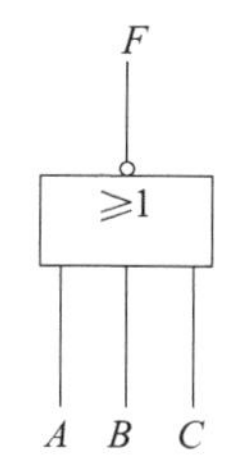

图5-13　或非门符号

（4）与或非门　与或非门的逻辑关系为

$$F = \overline{AB + CD} \tag{5-12}$$

与或非门的图形符号如图5-15所示。

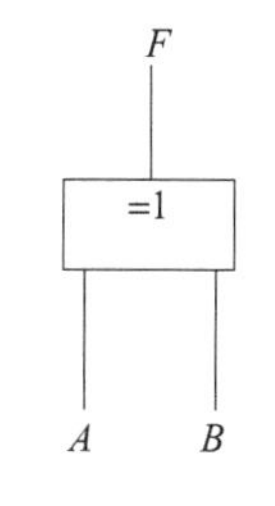

图5-14　异或门符号

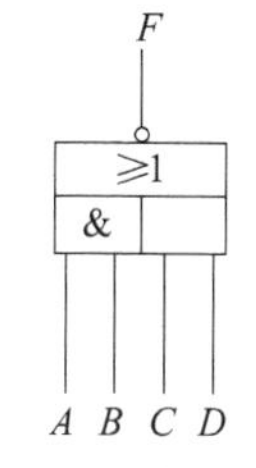

图5-15　与或非门符号

5.2.4　组合逻辑电路的分析与设计

数字电了电路可分为两大类：一类是组合逻辑电路，另一类是时序逻辑电路。组合逻辑电路任何时刻的输出只与该时刻的输入状态有关，而与电路原来的状态无关；而时序逻辑电路在任何时刻的输出不仅与该时刻的输入状态有关，还与先前的电路状态有关。

1. 组合逻辑电路分析方法

组合逻辑电路的分析，就是对给定的组合逻辑电路进行逻辑描述，找出相应的逻辑关系表达式，以确定该电路的功能，或检查评价该电路设计是否合理、经济等。分析步骤如下：

1）由逻辑图写出输出端的逻辑表达式。

2）运用公式化简法或卡诺图化简法，将逻辑表达式化为最简式。

3）列出真值表。

4）根据真值表和逻辑表达式分析逻辑电路，最后确定其逻辑功能。

【例 5-5】 试分析图 5-16 所示电路的逻辑功能。

解：

1）由逻辑图逐级写出逻辑表达式

$$S=\overline{\overline{A\cdot\overline{AB}}\cdot\overline{B\cdot\overline{AB}}}\qquad C=\overline{\overline{AB}}=AB$$

2）化简与变换，写出最简表达式

$$S=A\cdot\overline{AB}+B\cdot\overline{AB}=A(\overline{A}+\overline{B})+B(\overline{A}+\overline{B})$$

$$=\overline{A}B+A\overline{B}=A\oplus B$$

$$C=AB$$

3）由表达式列出真值表，见表 5-13。

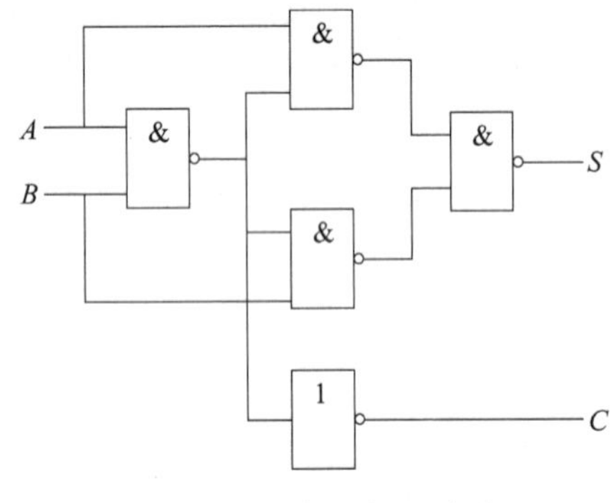

图 5-16 示例逻辑电路图

表 5-13 示例真值表

输入		输出	
A	**B**	**S**	**C**
0	0	0	0
0	1	1	0
1	0	1	0
1	1	0	1

4）分析逻辑功能

由表 5-13 可知，若把 A、B 看成是两个二进制数，则 S 是二者之和，C 是向高位的进位。这种电路可用于实现两个 1 位二进制数的相加，实际上是运算器中的最基本单元电路，称为半加器。

2. 组合逻辑电路设计方法

与分析过程相反，组合逻辑电路的设计是由给定的逻辑功能或逻辑要求，求出实现这个功能或要求的最简单的逻辑电路。设计步骤如下：

1）分析设计要求，定义输入变量和输出变量。

2）根据所要实现的逻辑功能列出真值表。

3）由真值表求出逻辑函数表达式。

4）化简逻辑函数表达式。

5）根据最简（或最合理）表达式，画出相应的逻辑电路图。

【例 5-6】 一火灾报警系统，设有烟感、温感和紫外光感三种类型的火灾探测器。为了防止误报警，只有当其中有两种或两种以上类型的探测器发出火灾检测信号时，报警系统才产生报警控制信号。试设计一个产生报警控制信号的电路。

解：

（1）分析设计要求，确定输入输出变量并逻辑赋值。

1）输入变量：烟感 A 、温感 B，紫外线光感 C。

2）输出变量：报警控制信号 Y。

逻辑赋值：用 **1** 表示肯定，用 **0** 表示否定。

（2）列真值表。根据功能要求，列出表5-14所示真值表。

表5-14　火灾报警电路真值表

输入			输出	输入			输出
A	***B***	***C***	***Y***	***A***	***B***	***C***	***Y***
0	**0**	**0**	**0**	**1**	**0**	**0**	**0**
0	**0**	**1**	**0**	**1**	**0**	**1**	**1**
0	**1**	**0**	**0**	**1**	**1**	**0**	**1**
0	**1**	**1**	**1**	**1**	**1**	**1**	**1**

（3）写出逻辑函数表达式

$$Y = \bar{A}BC + A\bar{B}C + AB\bar{C} + ABC$$

（4）化简，得到最简表达式

$$Y = AB + AC + BC$$

$$= \overline{\overline{AB + AC + BC}}$$

（5）画出逻辑电路图，如图5-17所示。

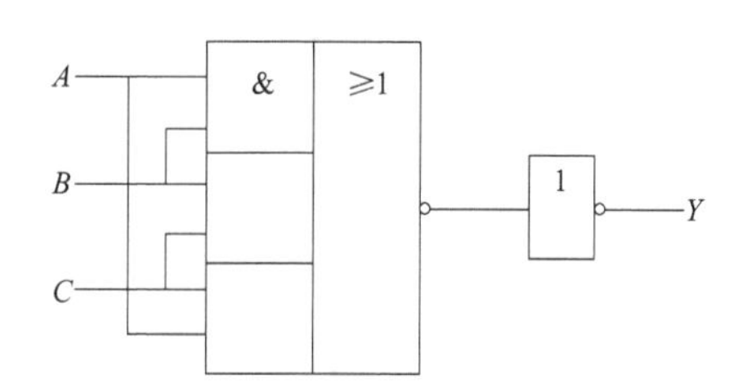

图5-17　火灾报警逻辑电路图

5.2.5　三人表决器电路构成及工作原理

三人表决器电路构成如图5-18所示，输出端 $Y = AB + BC + AC$，当 A、B、C 三个按键没有键按下或者只有一个键按下时，输出端为低电平，发光二极管截止，不发光，表明此次投票或表决无效。当 A、B、C 三个按键有两个键同时按下或有三个键同时按下时，输出端为高电平，发光二极管导通发光，表明此次投票或表决有效。C1为滤波电容，用来保证供给电源的稳定。R4为限流电阻。

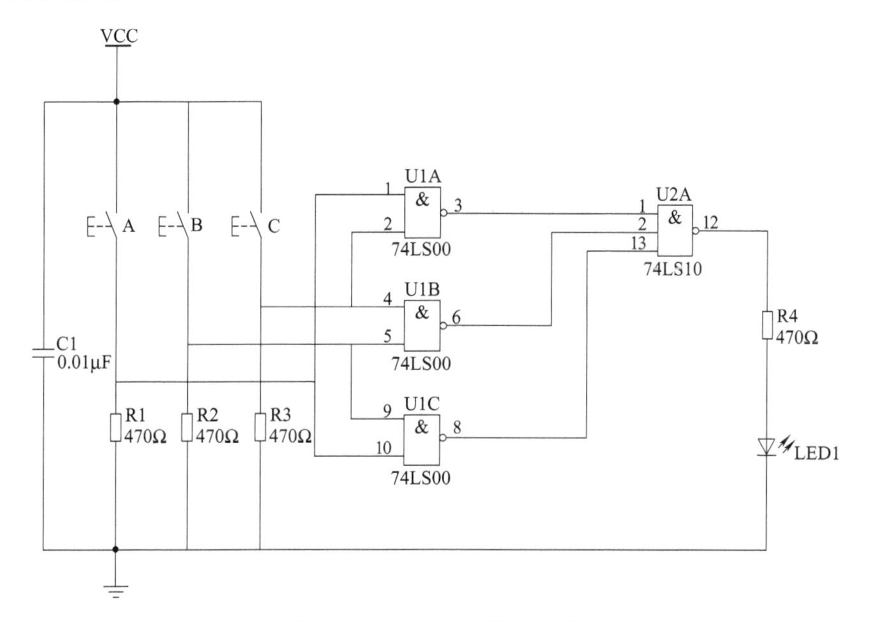

图5-18　三人表决器电路图

5.3 仿真分析

利用 Proteus 仿真软件搭建三人表决器仿真分析电路，当没有键按下或只有一个按键按下时，输出为低电平，发光二极管截止，不发光，表明本次投票或表决无效，仿真演示如图 5-19 所示。

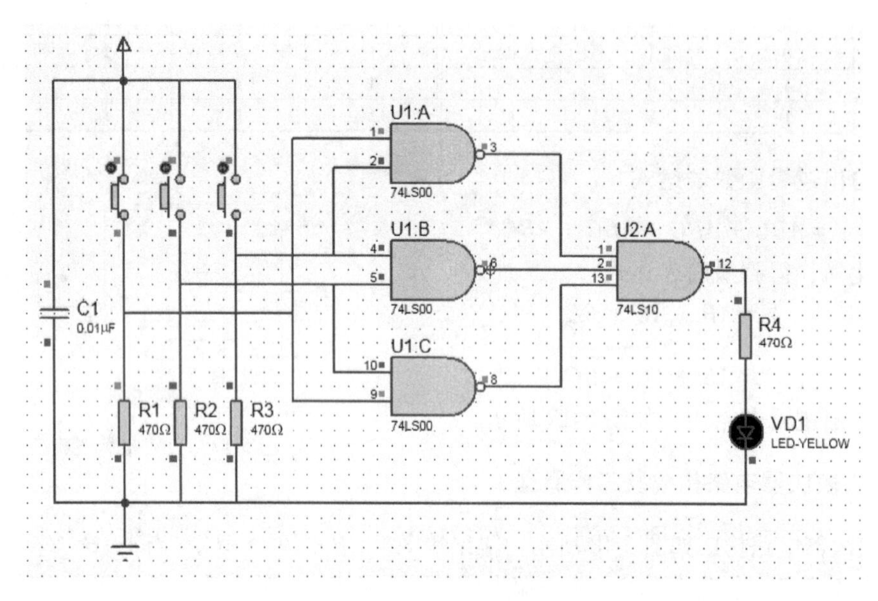

图 5-19　表决无效仿真演示

当两个按键同时按下或三个按键同时按下时，输出为高电平，发光二极管导通发光，表明本次投票或表决有效，仿真演示如图 5-20 所示。

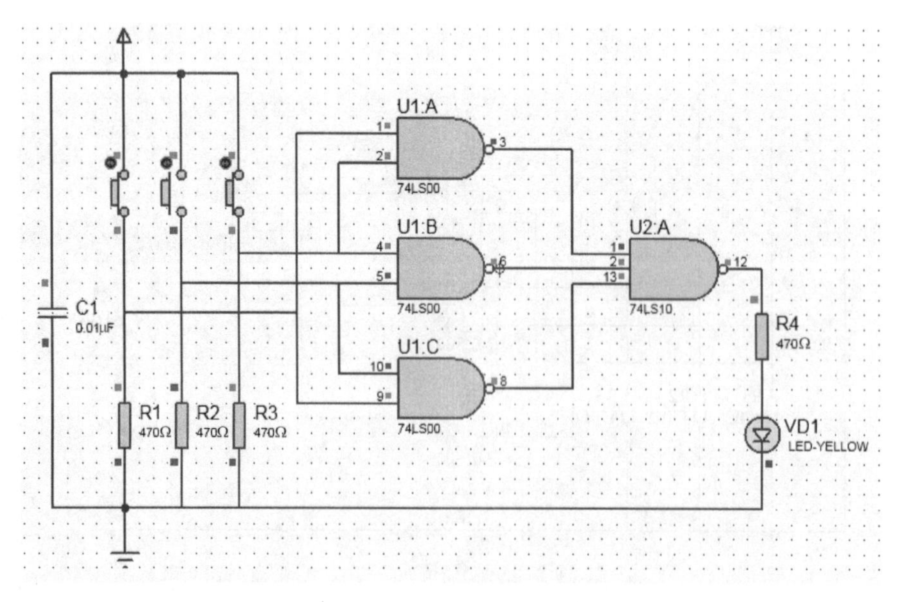

图 5-20　表决有效仿真演示

5.4 实做体验

5.4.1 材料及设备准备

材料清单见表5-15。

表5-15 材料清单表

序号	名称	型号与规格	数量	备注
1	电阻	470Ω	4个	
2	瓷片电容	0.01μF	1个	
3	发光二极管	绿色	1个	
4	集成芯片	74LS00	1个	
5	集成芯片	74LS10	1个	
6	引脚座子	14P	2只	
7	DC座	DC-005	1只	
8	按键开关	6mm×6mm×4.3mm	4个	
9	PCB	7cm×9cm	1块	
10	导线	BVR线，ϕ0.5mm×10cm	2根	红、黑
11	焊锡丝	ϕ0.8mm	1.5m	
12	面包板	MB102	1	

工具设备清单见表5-16。

表5-16 工具设备清单表

序号	名称	型号与规格	数量	备注
1	数字式万用表	VC890D	1块	
2	指针式万用表	MF47	1块	
3	斜口钳	JL-A15	1把	
4	尖嘴钳	HB-73106	1把	
5	电烙铁	220V/25W	1把	
6	吸锡枪	TP-100	1把	
7	镊子	1045-0Y	1个	
8	锉刀	W0086DA-DD	1个	
9	PLD通用编程器	任意	1台	

5.4.2 元器件筛选

1. 集成电路的封装与识别

（1）集成电路封装的识别　封装是指将硅片上的电路引脚用导线连接到封装外壳的引脚上，封装形式是指安装半导体集成电路芯片所用的外壳形式。目前，集成电路的封装形式有几十种，一般是采用绝缘的塑料或陶瓷材料进行封装，图 5-21 所示为几种常见的集成电路封装形式。

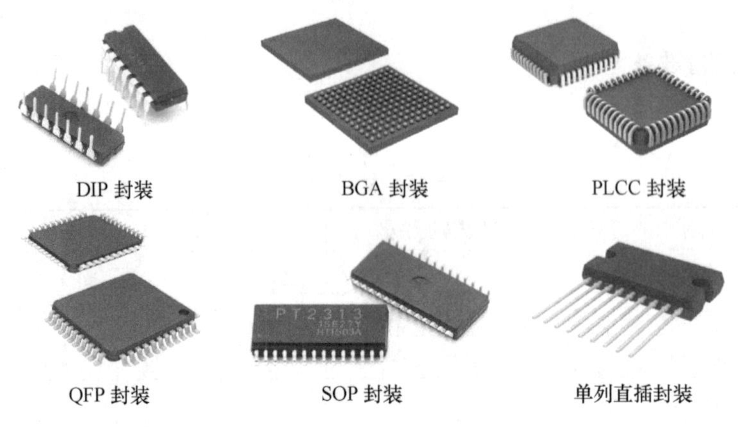

图 5-21 集成电路封装形式

（2）集成电路引脚序号的识别 集成电路的引脚很多，少则几个，多则几百个，各个引脚的功能又不一样，所以在使用时一定要知道集成电路引脚的识别方法，其中正确识别 1 脚是关键。

1）圆周分布。所有引脚分布在同一个圆周上，识别时，端面朝自己，找到定位销，从识别标记（定位销）开始，沿逆时针方向依次为 1，2，3，…（同圆盘式集成运放芯片的引脚排列）。

2）双列分布。引脚分两行排列，识别标记多为半圆形凹口，有的用金属封装标记或凹坑标记。识别时，芯片有字的一面朝自己，识别标记在左，左下方第一个引脚为 1 脚，然后从 1 脚开始逆时针方向沿集成芯片一圈，各引脚依次为 2，3，4，…如图 5-22 所示。

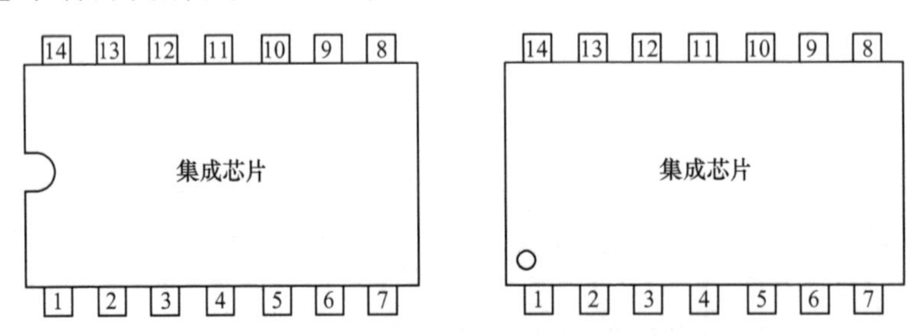

图 5-22 集成电路双列分布引脚识别

3）单列分布。引脚单行排列，识别标记有的用切角，有的用凹坑。这类集成电路引脚的排列方式也是从标记开始，从左至右依次为 1，2，3，…。

（3）集成电路性能测试

1）一看。型号标记字迹清晰，商标及出厂编号产地俱全，且印制质量较好（有的为烤漆激光蚀刻等），这样的生产厂商在生产加工过程中质量控制得比较严格。

2）二检。引脚光滑亮泽，无腐蚀插拔痕迹，生产日期较短，正规商店经营。

3）三测。对常用数字集成电路，为保护输入端及工厂生产需要，每一个输入端分别为 UDD、GND 接了一个二极管（反接），用数字式万用表的二极管档位可测出二极管效应。

UDD、GND之间的静态电阻值应在20kΩ以上，若小于1kΩ则说明已损坏。

2. 74LS00识别与检测

（1）74LS00外形及引脚辨别　74LS00是一种集成TTL门电路，每个74LS00芯片上有四个与非门，每个门有两个输入端，如图5-23所示。

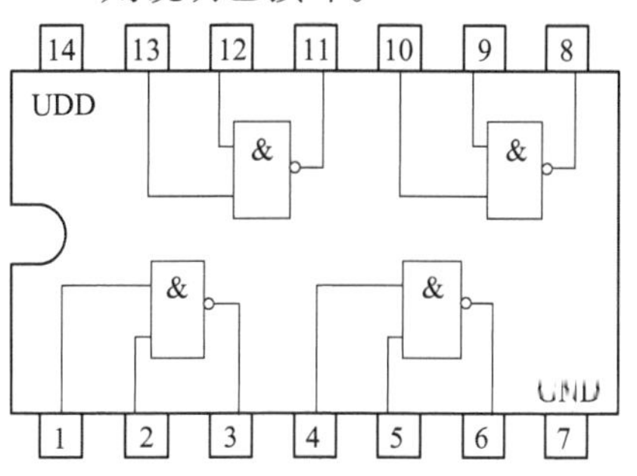

图5-23　74LS00引脚识别

（2）74LS00性能测试

1）利用专用的测试仪——PLD通用编程器对74LS00集成芯片功能进行测试。

2）利用万用表测试集成电路各引脚的正方向电阻。

74LS00数字集成电路在正常的情况下，各引脚的阻值见表5-17。用万用表测量待测芯片各个引脚的内部正反向电阻，然后将测得的结果与表5-17所列结果进行比对，如果数值完全符合，则说明该集成电路芯片是好的。

表5-17　74LS00各引脚正反向电阻

引脚号		1	2	3	4	5	6	7
内阻/kΩ	红笔接地	∞	∞	50.0	∞	∞	50.0	地引脚
	黑笔接地	4.1	4.1	6.2	4.1	4.1	6.2	地引脚
引脚号		8	9	10	11	12	13	14
内阻/kΩ	红笔接地	50.0	∞	∞	50.0	∞	∞	14.2
	黑笔接地	6.2	4.1	4.1	6.2	4.1	4.1	5.5

3. 74LS10识别与检测

（1）74LS10外形及引脚辨别　74LS10是一种集成TTL门电路，每个74LS10芯片上有三个与非门，每个门有三个输入端，如图5-24所示。

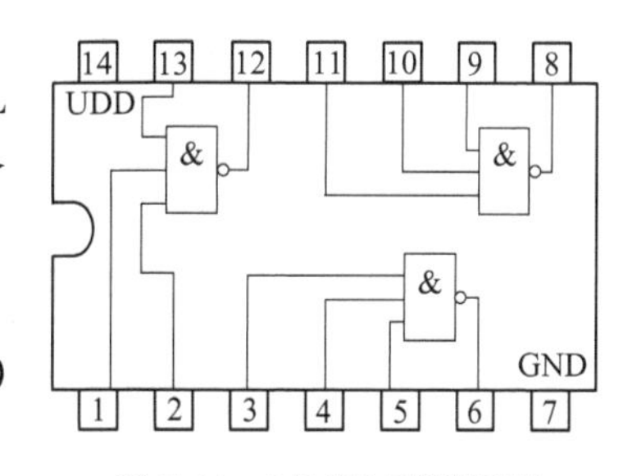

图5-24　74LS10引脚识别

（2）74LS10性能测试

1）利用专用的测试仪——PLD通用编程器对74LS10集成芯片功能进行测试。

2）自行设计测试电路，将集成芯片逻辑与非门的输入端接逻辑电平选择开关，输出端接逻辑电平显示，改变逻辑电平开关的状态，观察电平显示，验证是否符合与非门的运算规则“有0出1，全1为0”。

【小提示】

1）TTL集成电路（OC门和三态门除外）或CMOS集成电路的输出端不允许并联使用，也不允许直接与电源或地线连接，否则，将会使电路的逻辑混乱并损坏器件。

2）TTL芯片多余输入端的处理。或门、或非门等TTL电路的多余输入端不能悬空，只能接地；与门、与非门等TTL电路的多余输入端可以悬空，相当于接入了高电平，但因悬空时对地呈现的阻抗很高，容易引入干扰信号。与门、与非门等TTL电路的多余输入端可以与其他输入端并联使用，这样可以增加电路的可靠性，但与其他输入端并联时，对信号的驱动电流要求增加。

3）CMOS 芯片多余输入端的处理。CMOS 芯片不用的输入端，不允许悬空，必须按逻辑要求接 U_{DD}或 U_{SS}，否则不仅会造成逻辑混乱，而且容易损坏器件。

4）CMOS 芯片在存放、运输、高温老化过程中，应藏于接触良好的金属屏蔽盒内或用金属铝箔纸包装，防止外来感应电动势将栅极击穿。

5.4.3 布局图设计

电子元器件布局图设计是根据选定的待组装电路原理图，在电路板上对要组装的元器件分布进行设计，是电子产品制作过程中非常重要的一个环节。

1. 设计要点

1）要按电路原理图设计。

2）元器件分布要科学，电路连接规范。

3）元器件间距要合适，元器件分布要美观。

2. 具体方法和注意事项

1）根据电路原理图找准几条线，确保元器件分布合理、美观。

2）除电阻元件外，如发光二极管、集成芯片等元器件，要注意布局图上标明引脚区分。

3. 三人表决器 PCB 布局图（见图 5-25）

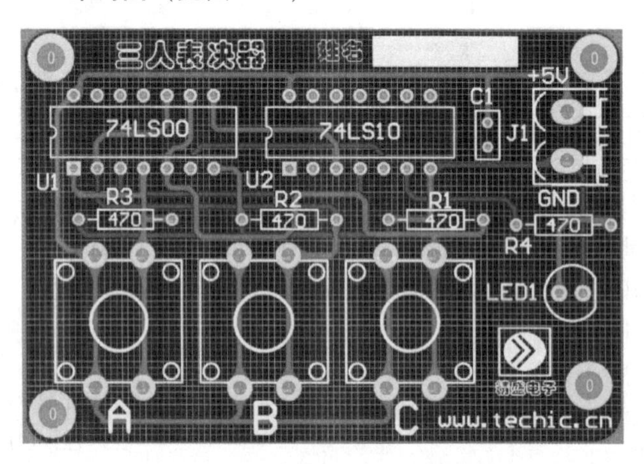

图 5-25 三人表决器 PCB 布局图

5.4.4 焊接制作

（1）元器件引脚成形　元器件成形时，无论是径向元器件还是轴向元器件，都必须考虑两个主要的参数：

1）最小内弯半径。

2）折弯时距离元器件本体的距离。

【小提示】

要求折弯处至元器件体、球状连接部分或引脚焊接部分的距离至少相当于一个引脚直径或厚度，或者是0.8mm（取最大者）。

（2）元器件插装　插装元器件时，应遵循“六先六后”原则，即先低后高，先小后大，先里后外，先轻后重，先易后难，先一般后特殊。具体的插装要求如下：

1）边装边核对，做到每个元器件的编号、参数（型号）、位置均统一。

2）电容插装要求极性正确，高度一致且高度尽量低，要端正不歪斜。

3）LED插装要求极性正确，区分不同的发光颜色，要端正不歪斜。

4）集成芯片的引脚较多，在PCB上安装集成芯片时，应注意使芯片的1脚与PCB上的1脚一致，关键是方向不要搞错。否则，通电时，集成电路很可能被烧毁。

（3）电路板焊接

1）一般集成电路所受的最高温度为260℃、10s或350℃、3s，这是指每块集成电路全部引脚同时浸入离封装基底平面的距离大于1.5mm所允许的最长时间，所以波峰焊和浸焊温度一般控制在240~260℃，时间约7s。如果采用手工焊接，一般用20W内热式电烙铁，且电烙铁外壳必须接地良好，焊接时间不宜过长，焊锡量不可过多。

2）如果装接错误，则需要从印制电路板上拆卸集成电路。由于集成电路引脚多，拆卸起来比较困难，可以借助注射器针头、吸锡器或用毛刷配合来完成集成电路芯片拆卸。因为集成电路芯片引脚上不能加太大的应力，所以在拆卸集成电路芯片时要小心，以防引脚折断。

5.4.5　功能调试

1. 目视检查

检查电源、地线、信号线、元器件接线端之间有无短路；连线处有无接触不良；二极管、按键电容、集成芯片等元器件引脚有无错接、漏接、反接。

2. 通电检查

将焊接制作好的三人表决器电路板接入5V直流电源，先观察有无异常现象，包括有无冒烟、有无异常气味、元器件是否发烫、电源是否短路等，如果出现异常，应立即切断电源，排除故障后方可重新通电。

电路检查正常之后，观察三人表决器电路功能是否正常，没有按键按下或只有一个按键按下时，表决无效，发光二极管不发光。同时按下两个键或同时按下三个键时，表决有效，发光二极管导通发光。如果发光二极管一直不能导通发光，说明电路出现故障，这时应检查电路，找出故障并排除。三人表决器成品如图5-26所示。

3. 故障检测与排除

电子产品焊接制作及功能调试过程中，出现故障不可避免，通过观察故障现象、分析故障原因、解决故障问题可以提高实践和动手能力。查找故障时，首先要有耐心，还要细心，切忌马马虎虎，同时还要开动脑筋，认真进行分析、判断。

（1）故障查找方法　对于比较简单的电路或自己非常熟悉的电路，可以采用观察判断法，通过仪器、仪表观察结果，再根据自己的经验，直接判断故障发生的原因和部位，从而准确、迅速地找到故障并加以排除。对于比较复杂的电路，查找故障的通用方法是把合适的信号或某个模块的输出信号引到其他模块上，然后依次对每个模块进行测试，直到找到故障模块为止。故障查找步骤如下：

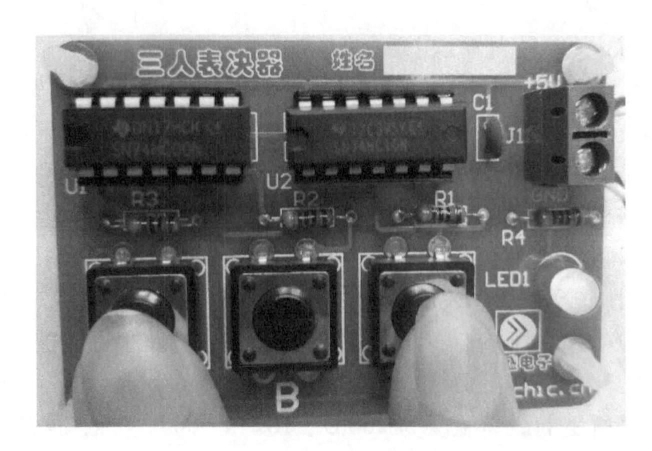

图 5-26　三人表决器成品图

1）先检查用于测量的仪器是否使用得当。

2）检查安装制作的电路是否与电路图一致。

3）检查电路主要点的直流电位，并与理论设计值进行比较，以精确定位故障点。

4）检查半导体元器件工作电压是否正常，从而判断该管是否正常工作或损坏。

5）检查电容、集成芯片等元器件是否工作正常。

（2）故障查找注意事项

1）在检测电路、插拔电路器件时，必须切断电源，严禁带电操作。

2）集成电路引脚间距较小，在进行电压测量或用示波器探头测试波形时，应避免造成引脚间短路，最好在与引脚直接连通的外围印制电路板上进行测量。

（3）常见故障分析

1）发光二极管不发光。当有两个按键按下或有三个按键按下时，74LS10 与非门的输出脚应该为高电平，从而使 LED 导通发光。如果 LED 不发光，首先应该检查 74LS10 的输出端是否为高电平，如果不为高电平，则往前查找，看故障点在哪里。如果输出为高电平，而 LED 不能导通发光，则检查电阻阻值是否正常、发光二极管极性有无接反及发光二极管是否损坏。

2）表决器功能紊乱。正常功能的三人表决器，应该是当有两个按键按下或三个按键按下时，LED 才导通发光。如果制作好的表决器显示功能紊乱，表明输出变量与输入变量之间的逻辑关系不正确，检查 74LS00 芯片及 74LS10 芯片的与非门电路连线是否正确及是否错接、漏接等，确定故障点位置。

5.5 应用拓展

5.5.1 电路组成与工作原理

完成水箱水位自动控制器制作，其电路结构与组成如图 5-27 所示。12V 直流电源经 VD_1，一路经 R_7 点亮发光二极管 LED_1，一路作为工作电源。通电后，如果水箱中没有水，则两个探头经 R_1、R_2 与电源相连，与非门 ICB 的 5、6 脚为高电平，其输出端 4 脚为低电平，与非门 ICC 输出端 10 脚为高电平。这个高电平其中一路经 R_4 加在 VT_1 的基极，使 VT_1

饱和导通，继电器通电吸合，起动水泵抽水；另一路经 R_8 接到与非门 ICA 的输入端 2 脚，由于高水位探头也为高电平，与非门 ICA 的输出端 3 脚为低电平，将与非门 ICC 锁住。随着水泵不断向水箱供水，水箱中的水位不断升高，当低水位探头浸入水中后 CD4011 的 6 脚为低电平，4 脚输出高电平，此时与非门 ICC 已经锁住，故而不影响输出。水泵继续抽水，随着水位进一步升高，当水碰到高水位探头时，CD4011 的 1 脚和 6 脚都变为低电平，10 脚输出低电平，VT_1 截止，继电器断开，水泵停止抽水。同时这个低电平经 R_8 加在 2 脚上，使 3 脚保持高电平，直到水位再次低于低水位探头时，又将重复前面过程，从而实现自动控制。

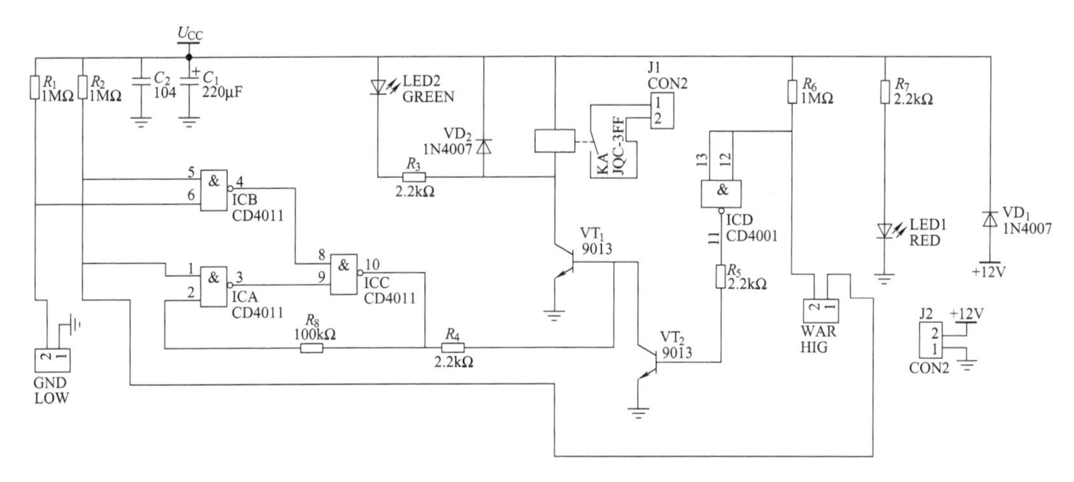

图 5-27　水箱水位自动控制器电路图

5.5.2　材料及设备准备

材料清单见表 5-18。

表 5-18　材料清单表

序号	名称	型号与规格	数量	备注
1	电阻	1MΩ	3 个	
2	电阻	2. 2kΩ	4 个	
3	电阻	100kΩ	1 个	
4	电解电容	220μF	1 个	
5	电容	0. 1μF	1 个	
6	晶体管	9013	2 个	
7	二极管	1N4007	2 个	
8	发光二极管	ϕ5mm	2 个	红、绿
9	集成电路	CD4011	1 只	
10	继电器	JQC-3F	1 只	
11	接线柱	2 位	4 只	
12	PCB	7cm×9cm	1 块	
13	导线	BVR 线，ϕ0. 5mm×10cm	2 根	红、黑
14	焊锡丝	ϕ0. 8mm	1. 5m	

工具设备清单见表 5-19。

表 5-19 工具设备清单表

序号	名称	型号与规格	数量	备注
1	信号发生器	UTG9002C	1 台	
2	数字示波器	UTD2102	1 台	
3	数字式万用表	VC890D	1 把	
4	指针式万用表	MF47	1 把	
5	斜口钳	JL-A15	1 把	
6	尖嘴钳	HB-73106	1 把	
7	电烙铁	220V/25W	1 把	
8	吸锡枪	TP-100	1 把	
9	镊子	1045-0Y	1 个	
10	锉刀	W0086DA-DD	1 个	

【考核评价】

考核评价表

<table>
<tr><td colspan="2">任务 5</td><td colspan="4">三人表决器的制作</td></tr>
<tr><td colspan="2">考核环节</td><td>考核要求</td><td>评分标准</td><td>配分</td><td>得分</td></tr>
<tr><td rowspan="2">工作过程知识</td><td>点滴积累</td><td rowspan="2">1）相关知识点的熟练掌握与运用
2）系统工作原理分析正确</td><td rowspan="2">在线练习成绩×该部分所占权重（30%）= 该部分成绩。由教师统计确定得分</td><td rowspan="2">30 分</td><td rowspan="2"></td></tr>
<tr><td>电路分析</td></tr>
<tr><td rowspan="4">工作过程技能</td><td>任务准备</td><td>1）明确任务内容及实验要求
2）分工明确，作业计划书整齐美观</td><td>1）任务内容及要求分析不全面，扣 2 分
2）组员分工不明确，作业计划书潦草，扣 2 分</td><td>5 分</td><td></td></tr>
<tr><td>模拟训练</td><td>1）模拟训练完成
2）过关测试合格</td><td>1）模拟训练不认真，发现一次扣 1 分
2）过关测试不合格，扣 2 分</td><td>5 分</td><td></td></tr>
<tr><td>焊接制作</td><td>1）元器件的正确识别与检测
2）PCB 制图设计正确、整齐、美观
3）元器件装配到位，无错装、漏装
4）焊接可靠美观，无虚焊、漏焊、错焊等</td><td>1）元器件错选或检测错误，每个元器件扣 1 分
2）不能画出 PCB 图，扣 2 分
3）错装、漏装，每处扣 1 分
4）焊接质量不符合要求，每个焊点扣 1 分
5）功能不能正常实现，扣 5 分
6）不会正确使用工具设备，扣 2 分</td><td>10 分</td><td></td></tr>
<tr><td>功能调试</td><td>1）调试顺序正确
2）仪器仪表使用正确
3）能正确分析故障现象及原因，查找故障并排除故障，确保产品功能正常实现</td><td>1）不会正确使用仪器仪表，扣 2 分
2）调试过程中，出现故障，每个故障扣 2 分
3）不能实现调光功能，扣 5 分</td><td>10 分</td><td></td></tr>
</table>

（续）

任务5		三人表决器的制作			
考核环节		考核要求	评分标准	配分	得分
工作过程技能	外观设计	1）外观效果图简洁美观 2）选择制作材料，完成外壳制作 3）完成外壳与电路板装配 4）产品功能实现，工作正常	1）外观设计潦草，不美观，扣2分 2）没有完成外壳制作，扣2分 3）产品无法正常使用，扣5分	10分	
	总结评价	1）能正确演示产品功能 2）能对照考核评价表进行自评互评 3）技术资料整理归档	1）不能正确演示产品功能，扣2分 2）没有完成自评、互评，扣2分 3）技术资料记录、整理不齐全，缺1份扣1分	10分	
安全文明素养		1）安全用电，无人为损坏仪器设备 2）保持环境整洁，秩序井然，习惯良好，任务完成后清洁整理工作现场 3）小组成员协作和谐，态度正确 4）不迟到、早退、旷课	1）发生安全事故，扣5分 2）人为损坏设备、元器件，扣2分 3）现场不整洁、工作不文明，团队不协作，扣2分 4）不遵守考勤制度，每次扣1分	20分	
合计				100分	

【学习自测】

5.1　填空题

1. $(110101)_2=(\quad)_D$　　$(127)_D=(\qquad)_B$。

2. 逻辑代数中有3种基本运算：______、______和______。

3. 逻辑函数的化简方法有________和________。

4. 逻辑函数 $F=AB+\overline{A}\,\overline{B}$ 的对偶函数 $F'=$________________。

5. 函数 $F(A,B,C)=\overline{A}B+\overline{B}C+A\overline{C}$ 的标准与－或式为 $F(A,B,C)=\sum m($________________$)$。

6. 将与非门作为非门使用时，其多余的输入端应接________________________________。

7. TTL与非门多余的输入端应接________________。

8. 组合逻辑电路没有________功能。

9. 十进制数25用8421BCD码表示为________。

10. 一个两级晶体管放大电路，测得输入电压有效值为2mV，第一级和第二级的输出电压有效值均为0.1V，则该电路的放大倍数为______。其中，第一级电路的放大倍数为______，第二级电路的放大倍数为______。

5.2　选择题

1. 仅当全部输入都为0时，输出才为0，否则输出为1，这种逻辑关系为______。

A. 与逻辑　　B. 或逻辑　　C. 非逻辑　　D. 异或逻辑

2. 下列逻辑门中，为基本逻辑门的是______。

A. （A、B 输入，& 门，输出 Y）　　B. （A、B 输入，=1 门，输出 Y）

C. 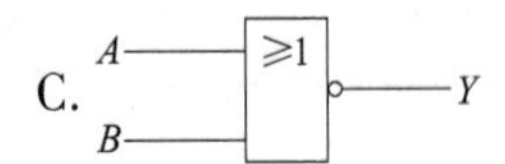

D. 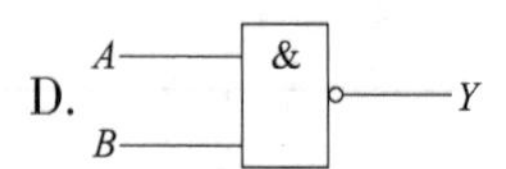

3. 下列各式是4变量A、B、C、D最小项的是______。

A. $A\overline{B}C$ B. $A\overline{B}C\overline{D}$

C. $A\overline{B}+CD$ D. $(\overline{A}+B)(C+D)$

4. 函数$Y=\overline{AB}+\overline{A}$中，包含的最小项个数为________。

A. 3个 B. 4个 C. 1个 D. 2个

5. 函数$Y=\overline{A}\,\overline{B}\,\overline{C}+\overline{A}B\overline{C}+A\overline{B}\,\overline{C}+AB\overline{C}$ ________。

A. $\overline{A}$ B. $\overline{B}$ C. $\overline{C}$ D. C

5.3 分析计算题

1. 将下列十六进制数化为等值的二进制数和等值的十进制数。

(1) $(8C)_{16}$ (2) $(3D.BE)_{16}$ (3) $(8F.FF)_{16}$ (4) $(10.00)_{16}$

2. 已知逻辑函数的真值表见表5-20，试写出对应的逻辑函数式。

表5-20 题2真值表

A	B	C	Y	A	B	C	Y
0	0	0	0	1	0	0	1
0	0	1	1	1	0	1	0
0	1	0	1	1	1	0	0
0	1	1	0	1	1	1	0

3. 写出图5-28中各逻辑图的逻辑函数式，并化简为最简与-或式。

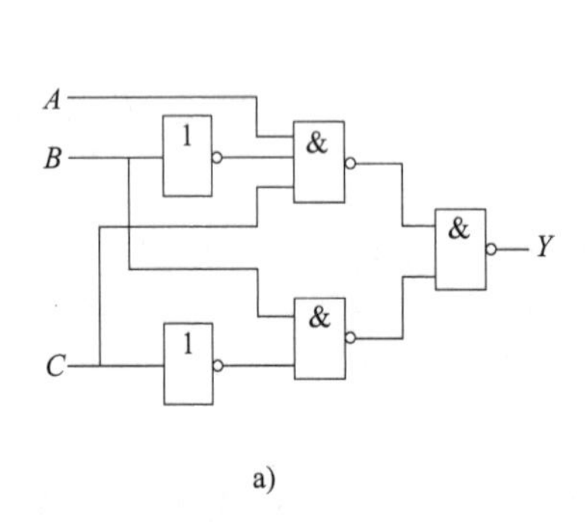

a)

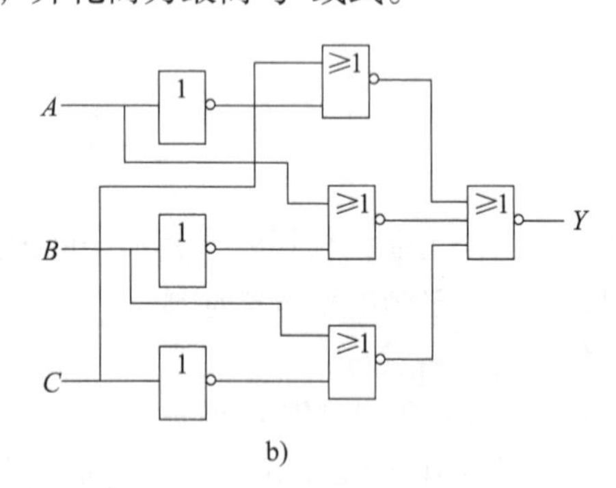

b)

图5-28 题3图

4. 将下列各函数式化为最小项之和的形式。

(1) $Y=\overline{A}BC+AC+\overline{B}C$

(2) $Y=A\overline{B}\,\overline{C}D+BCD+\overline{A}D$

(3) $Y=A+B+CD$

(4) $Y=AB+\overline{\overline{BC}(\overline{C}+\overline{D})}$

(5) $Y = L\overline{M} + M\overline{N} + N\overline{L}$

5. 化简下列逻辑函数（方法不限）

(1) $Y = A\overline{B} + \overline{A}C + \overline{C}\,\overline{D} + D$

(2) $Y = \overline{A}(C\overline{D} + \overline{C}D) + B\overline{C}D + A\overline{C}D + \overline{A}C\overline{D}$

(3) $Y = (\overline{\overline{A} + \overline{B}})D + (\overline{A}\,\overline{B} + BD)\overline{C} + \overline{A}\,\overline{C}BD + \overline{D}$

(4) $Y = A\overline{B}D + \overline{A}\,\overline{B}\,\overline{C}D + \overline{B}CD + (AB + \overline{C})(B + D)$

(5) $Y = \overline{A\overline{B}\,\overline{C}D + A\overline{C}DE + \overline{B}D\overline{E} + A\overline{C}\,\overline{D}E}$

6. 试画出用与非门和反相器实现下列函数的逻辑图。

(1) $Y = AB + BC + AC$

(2) $Y = (\overline{A} + B)(A + \overline{B})C + \overline{B}\,\overline{C}$

(3) $Y = \overline{AB\overline{C} + A\overline{B}C + \overline{A}BC}$

(4) $Y = A\,\overline{BC} + \overline{(\overline{A\overline{B}} + \overline{A}\,\overline{B} + BC)}$

任务6　数显逻辑笔的制作

6.1　任务简介

数显逻辑笔是采用数码管来显示数字电子电路中电平高低的仪器。它是测量数字电子电路的一种较简便的工具，利用逻辑笔可快速、准确地测量出数字电子电路中有故障的芯片。如果被测点为低电平，则逻辑笔上的数码管显示L；如果被测点为高电平，则逻辑笔上的数码管显示H。接下来学习数显逻辑笔涉及的电子电路知识，包括编码器、译码器、数据选择器等，然后利用这些理论知识去指导具体的操作实践，完成数显逻辑笔的制作。

6.2　点滴积累

6.2.1　编码器

将数字、字符等信息转换成相应二进制代码的过程，称为编码。能实现编码功能的电路，称为编码器。

1. 普通编码器

普通编码器中，任何时候只允许输入一个编码信号，否则输出将发生混乱。现以一个3位二进制普通编码器作为例子，说明普通编码器的工作原理。3位二进制编码器有8个输入端，3个输出端，所以常称为8线-3线编码器，其功能表见表6-1（输入、输出均为高电平有效）。

表6-1　8线-3线编码器功能表

输入								输出		
I_0	I_1	I_2	I_3	I_4	I_5	I_6	I_7	Y_2	Y_1	Y_0
1	0	0	0	0	0	0	0	0	0	0
0	1	0	0	0	0	0	0	0	0	1
0	0	1	0	0	0	0	0	0	1	0
0	0	0	1	0	0	0	0	0	1	1
0	0	0	0	1	0	0	0	1	0	0
0	0	0	0	0	1	0	0	1	0	1
0	0	0	0	0	0	1	0	1	1	0
0	0	0	0	0	0	0	1	1	1	1

由功能表写出各输出的逻辑表达式为

$$Y_2 = I_4 + I_5 + I_6 + I_7 = \overline{\overline{I_4} \cdot \overline{I_5} \cdot \overline{I_6} \cdot \overline{I_7}}$$

$$Y_1 = I_2 + I_3 + I_6 + I_7 = \overline{\overline{I_2} \cdot \overline{I_3} \cdot \overline{I_6} \cdot \overline{I_7}}$$

$$Y_0 = I_1 + I_3 + I_5 + I_7 = \overline{\overline{I_1} \cdot \overline{I_3} \cdot \overline{I_5} \cdot \overline{I_7}}$$

用门电路实现逻辑电路，如图 6-1 所示。

2. 优先编码器

优先编码器允许同时输入两个以上编码信号，但是只对其中一个优先级别最高的信号进行编码。集成优先编码器 74LS148（8 线-3 线）逻辑符号如图 6-2 所示。

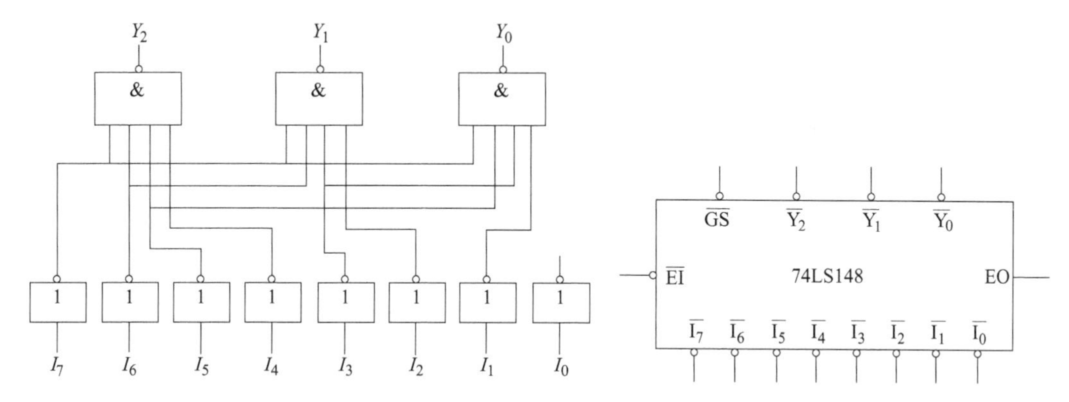

图 6-1　8 线-3 线编码器逻辑电路图

图 6-2　8 线-3 线编码器 74LS148 的逻辑符号

$\overline{EI}$ 为使能输入端（低电平有效），EO 为输出使能端（高电平有效），$\overline{GS}$ 为优先编码工作标志（低电平有效）。表 6-2 是优先编码器 74LS148 的功能表，不难看出，当 $\overline{EI}=0$，允许编码输入，$\overline{I_7}$ 优先级最高，$\overline{I_0}$ 最低。当 $\overline{I_7}=0$ 时，不管其他输入端有无信号，输出端只给出 $\overline{I_7}$ 的编码 000（反码）。输入输出为低电平有效。

表 6-2　74LS148 功能表

输入									输出				
$\overline{EI}$	$\overline{I_0}$	$\overline{I_1}$	$\overline{I_2}$	$\overline{I_3}$	$\overline{I_4}$	$\overline{I_5}$	$\overline{I_6}$	$\overline{I_7}$	$\overline{Y_2}$	$\overline{Y_1}$	$\overline{Y_0}$	$\overline{GS}$	EO
1	×	×	×	×	×	×	×	×	1	1	1	1	1
0	1	1	1	1	1	1	1	1	1	1	1	1	0
0	×	×	×	×	×	×	×	0	0	0	0	0	1
0	×	×	×	×	×	×	0	1	0	0	1	0	1
0	×	×	×	×	×	0	1	1	0	1	0	0	1
0	×	×	×	×	0	1	1	1	0	1	1	0	1
0	×	×	×	0	1	1	1	1	1	0	0	0	1
0	×	×	0	1	1	1	1	1	1	0	1	0	1
0	×	0	1	1	1	1	1	1	1	1	0	0	1
0	0	1	1	1	1	1	1	1	1	1	1	0	1

3. 集成编码器的扩展

一片 74LS148 只有 8 个编码输入，如果需对 16 个输入信号进行编码，可以使用两片 74LS148 优先编码器扩展来实现，如图 6-3 所示。

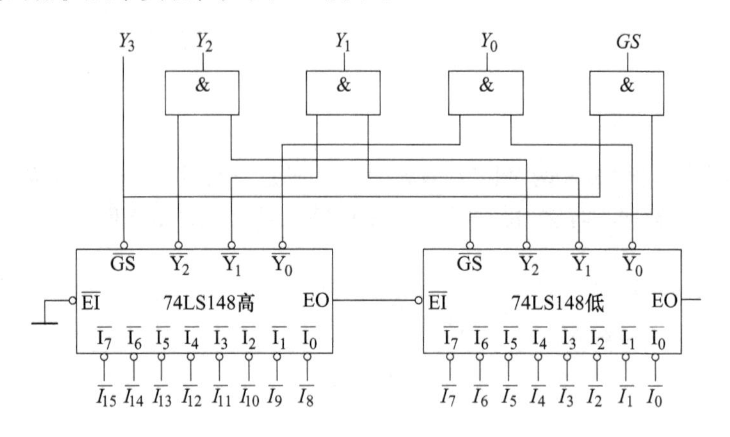

图 6-3 两片 74LS148 构成 16 线-4 线优先编码器

将优先权高的 8 个编码输入信号接到高位片的输入端，将优先权低的 8 个编码输入信号接到低位片的输入端。当高位片无输入信号时，高位片的 $EO=0$，使得低位片的 $\overline{EI}=0$，允许低位片编码，输出为 1111~1000（反码）；当高位片有输入信号时，高位片的 $EO=1$，使得低位片的 $\overline{EI}=1$，禁止低位片编码，输出为 0111~0000（反码）。只要有信号输入，不是高位片就是低位片总有一片要工作，即高、低位片标志 $\overline{GS}$ 总会有一个为 0，所以通过与门之后的标志位 $\overline{GS}=0$，表示编码器工作。

6.2.2 译码器

将特定意义的二进制代码转换成相应信号输出的过程，称为译码。实现译码功能的电路，称为译码器。

1. 二进制译码器

二进制译码器的输入是一组二进制代码，输出是一组与输入代码相对应的高、低电平信号。3 位二进制译码器有 $2^3=8$ 种输出状态，因此，又把 3 位二进制译码器称为 3 线-8 线译码器。

（1）3 线-8 线译码器 74LS138 的逻辑功能　图 6-4 所示是 74LS138 的内部电路结构图，图 6-5 所示是 74LS138 的逻辑符号，A_2、A_1、A_0 为译码输入端，$\overline{Y_0}$ ~ $\overline{Y_7}$ 为译码输出端，S_1、$\overline{S_2}$、$\overline{S_3}$ 为控制端，又称使能端。

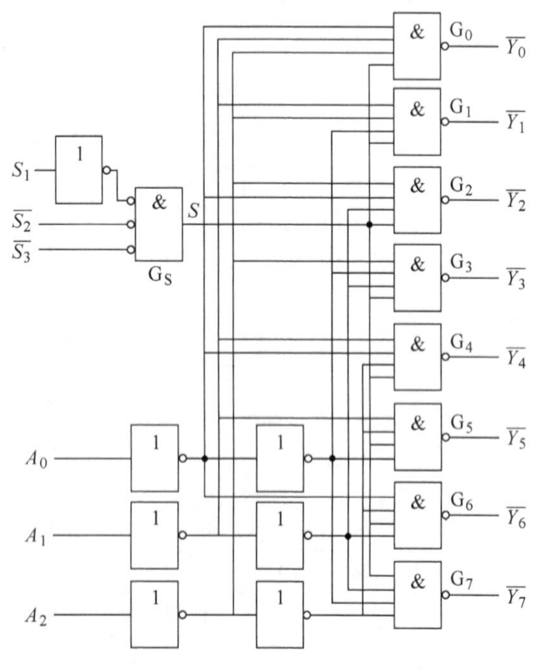

图 6-4 74LS138 内部电路结构

表 6-3 为 74LS138 的功能表。当 $S_1 = 1$、$\overline{S_2} + \overline{S_3} = 0$ 时，译码器处于工作状态，每输入一个二进制代码将使对应的一个输出端为低电平，而其他输出端均为高电平。输出逻辑函数表达式为

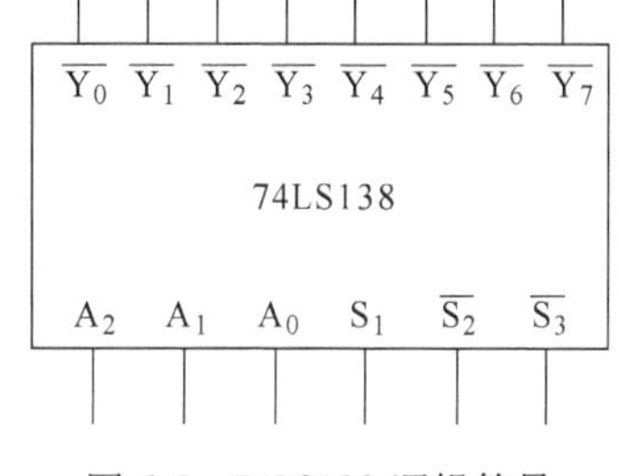

图 6-5 74LS138 逻辑符号

$$\overline{Y_0} = \overline{\overline{A_2}\,\overline{A_1}\,\overline{A_0}} = \overline{m_0} \qquad \overline{Y_1} = \overline{\overline{A_2}\,\overline{A_1}A_0} = \overline{m_1}$$

$$\overline{Y_2} = \overline{\overline{A_2}A_1\,\overline{A_0}} = \overline{m_2} \qquad \overline{Y_3} = \overline{\overline{A_2}A_1A_0} = \overline{m_3}$$

$$\overline{Y_4} = \overline{A_2\,\overline{A_1}\,\overline{A_0}} = \overline{m_4} \qquad \overline{Y_5} = \overline{A_2\,A_1A_0} = \overline{m_5}$$

$$\overline{Y_6} = \overline{A_2A_1\,\overline{A_0}} = \overline{m_6} \qquad \overline{Y_7} = \overline{A_2A_1A_0} = \overline{m_7}$$

当控制端不满足工作条件时，译码器被禁止，所有的输出端被封锁在高电平。这 3 个控制端又称为片选端，利用片选的作用可以将多片译码器连接起来以扩展译码器的功能。

表 6-3 74LS138 的功能表

输 入						输 出							
S_1	$\overline{S_2}$	$\overline{S_3}$	A_2	A_1	A_0	$\overline{Y_0}$	$\overline{Y_1}$	$\overline{Y_2}$	$\overline{Y_3}$	$\overline{Y_4}$	$\overline{Y_5}$	$\overline{Y_6}$	$\overline{Y_7}$
×	1	×	×	×	×	1	1	1	1	1	1	1	1
×	×	1	×	×	×	1	1	1	1	1	1	1	1
0	×	×	×	×	×	1	1	1	1	1	1	1	1
1	0	0	0	0	0	0	1	1	1	1	1	1	1
1	0	0	0	0	1	1	0	1	1	1	1	1	1
1	0	0	0	1	0	1	1	0	1	1	1	1	1
1	0	0	0	1	1	1	1	1	0	1	1	1	1
1	0	0	1	0	0	1	1	1	1	0	1	1	1
1	0	0	1	0	1	1	1	1	1	1	0	1	1
1	0	0	1	1	0	1	1	1	1	1	1	0	1
1	0	0	1	1	1	1	1	1	1	1	1	1	0

（2）3 线-8 线译码器 74LS138 的应用

1）译码器的扩展。用两片 3 线-8 线译码器 74138 扩展为 4 线-16 线译码器如图 6-6 所示，A_3、A_2、A_1、A_0 为二进制代码输入端，Y_0 ~ Y_{15} 为输出端。

当输入端 $A_3 = 0$ 时，即输入信号在 0000~0111 这 8 组代码间变化时，低位片 74LS138（1）工作，$\overline{Z_0}$ ~ $\overline{Z_7}$ 相应输出端为低电平，高位片 74LS138（2）禁止，输出 $\overline{Z_8}$ ~ $\overline{Z_{15}}$ 全为高电平。当输入端 $A_3 = 1$ 时，即输入信号在 1000~1111 这 8 组代码间变化时，高位片 74LS138（2）工作，$\overline{Z_8}$ ~ $\overline{Z_{15}}$ 相应输出端为低电平，低位片 74LS138（1）禁止，$\overline{Z_0}$ ~ $\overline{Z_7}$ 输出全为高电平。

2）实现组合逻辑函数。由于 n 个输入变量的二进制译码器的输出提供了 2^n 个最小项，而任何一个逻辑函数可以变换为最小项之和的标准与-或表达式。因此可利用译码器和门电路来实现组合逻辑电路。

【例 6-1】 用译码器和门电路实现逻辑函数

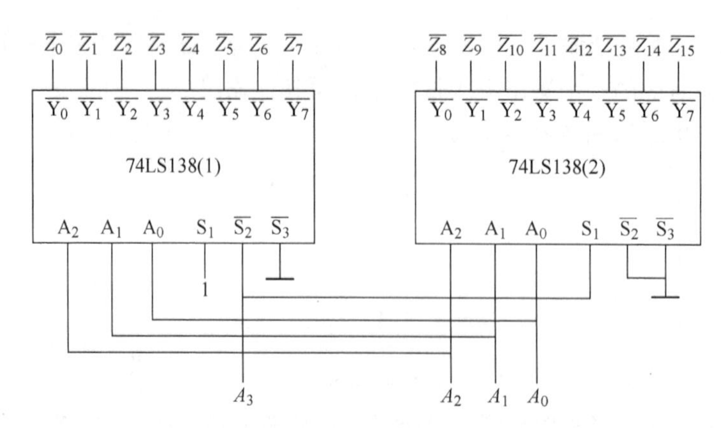

图 6-6　两片 74LS138 构成 4 线-16 线译码器

$$F(A, B, C) = \sum m(1, 3, 5, 6, 7)$$

解： 因为 $F(A, B, C) = \sum m(1, 3, 5, 6, 7)$

$$= m_1 + m_3 + m_5 + m_6 + m_7$$

$$= \overline{\overline{m_1} \cdot \overline{m_3} \cdot \overline{m_5} \cdot \overline{m_6} \cdot \overline{m_7}}$$

$$= \overline{\overline{Y_1} \cdot \overline{Y_3} \cdot \overline{Y_5} \cdot \overline{Y_6} \cdot \overline{Y_7}}$$

所以，正确连接控制输入端使译码器处于工作状态，将 $\overline{Y_1}$、$\overline{Y_3}$、$\overline{Y_5}$、$\overline{Y_6}$、$\overline{Y_7}$ 经一个与非门输出，A_2、A_1、A_0 分别作为输入变量 A、B、C，就可实现组合逻辑函数。电路如图 6-7 所示。

2. 二-十进制译码器

二-十进制译码器的逻辑功能是将输入的 BCD 码译成 0~9 十个对应的输出信号。图 6-8 所示是二-十进制译码器 74LS42 的逻辑符号。

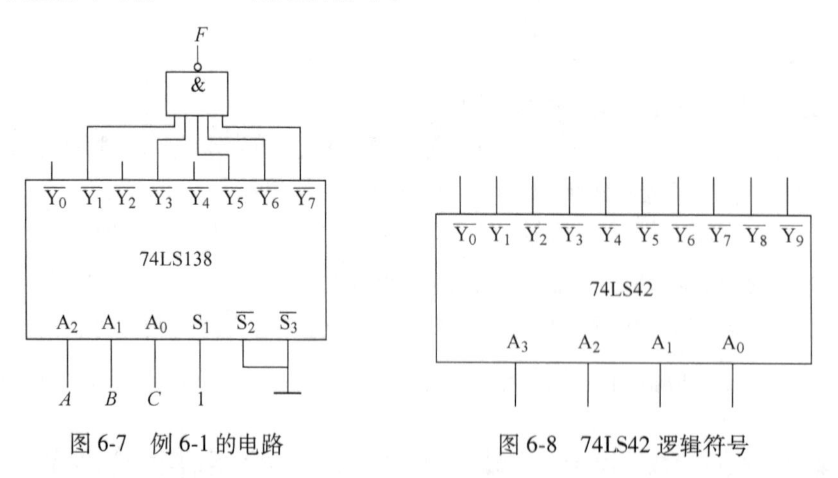

图 6-7　例 6-1 的电路　　　图 6-8　74LS42 逻辑符号

表 6-4 是 74LS42 的功能表，可以看出，译码器 74LS42 的输入是 8421BCD 码，输出端低电平有效。8421BCD 码以外的代码称为伪码，当译码器输入伪码时，输出端均为高电平。输出逻辑函数表达式为

$$\overline{Y_0} = \overline{\overline{A_3}\,\overline{A_2}\,\overline{A_1}\,\overline{A_0}} = \overline{m_0} \qquad \overline{Y_1} = \overline{\overline{A_3}\,\overline{A_2}\,\overline{A_1}A_0} = \overline{m_1}$$

$$\overline{Y_2} = \overline{\overline{A_3}\,\overline{A_2}A_1\,\overline{A_0}} = \overline{m_2} \qquad \overline{Y_3} = \overline{\overline{A_3}\,\overline{A_2}A_1A_0} = \overline{m_3}$$

$$\overline{Y_4} = \overline{\overline{A_3}A_2\,\overline{A_1}\,\overline{A_0}} = \overline{m_4} \qquad \overline{Y_5} = \overline{\overline{A_3}A_2\,\overline{A_1}A_0} = \overline{m_5}$$

$$\overline{Y_6} = \overline{\overline{A_3}A_2A_1\,\overline{A_0}} = \overline{m_6} \qquad \overline{Y_7} = \overline{\overline{A_3}A_2A_1A_0} = \overline{m_7}$$

$$\overline{Y_8} = \overline{A_3\,\overline{A_2}\,A_1\,A_0} = m_8 \qquad Y_9 = \overline{A_3\,A_2\,A_1A_0} = m_9$$

表 6-4 74LS42 的功能表

<table>
<tr><th rowspan="2" colspan="2">序号</th><th colspan="4">输 入</th><th colspan="10">输 出</th></tr>
<tr><th>A_3</th><th>A_2</th><th>A_1</th><th>A_0</th><th>$\overline{Y_0}$</th><th>$\overline{Y_1}$</th><th>$\overline{Y_2}$</th><th>$\overline{Y_3}$</th><th>$\overline{Y_4}$</th><th>$\overline{Y_5}$</th><th>$\overline{Y_6}$</th><th>$\overline{Y_7}$</th><th>$\overline{Y_8}$</th><th>$\overline{Y_9}$</th></tr>
<tr><td colspan="2">0</td><td>0</td><td>0</td><td>0</td><td>0</td><td>0</td><td>1</td><td>1</td><td>1</td><td>1</td><td>1</td><td>1</td><td>1</td><td>1</td><td>1</td></tr>
<tr><td colspan="2">1</td><td>0</td><td>0</td><td>0</td><td>1</td><td>1</td><td>0</td><td>1</td><td>1</td><td>1</td><td>1</td><td>1</td><td>1</td><td>1</td><td>1</td></tr>
<tr><td colspan="2">2</td><td>0</td><td>0</td><td>1</td><td>0</td><td>1</td><td>1</td><td>0</td><td>1</td><td>1</td><td>1</td><td>1</td><td>1</td><td>1</td><td>1</td></tr>
<tr><td colspan="2">3</td><td>0</td><td>0</td><td>1</td><td>1</td><td>1</td><td>1</td><td>1</td><td>0</td><td>1</td><td>1</td><td>1</td><td>1</td><td>1</td><td>1</td></tr>
<tr><td colspan="2">4</td><td>0</td><td>1</td><td>0</td><td>0</td><td>1</td><td>1</td><td>1</td><td>1</td><td>0</td><td>1</td><td>1</td><td>1</td><td>1</td><td>1</td></tr>
<tr><td colspan="2">5</td><td>0</td><td>1</td><td>0</td><td>1</td><td>1</td><td>1</td><td>1</td><td>1</td><td>1</td><td>0</td><td>1</td><td>1</td><td>1</td><td>1</td></tr>
<tr><td colspan="2">6</td><td>0</td><td>1</td><td>1</td><td>0</td><td>1</td><td>1</td><td>1</td><td>1</td><td>1</td><td>1</td><td>0</td><td>1</td><td>1</td><td>1</td></tr>
<tr><td colspan="2">7</td><td>0</td><td>1</td><td>1</td><td>1</td><td>1</td><td>1</td><td>1</td><td>1</td><td>1</td><td>1</td><td>1</td><td>0</td><td>1</td><td>1</td></tr>
<tr><td colspan="2">8</td><td>1</td><td>0</td><td>0</td><td>0</td><td>1</td><td>1</td><td>1</td><td>1</td><td>1</td><td>1</td><td>1</td><td>1</td><td>0</td><td>1</td></tr>
<tr><td colspan="2">9</td><td>1</td><td>0</td><td>0</td><td>1</td><td>1</td><td>1</td><td>1</td><td>1</td><td>1</td><td>1</td><td>1</td><td>1</td><td>1</td><td>0</td></tr>
<tr><td rowspan="6">伪码</td><td>10</td><td>1</td><td>0</td><td>1</td><td>0</td><td>1</td><td>1</td><td>1</td><td>1</td><td>1</td><td>1</td><td>1</td><td>1</td><td>1</td><td>1</td></tr>
<tr><td>11</td><td>1</td><td>0</td><td>1</td><td>1</td><td>1</td><td>1</td><td>1</td><td>1</td><td>1</td><td>1</td><td>1</td><td>1</td><td>1</td><td>1</td></tr>
<tr><td>12</td><td>1</td><td>1</td><td>0</td><td>0</td><td>1</td><td>1</td><td>1</td><td>1</td><td>1</td><td>1</td><td>1</td><td>1</td><td>1</td><td>1</td></tr>
<tr><td>13</td><td>1</td><td>1</td><td>0</td><td>1</td><td>1</td><td>1</td><td>1</td><td>1</td><td>1</td><td>1</td><td>1</td><td>1</td><td>1</td><td>1</td></tr>
<tr><td>14</td><td>1</td><td>1</td><td>1</td><td>0</td><td>1</td><td>1</td><td>1</td><td>1</td><td>1</td><td>1</td><td>1</td><td>1</td><td>1</td><td>1</td></tr>
<tr><td>15</td><td>1</td><td>1</td><td>1</td><td>1</td><td>1</td><td>1</td><td>1</td><td>1</td><td>1</td><td>1</td><td>1</td><td>1</td><td>1</td><td>1</td></tr>
</table>

3. 显示译码器

（1）数字显示器件　在许多数字系统中常需要将数字量显示出来。数字显示电路通常由计数器、译码器、驱动器和显示器等部分组成。常用的数字显示器有 LED 发光二极管显示器、LCD 液晶显示器和 CRT 阴极射线显示器。

1）发光二极管。LED 具有许多优点，它不仅有工作电压低（1.5~3V）、体积小、寿命长、可靠性高等优点，而且响应速度快（≤100ns）、亮度比较高。

LED 可以直接由门电路驱动，其电路如图 6-9 所示。图 6-9a 中，逻辑门输出为低电平时，LED 发光，称为低电平驱动；图 6-9b 中，逻辑门输出为高电平时，LED 发光，称为高电平驱动。调节限流电阻 R，可以改变流过 LED 的电流，从而调节 LED 发光的亮度。一般

LED 的工作电流选在 5~10mA，但不允许超过最大值（通常为 50mA）。

2）LED 数码管。LED 数码管又称半导体数码管，它是由多个 LED 按分段式封装制成的，图 6-10a 所示是七段 LED 数码管外形图。按内部连接方式不同，七段 LED 数码管分为共阴极和共阳极两种。共阴极 LED 数码管，是将内部所有 LED 的阴极连在一起引出来，作为公共阴极，如图 6-10b 所示；共阳极 LED 数码管，是将内部所有 LED 的阳极连在一起引出来，作为公共阳极，如图 6-10c 所示。

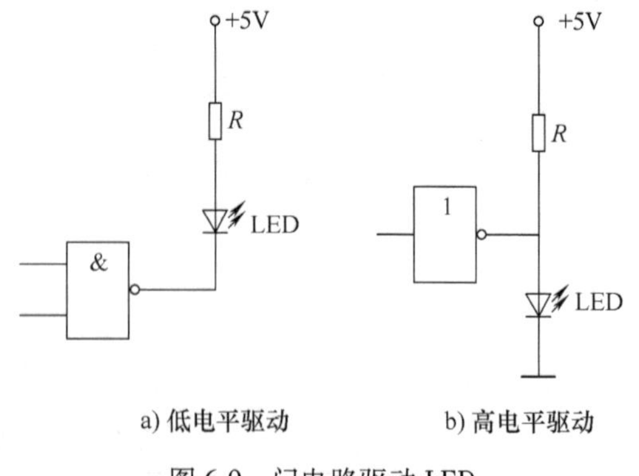

a) 低电平驱动　　b) 高电平驱动

图 6-9　门电路驱动 LED

因为 LED 工作电压较低，工作电流较大，所以可以直接用七段显示译码器驱动 LED 数码管。但是，要选择正确的驱动方式。对于共阴极数码管，应采用高电平驱动方式；对于共阳极数码管，应采用低电平驱动方式。

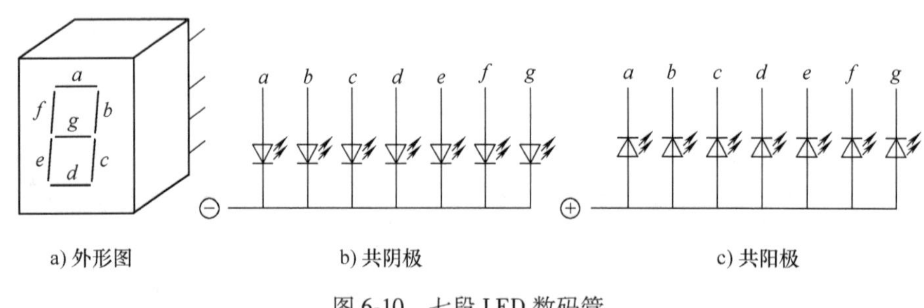

a) 外形图　　b) 共阴极　　c) 共阳极

图 6-10　七段 LED 数码管

（2）七段显示译码器　LED 数码管通常采用图 6-11 所示的七段字形显示方式来表示 0~9 十个数字。一般数字系统中处理和运算结果都是二进制编码、BCD 码或其他编码表示的，要将结果通过 LED 数码管显示出来，就需要先用译码器将运算结果转换成驱动 LED 数码管各对应段的段码。

74LS49 是一种七段显示译码器，能把输入的 BCD 码，翻译成驱动七段 LED 数码管各对应段所需的段码，图 6-12 是它的逻辑符号。74LS49 有 4 个译码输入端 D、C、B、A，1 个控制输入端 I_B，7 个输出端 a~g。

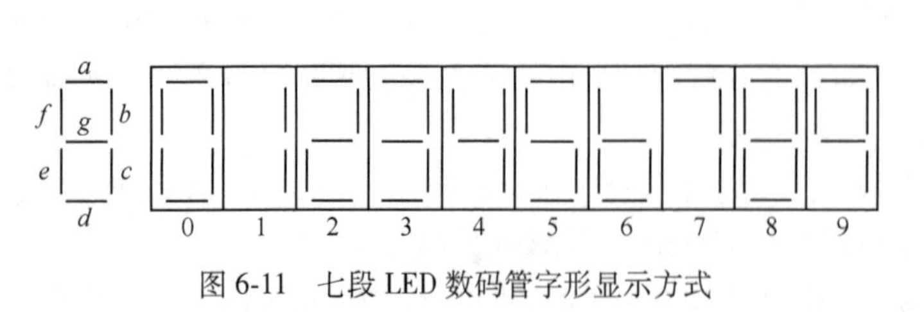

图 6-11　七段 LED 数码管字形显示方式

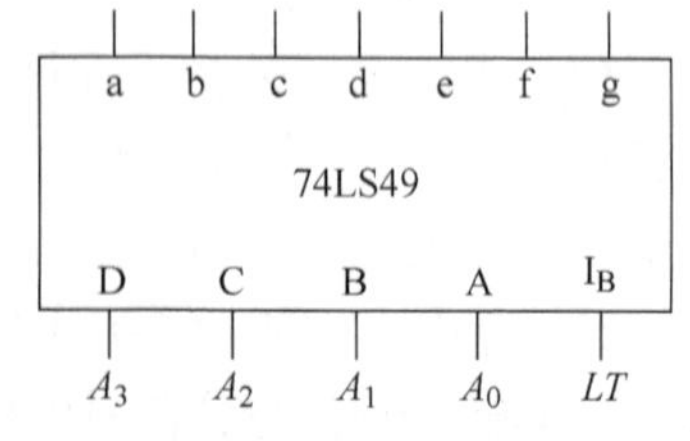

图 6-12　74LS49 的逻辑符号

表 6-5 是 74LS49 的功能表，从表中可以看出，输入为 8421BCD 码，输出端为对应数字的段码（高电平有效），以驱动七段 LED 数码管。由于电路输出端为高电平有效，因此，应

当选用共阴极数码管与 74LS49 配套使用。如果数码管为共阳极数码管，则 74LS49 的输出应先经过反相器后再接到数码管，以驱动其显示。

表 6-5　74LS49 的功能表

输　入					输　出						
LT	A_3	A_2	A_1	A_0	*a*	*b*	*c*	*d*	*e*	*f*	*g*
1	0	0	0	0	1	1	1	1	1	1	0
1	0	0	0	1	0	1	1	0	0	0	0
1	0	0	1	0	1	1	0	1	1	0	1
1	0	0	1	1	1	1	1	1	0	0	1
1	0	1	0	0	0	1	1	0	0	1	1
1	0	1	0	1	1	0	1	1	0	1	1
1	0	1	1	0	0	0	1	1	1	1	1
1	0	1	1	1	1	1	1	0	0	0	0
1	1	0	0	0	1	1	1	1	1	1	1
1	1	0	0	1	1	1	1	0	0	1	1
1	1	0	1	0	0	0	0	1	1	0	1
1	1	0	1	1	0	0	1	1	0	0	1
1	1	1	0	0	0	1	0	0	0	1	1
1	1	1	0	1	1	0	0	1	0	1	1
1	1	1	1	0	0	0	0	1	1	1	1
1	1	1	1	1	0	0	0	0	0	0	0
0	×	×	×	×	0	0	0	0	0	0	0

I_B 是灭灯控制端，高电平有效。当 $I_B=1$ 时，译码器处于正常译码工作状态；当 $I_B=0$ 时，不管 D、C、B、A 输入什么信号，译码器各输出端均为低电平，处于灭灯状态。

图 6-13 所示是一个用七段显示译码器 74LS49 驱动共阴极 LED 数码管的实用电路。

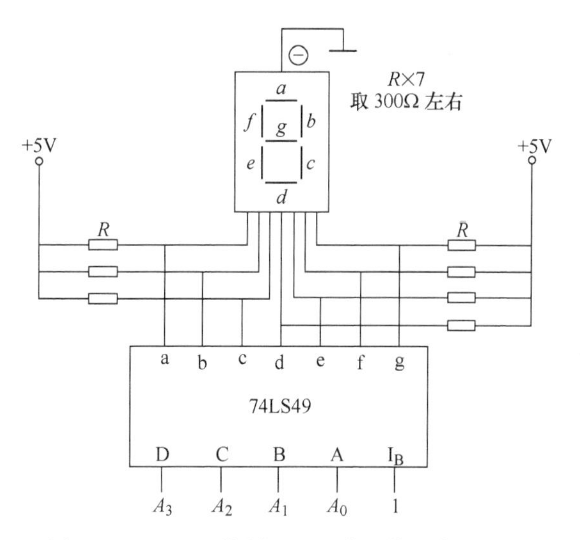

图 6-13　74LS49 共阴极 LED 数码管的实用电路

6.2.3　数据选择器

数据选择器也称多路开关，它是实现从多路输入数据中选择其中一路作为输出功能的电路。常用的数据选择器有 4 选 1、8 选 1、16 选 1 电路。

1. 数据选择器的工作原理

图 6-14 所示是 4 选 1 数据选择器逻辑电路结构，Y 是输出端，$D_0 \sim D_3$ 是数据输入端，A_1、A_0 是地址输入端。

由 A_1A_0 的四种组合状态 00、01、10、11 分别控制 4 个与门的开闭。显然，任意时刻，A_1A_0 的取值只能将一个与门打开，使对应的那一路输入数据通过，并从 Y 端输出。S 是控制输入端（又称使能端），当 $S=0$ 时，所有的与门都被封锁，无论地址输入端是什么状态，Y 输出总是为 0；当 $S=1$时，封锁解除，由地址码决定哪一路输入数据从 Y 输出。表 6-6 为 4 选 1 数据选择器的功能表。

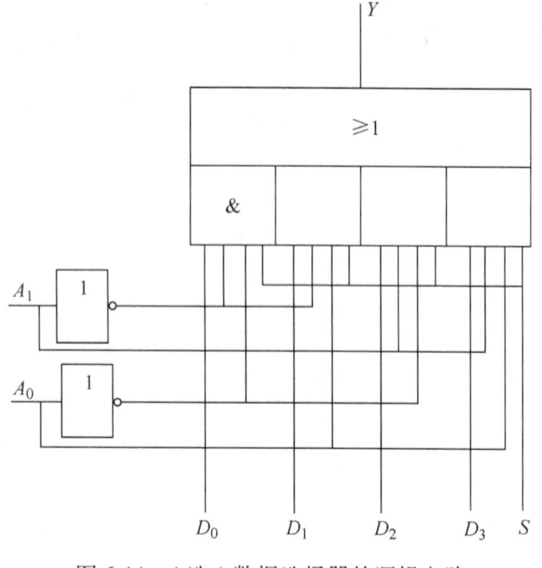

图 6-14 4 选 1 数据选择器的逻辑电路

2. 8 选 1 数据选择器 74LS151

8 选 1 数据选择器 74LS151 是一种典型的数据选择器，它的逻辑符号如图 6-15 所示。它有 3 个地址信号输入端 A_2、A_1、A_0，8 个数据输入端 $D_0 \sim D_7$，2 个互补输出端 Y 和 $\overline{Y}$，1 个使能端 $\overline{S}$。

表 6-6 4 选 1 数据选择器的功能表

输入			输出
S	A_1	A_0	Y
0	×	×	0
1	0	0	D_0
1	0	1	D_1
1	1	0	D_2
1	1	1	D_3

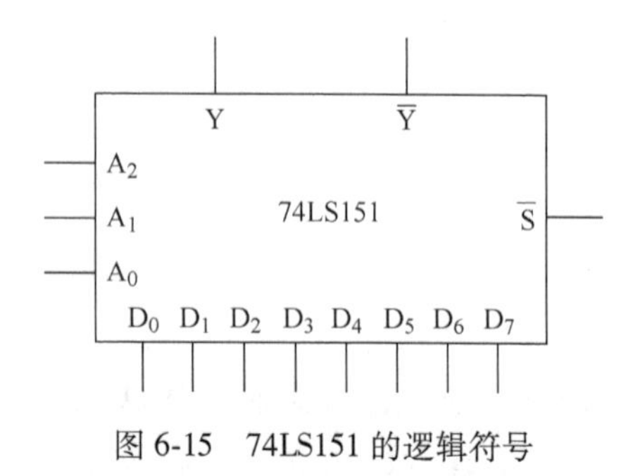

图 6-15 74LS151 的逻辑符号

表 6-7 为 74LS151 的功能表，从功能表可以看出，当 $\overline{S}=1$ 时，电路处于禁止状态，Y 始终为 0；当 $\overline{S}=0$ 时，电路处于工作状态，由地址输入端 A_2、A_1、A_0 的状态决定哪一路信号送到 Y 和 $\overline{Y}$ 输出。

表 6-7 74LS151 的功能表

输入				输出	
$\overline{S}$	A_2	A_1	A_0	Y	$\overline{Y}$
1	×	×	×	0	1
0	0	0	0	D_0	$\overline{D_0}$
0	0	0	1	D_1	$\overline{D_1}$
0	0	1	0	D_2	$\overline{D_2}$

（续）

输入				输出	
$\overline{S}$	A_2	A_1	A_0	Y	$\overline{Y}$
0	0	1	1	D_3	$\overline{D_3}$
0	1	0	0	D_4	$\overline{D_4}$
0	1	0	1	D_5	$\overline{D_5}$
0	1	1	0	D_6	$\overline{D_6}$
0	1	1	1	D_7	$\overline{D_7}$

3. 8选1数据选择器74LS151的应用

（1）功能扩展　用两片8选1数据选择器74LS151，可以构成16选1数据选择器，具体电路图如图6-16所示。

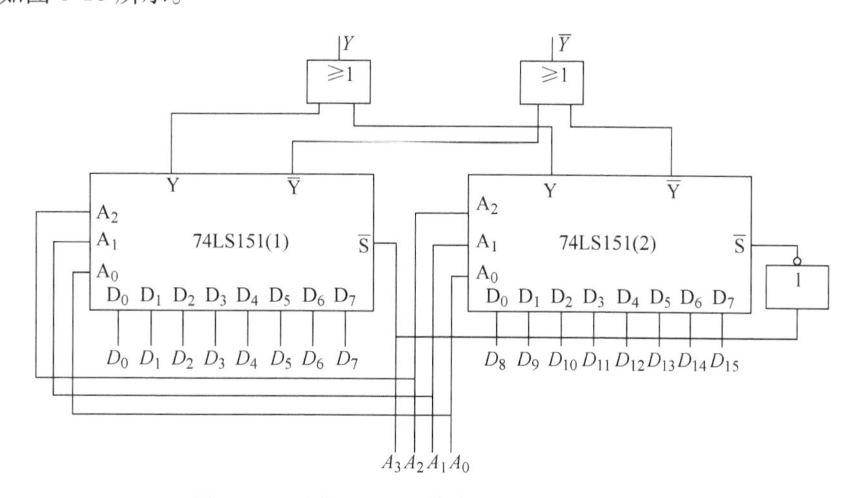

图6-16　两片74LS151构成16选1数据选择器

（2）实现组合逻辑函数　由上述分析可知，74LS151数据选择器的输出Y的表达式

$$Y=\overline{A_2}\,\overline{A_1}\,\overline{A_0}D_0+\overline{A_2}\,\overline{A_1}A_0D_1+\overline{A_2}A_1\overline{A_0}D_2+\overline{A_2}A_1A_0D_3+$$
$$A_2\overline{A_1}\,\overline{A_0}D_4+A_2\overline{A_1}A_0D_5+A_2A_1\overline{A_0}D_6+A_2A_1A_0D_7$$
$$=\sum_{i=0}^{7}m_iD_i$$

当D_i为1时，输入地址变量即最小项保留；当D_i为0时，相应最小项不存在。利用这个特点，可以方便地实现组合逻辑函数。当逻辑函数的变量个数和数据选择器的地址输入变量个数相同时，可直接用数据选择器来实现逻辑函数。

【例6-2】　试用8选1数据选择器实现$F=\overline{A}\,\overline{B}\,\overline{C}+\overline{A}BC+A\overline{B}C+ABC$。

解：因为题目要求实现的是1个三变量逻辑函数，与数据选择器的地址输入变量个数正好相同，所以只需要把A、B、C分别从A_2、A_1、A_0输入作为输入变量，把Y端作为输出F。

$$F=\overline{A}\,\overline{B}\,\overline{C}+\overline{A}BC+A\overline{B}C+ABC=m_0+m_3+m_5+m_7$$

根据8选1数据选择器的功能，只需要

$$D_0 = D_3 = D_5 = D_7 = 1$$
$$D_1 = D_2 = D_4 = D_6 = 0$$
$$\overline{S} = 0$$

便可实现题目要求的逻辑函数，电路图如图 6-17 所示。

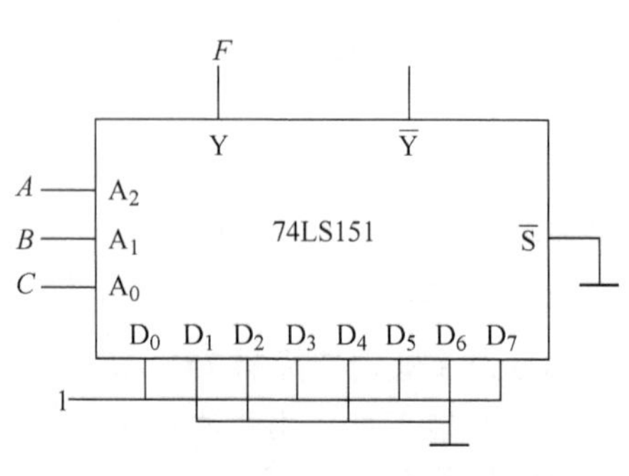

图 6-17　例 6-2 电路图

6.2.4　加法器

两个二进制数之间的算术运算不管是加减还是乘除都可以转化为加法运算，所以说加法器是构成算术运算的基本单元，一位全加器又是组成加法器的基础，半加器又是全加器的基础。

1. 全加器

在任务 5 中讨论过半加器电路，半加器是不考虑低位来的进位，只进行本位两个加数的加法器。全加器能把本位两个加数和来自低位的进位三者相加，并根据求和结果给出该位的进位信号。其功能表见表 6-8。

表 6-8　全加器的功能表

输入			输出		输入			输出	
A_n	B_n	C_{n-1}	S_n	C_n	A_n	B_n	C_{n-1}	S_n	C_n
0	0	0	0	0	1	0	0	1	0
0	0	1	1	0	1	0	1	0	1
0	1	0	1	0	1	1	0	0	1
0	1	1	0	1	1	1	1	1	1

根据表 6-8 所示的功能表直接写出逻辑表达式，再经代数法化简和转换得

$$\begin{aligned} S_n &= \overline{A_n}\,\overline{B_n}C_{n-1} + \overline{A_n}B_n\,\overline{C_{n-1}} + A_n\,\overline{B_n}\,\overline{C_{n-1}} + A_nB_nC_{n-1} \\ &= \overline{(A_n \oplus B_n)}C_{n-1} + (A_n \oplus B_n)\,\overline{C_{n-1}} \\ &= A_n \oplus B_n \oplus C_{n-1} \end{aligned}$$

$$\begin{aligned} C_n &= \overline{A_n}B_nC_{n-1} + A_n\,\overline{B_n}C_{n-1} + A_nB_n\,\overline{C_{n-1}} + A_nB_nC_{n-1} \\ &= A_nB_n + (A_n \oplus B_n)C_{n-1} \end{aligned}$$

由逻辑表达式画出全加器的逻辑电路，如图 6-18a 所示，图 6-18b 是全加器的逻辑符号。

2. 多位加法器

全加器只能进行一位二进制数相加，多位二进制数相加时每一位都是带进位相加，所以必须用多个全加器构成。74LS283 是一个四位加法器电路，可实现两个四位二进制数的相加，其逻辑符号如图 6-19 所示。图中 CI 是低位的进位，CO 是向高位的进位，该电路可以实现 A_3 A_2 A_1 A_0 和 B_3 B_2 B_1 B_0 两个二进制数相加，而且可以考虑低位的进位以及向高位的进位，S_3、S_2、S_1、S_0 是对应各位的和。

多位加法器除了可以实现加运算功能之外，还可以实现组合逻辑函数。图 6-20 所示电路是由 74LS283 构成的代码转换电路，其功能是将 8421BCD 码转换成余 3 码。8421BCD 码

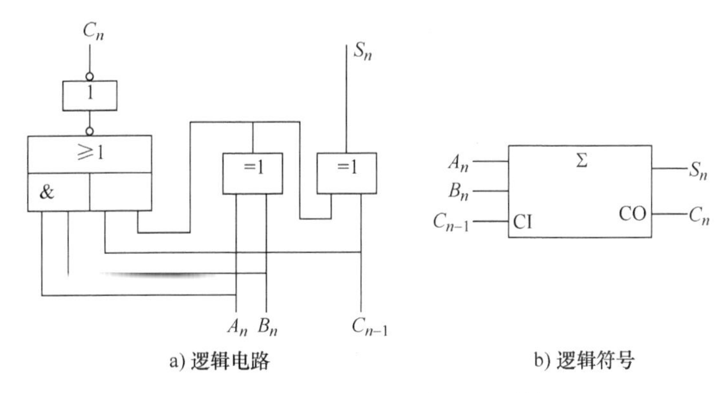

图 6-18　全加器逻辑电路及逻辑符号

从 A_3 A_2 A_1 A_0 输入，B_3 B_2 B_1 B_0 接成 0011，则 S_3 S_2 S_1 S_0 输出余 3 码。

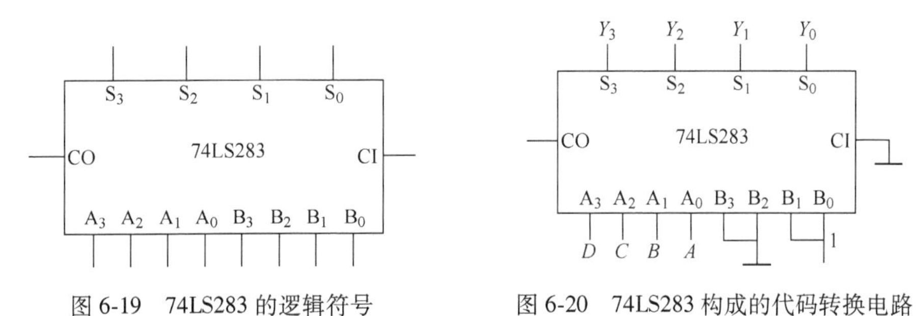

图 6-19　74LS283 的逻辑符号　　图 6-20　74LS283 构成的代码转换电路

6.2.5　数显逻辑笔电路构成及工作原理

数显逻辑笔电路图如图 6-21 所示。

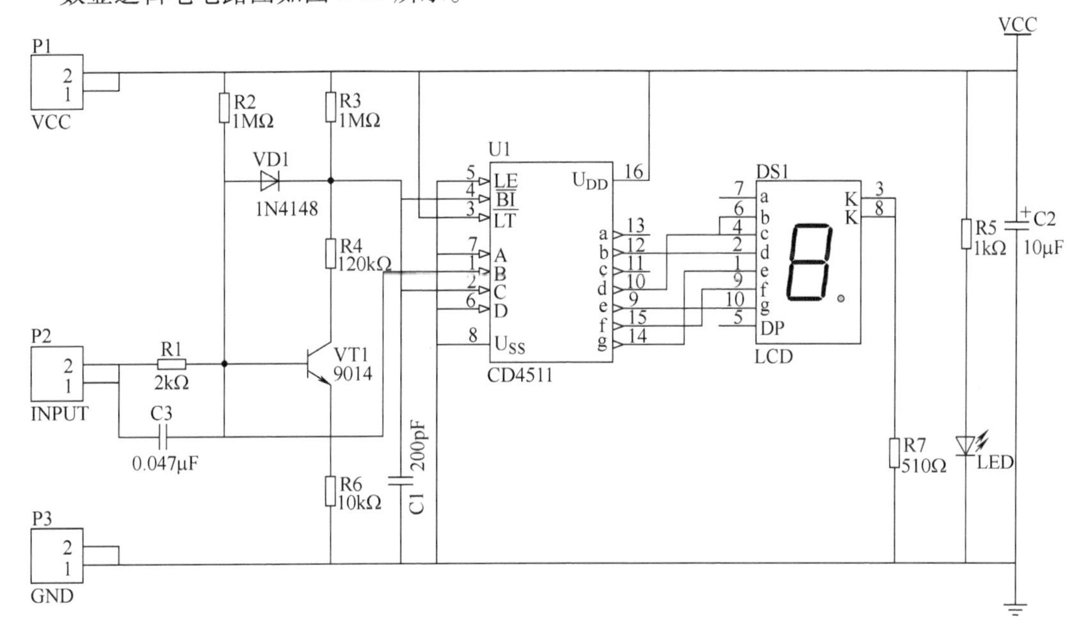

图 6-21　数显逻辑笔电路图

1）输入脚悬空时，电源电压经 R2 分压后加到 VT1 的基极，VT1 因发射结正偏导通，VT1 集电极电流大于基极电流，从而使得 CD4511 的 C 引脚电位比 B 引脚还低，CD4511 的 $\overline{\text{BI}}$脚低电平有效，处于消隐工作状态，数码管无显示。1N4148 的阳极电位高于阴极电位，导通。

2）输入脚为高电平时，B 脚为高电平，VT1 饱和导通，1N4148 阳极电位高于阴极电位，导通，C 脚也为高电平，消隐无效，CD4511 正常译码，DCBA = 0110，输出端 c、d、e、f、g 输出高电平，对应数码管的 b、c、e、f、g 输入高电平，显示“H”；

3）输入脚为低电平时，B 脚为低电平，VT1 截止，C 脚为高电平，1N4148 阳极电位低于阴极电位，截止，消隐无效，CD4511 正常译码，DCBA = 0100，输出端 b、c、f、g 输出高电平，对应数码管的 d、e、f 输入高电平，显示“L”。

6.3 仿真分析

利用 Proteus 仿真软件搭建数显逻辑笔仿真分析电路，当输入为高电平时，数码管显示“H”，仿真演示如图 6-22 所示。

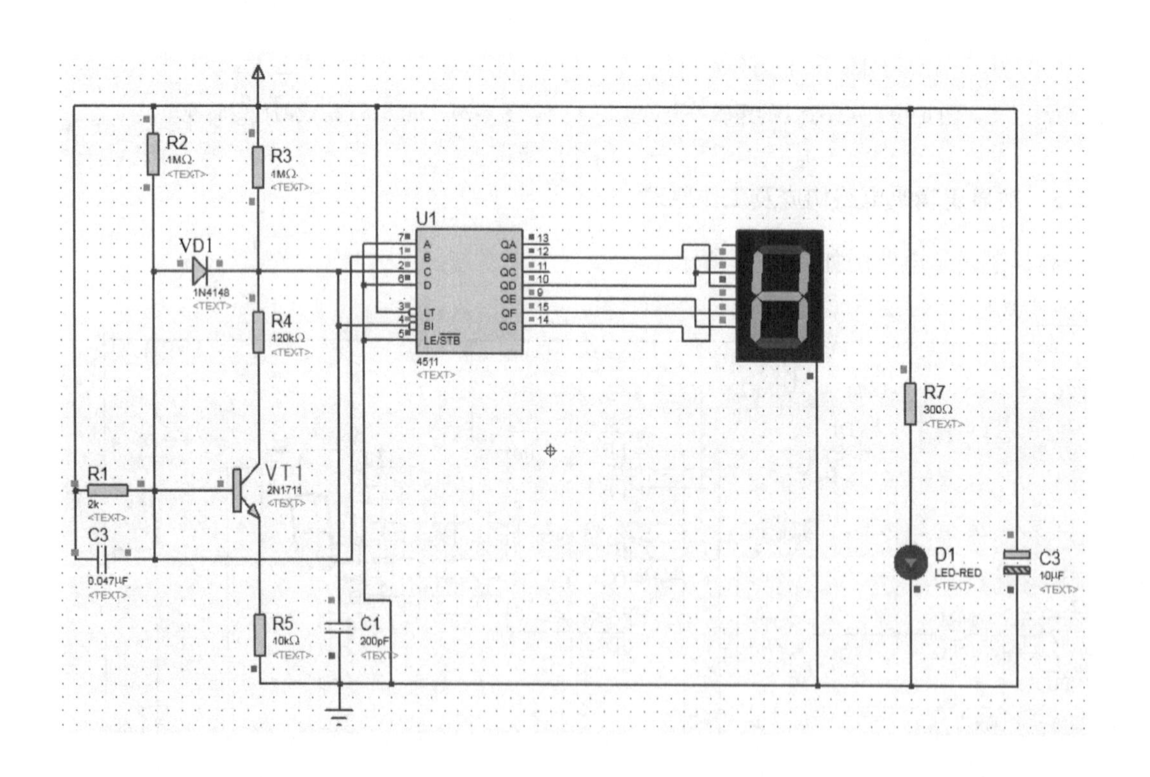

图 6-22 输入为高电平的仿真演示

当输入为低电平时，数码管显示“L”，仿真演示如图 6-23 所示。

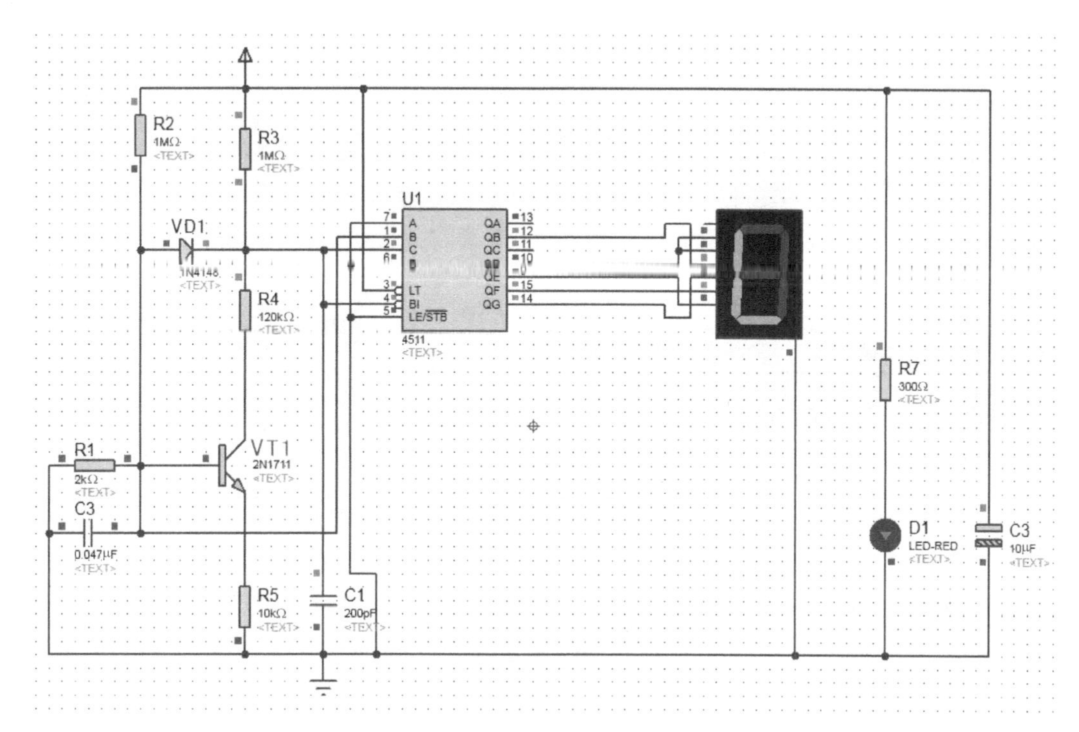

图 6-23　输入为低电平的仿真演示

6.4　实做体验

6.4.1　材料及设备准备

材料清单见表 6-9。

表 6-9　材料清单表

序号	名称	型号与规格	数量	备注
1	电阻	10kΩ/0. 25W	1 个	
2	电阻	2kΩ/0. 25W	1 个	
3	电阻	1MΩ/0. 25W	2 个	
4	电阻	120kΩ/0. 25W	1 个	
5	电阻	1kΩ/0. 25W	1 个	
6	电阻	510Ω/0. 25W	1 个	
7	电容	473	1 个	
8	电容	10μF	1 个	
9	电容	200pF	1 个	
10	二极管	1N4148	1 个	
11	发光二极管	红，ϕ3mm	1 个	

（续）

序号	名称	型号与规格	数量	备注
12	晶体管	9014	1个	
13	集成电路	CD4511	1片	
14	IC座	16P	1只	
15	数码管	0.5in(1in=25.4mm)，1位共阴	1只	
16	排针	2.54mm，双排针	8只	
17	导线	BVR线，ϕ0.5mm×10cm	2根	
18	焊锡丝	ϕ0.8mm	1.5m	

工具设备清单见表6-10。

表6-10 工具设备清单表

序号	名称	型号与规格	数量	备注
1	数字式万用表	VC890D	1块	
2	指针式万用表	MF47	1块	
3	斜口钳	JL-A15	1把	
4	尖嘴钳	HB-73106	1把	
5	电烙铁	220V/25W	1把	
6	吸锡枪	TP-100	1把	
7	镊子	1045-0Y	1个	
8	锉刀	W0086DA-DD	1个	
9	直流稳压电源	MS-605D	1块	

6.4.2 元器件筛选

1. CD4511识别与检测

（1）CD4511外形及引脚辨别　CD4511是一片7段译码驱动器，用于驱动共阴极LED（数码管）显示器，具有BCD转换、消隐和锁存控制、七段译码及驱动功能。CD4511外形及引脚排列如图6-24所示。

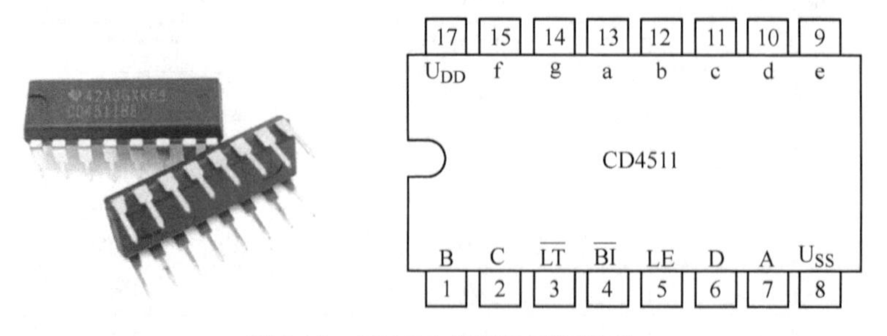

图6-24 CD4511外形及引脚排列

（2）CD4511逻辑功能（见表6-11）

表 6-11　CD4511 功能表

十进制或功能	输入							输出						
	$\overline{LT}$	$\overline{BI}$	LE	D	C	B	A	a	b	c	d	e	f	g
0	1	1	0	0	0	0	0	1	1	1	1	1	1	0
1	1	1	0	0	0	0	1	0	1	1	0	0	0	0
2	1	1	0	0	0	1	0	1	1	0	1	1	0	1
3	1	1	0	0	0	1	1	1	1	1	1	0	0	1
4	1	1	0	0	1	0	0	0	1	1	0	0	1	1
5	1	1	0	0	1	0	1	1	0	1	1	0	1	1
6	1	1	0	0	1	1	0	1	0	1	1	1	1	1
7	1	1	0	0	1	1	1	1	1	1	0	0	0	0
8	1	1	0	1	0	0	0	1	1	1	1	1	1	1
9	1	1	0	1	0	0	1	1	1	1	1	0	1	1
试灯	0	×	×	×	×	×	×	1	1	1	1	1	1	1
消隐	1	0	×	×	×	×	×	0	0	0	0	0	0	0
锁定	1	1	1	×	×	×	×	锁定在上一个 $LE=0$ 时的状态						

（3）CD4511 性能测试

1）CD4511 集成芯片内部电路结构复杂，需设计专门的测试电路来测试芯片的逻辑功能。

2）可以自行设计测试电路，将输入端接逻辑电平开关，输出端接逻辑电平显示，改变逻辑开关状态，观察电平显示，验证是否符合译码规则。

2. 数码管识别与检测

（1）数码管外形及引脚辨别　电子产品中常用数码管外形及引脚排列如图 6-25 所示。

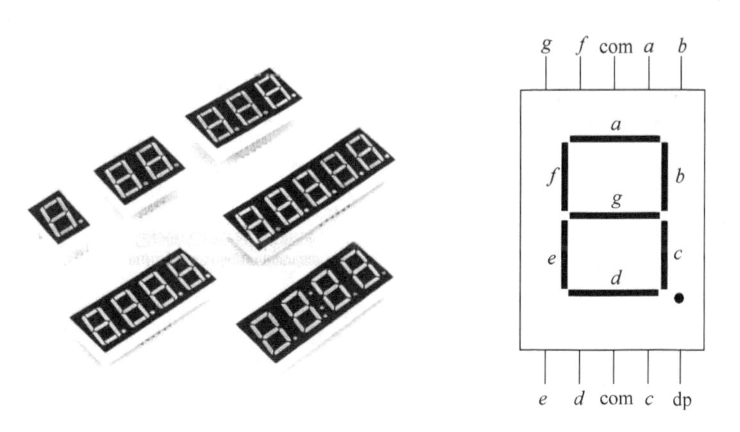

图 6-25　数码管外形及引脚排列

（2）数码管性能测试

① 检测已知引脚排列的 LED 数码管。将数字式万用表置于二极管档，对于共阴极数码管，黑表笔与数码管的公共点相接，然后用红表笔依次去触碰数码管的其他引脚，触到哪个引脚，哪个笔段就应发光。若触到某个引脚时，所对应的笔段不发光，则说明该笔段已经损坏。对于共阳极数码管，只需要更换红黑表笔，检测方法相同。

② 检测引脚排列不明的 LED 数码管。有些市售 LED 数码管不注明型号，也不提供引脚排列图。遇到这种情况，可使用数字式万用表方便地检测出数码管的结构类型、引脚排列以及全笔段发光性能。将数字式万用表置于二极管档，红表笔接在 1 脚，然后用黑表笔去接触其他各引脚，只有当接触到 3 或 8 脚时，数码管的 e 笔段才发光，而接触其余引脚时则不发光。由此可知，被测管是共阴极结构类型，3、8 脚是公共阴极，1 脚则是 e。如果始终不发光，则更换红黑表笔，再按上述方法操作。

6.4.3 布局图设计

电子元器件布局图设计是根据选定的待组装电路原理图，在电路板上对要组装的元器件分布进行设计，是电子产品制作过程中非常重要的一个环节。

1. 设计要点

1）要按电路原理图设计。

2）元器件分布要科学，电路连接规范。

3）元器件间距要合适，元器件分布要美观。

2. 具体方法和注意事项

1）根据电路原理图找准几条线，确保元器件分布合理、美观。

2）除电阻元件外，如数码管、发光二极管、晶体管、集成芯片等元器件，要注意布局图上标明引脚区分。

3. 数显逻辑笔 PCB 布局图（见图 6-26）

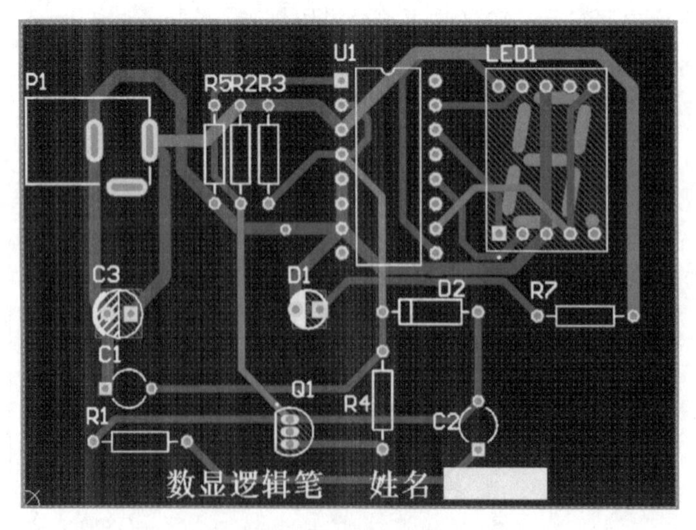

图 6-26 数显逻辑笔 PCB 布局图

6.4.4 焊接制作

（1）元器件引脚成形　元器件成形时，无论是径向元器件还是轴向元器件，都必须考虑两个主要的参数：

1）最小内弯半径。

2）折弯时距离元器件本体的距离。

【小提示】

要求折弯处至元器件体、球状连接部分或引脚焊接部分的距离相当于至少一个引脚直径或厚度，或者是0.8mm（取最大者）。

（2）元器件插装　插装元器件时，应遵循“六先六后”原则，即先低后高，先小后大，先里后外，先轻后重，先易后难，先一般后特殊。具体的插装要求如下：

1）边装边核对，做到每个元器件的编号、参数（型号）、位置均统一。

2）电容插装要求极性正确，高度一致且高度尽量低，要端正不歪斜。

3）LED插装要求极性正确，区分不同的发光颜色，要端正不歪斜。

4）集成芯片的引脚较多，在PCB上安装集成芯片时，应注意使芯片的1脚与PCB上的1脚一致，关键是方向不要搞错。否则，通电时，集成电路很可能被烧毁。

（3）电路板焊接

1）一般集成电路所受的最高温度为260℃、10s或350℃、3s，这是指每块集成电路全部引脚同时浸入离封装基底平面的距离大于1.5mm所允许的最长时间，所以波峰焊和浸焊温度一般控制在240~260℃，时间约7s。如果采用手工焊接，一般用20W内热式电烙铁，且电烙铁外壳必须接地良好，焊接时间不宜过长，焊锡量不可过多。

2）如果装接错误，则需要从印制电路板上拆卸集成电路。由于集成电路引脚多，拆卸起来比较困难，可以借助注射器针头、吸锡器或用毛刷配合来完成集成电路芯片拆卸。因为集成电路芯片引脚上不能加太大的应力，所以在拆卸集成电路芯片时要小心，以防引脚折断。

6.4.5 功能调试

1. 目视检查

检查电源、地线、信号线、元器件接线端之间有无短路；连线处有无接触不良；二极管、按键、电容、集成芯片等元器件引脚有无错接、漏接、反接。

2. 通电检查

将焊接制作好的数显逻辑笔电路板接入5V直流电源，先观察有无异常现象，包括有无冒烟、有无异常气味、元器件是否发烫、电源是否短路等，如果出现异常，应立即切断电源，排除故障后方可重新通电。

电路检查正常之后，观察数显逻辑笔电路功能是否正常。接通电源，输入引脚悬空时，工作指示灯LED导通发光，数码管无显示。输入引脚接高电平时，工作指示灯LED导通发光，数码管显示“H”。输入引脚接低电平时，工作指示灯LED导通发光，数码管显示“L”。如果发光二极管不能导通发光，或者数码管显示字符不正确，说明电路出现故障，这时应检查电路，找出故障并排除。数显逻辑笔成品如图 6-27 所示。

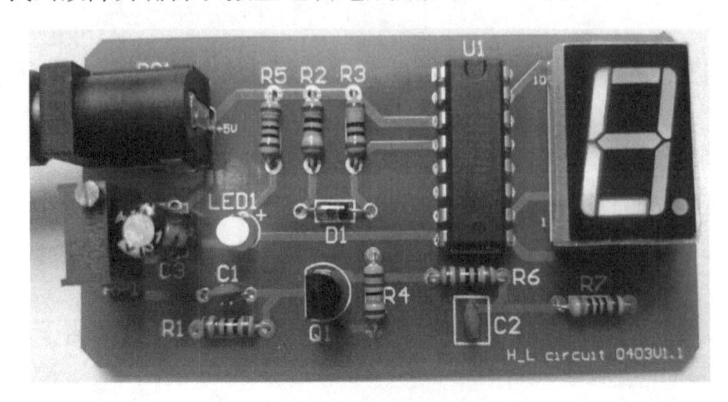

图 6-27　数显逻辑笔成品图

3. 故障检测与排除

电子产品焊接制作及功能调试过程中，出现故障不可避免，通过观察故障现象、分析故障原因、解决故障问题可以提高实践和动手能力。查找故障时，首先要有耐心，还要细心，切忌马马虎虎，同时还要开动脑筋，认真进行分析、判断。

（1）故障查找方法　对于比较简单的电路或自己非常熟悉的电路，可以采用观察判断法，通过仪器、仪表观察结果，再根据自己的经验，直接判断故障发生的原因和部位，从而准确、迅速地找到故障并加以排除。对于比较复杂的电路，查找故障的通用方法是把合适的信号或某个模块的输出信号引到其他模块上，然后依次对每个模块进行测试，直到找到故障模块为止。故障查找步骤如下：

1）先检查用于测量的仪器是否使用得当。

2）检查安装制作的电路是否与电路图一致。

3）检查电路主要点的直流电位，并与理论设计值进行比较，以精确定位故障点。

4）检查半导体元器件工作电压是否正常，从而判断该管是否正常工作或损坏。

5）检查电容、集成芯片等元器件是否工作正常。

（2）故障查找注意事项

1）在检测电路、插拔电路器件时，必须切断电源，严禁带电操作。

2）集成电路引脚间距较小，在进行电压测量或用示波器探头测试波形时，应避免造成引脚间短路，最好在与引脚直接连通的外围印制电路板上进行测量。

（3）常见故障分析

1）发光二极管不发光。发光二极管通过 R5 直接与供电电源连接，如果发光二极管不导通发光，检查发光二极管极性是否接反、发光二极管是否损坏以及该支路是否与电源可靠连接。

2）数码管显示字符不全。当输入接高电平时，数码管应显示“H”或“L”，如果数码管显示字符不全，检查 CD4511 译码输出是否正确、数码管不显示笔段是否损坏、连接是否可靠及该笔段是否存在虚焊、漏焊等。

3）数码管显示字符错误。当输入接高电平时，数码管应显示“H”或“L”，如果数码管显示字符错误，检查 CD4511 译码输出是否正确、CD4511 的段位与数码管段位连接是否正确及相关笔段是否存在错焊等。

6.5　应用拓展

6.5.1　电路组成与工作原理

完成八路抢答器制作，其电路结构与组成如图 6-28 所示。抢答器同时供 8 名选手或 8 个代表队比赛，分别用 8 个按钮 $S_1 \sim S_8$ 表示。设置一个系统清除和抢答控制开关 S_9，该开关由主持人控制。

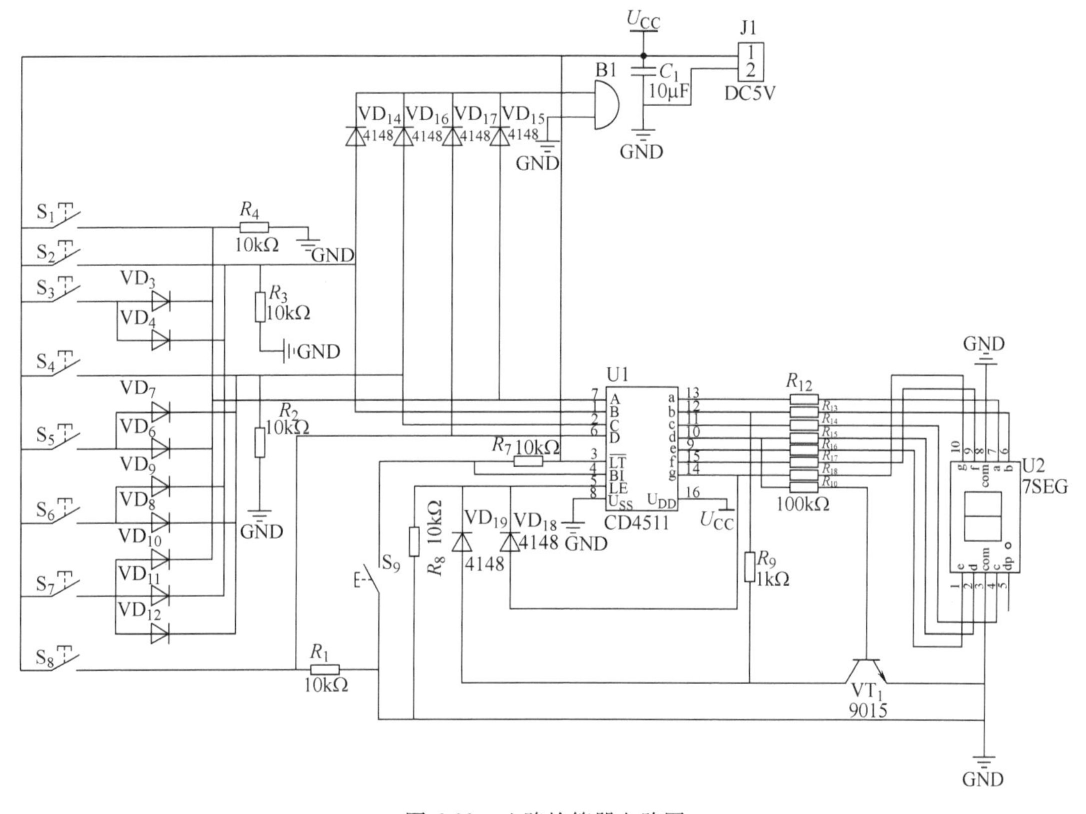

图 6-28　八路抢答器电路图

开始上电之后，主持人按复位键，抢答开始。假设 S_8 键按下，高电平加到 CD4511 的 6 脚，而 2、1、7 脚保持低电平，此时 CD4511 输入的 BCD 码是“1000”；又假设 S_5 键按下，此时高电平通过两个二极管 VD_6，VD_7 加到 CD4511 的 2 脚与 7 脚，而 6、1 脚保持低电平，此时 CD4511 输入的 BCD 码是“0101”。依此类推，按下第几号抢答键，输入的 BCD 码就是键号，并自动通过 CD4511 内部电路译码后驱动数码管显示，同时蜂鸣器发出报警声响提示。如果主持人未按下复位键，而有人按了抢答按键，此次抢答无效，只有当主持人按下了复位键，选手才能进行顺利抢答。

由于抢答器必须满足多位抢答者抢答要求，要有一个先后判定的锁存优先电路，确保第一个抢答信号锁存住，数码显示第一个抢答信号的同时拒绝后面抢答信号的干扰。CD4511 内部电路与 VT_1、R_9、R_{10}、VD_{18}、VD_{19}组成的控制电路可完成这一功能。主持人按下复位键而抢答键都未按下时，因为 CD4511 的 BCD 码输入端都有接地电阻，所以 DCBA 的输入为“0000”，CD4511 的输出端 a、b、c、d、e、f 均为高电平，g 为低电平，这时 VT_1 导通，VD_{18}、VD_{19}的阳极均为低电平，使 CD4511 的第 5 脚（LE 脚）为低电平，CD4511 没有锁存而允许 BCD 码输入，抢答开始。当 $S_1 \sim S_8$ 任一键按下时，CD4511 的输出端 d 为低电平或输出端 g 为高电平，迫使 CD4511 的第 5 脚（LE 脚）由 0 到 1，反映抢答键号的 BCD 码允许输入，数码管显示按键号并锁存保持该显示状态。例如 S_1 按下，数码管应显示 1，此时仅 e、f 为高电平，d 为低电平，晶体管 VT_1 的基极为低电平，集电极为高电平，经 VD_{19}加至 CD4511 第 5 脚，即 LE 由 0 到 1 状态，数码管显示对应 S_1 送来的信号是 1 并锁存保持，S_1 之后的任一按键按下都不显示。为了进行下一题的抢答，主持人必须先按下复位键 S_9，清除锁存器内的数值，数显先是熄灭一下，再复 0 显示，抢答器开始下一轮抢答。

6.5.2 材料及设备准备

材料清单见表 6-12。

表 6-12 材料清单表

序号	名称	型号与规格	数量	备注
1	电阻	1kΩ	1 个	
2	电阻	10kΩ	6 个	
3	电阻	100kΩ	1 个	
4	电阻	220Ω	1 个	
5	电容	10μF	1 个	
6	晶体管	9013	1 个	
7	二极管	1N4148	15 个	
8	按键开关	6mm×6mm×6mm	9 个	红、绿
9	集成译码芯片	CD4511	1 片	
10	IC 座	16P	1 只	
11	蜂鸣器	有源	1 只	
12	数码管	共阴	1 只	
13	PCB	7cm×9cm	1 块	
14	导线	BVR 线，ϕ0. 5mm×10cm	2 根	红、黑
15	焊锡丝	ϕ0. 8mm	1. 5m	

工具设备清单见表 6-13。

表 6-13 工具设备清单表

序号	名称	型号与规格	数量	备注
1	直流稳压电源	RPS3005D-2	1 块	
2	数字式万用表	VC890D	1 块	
3	指针式万用表	MF47	1 块	
4	斜口钳	JL-A15	1 把	
5	尖嘴钳	HB-73106	1 把	
6	电烙铁	220V/25W	1 把	

（续）

序号	名称	型号与规格	数量	备注
7	吸锡枪	TP-100	1把	
8	镊子	1045-0Y	1个	
9	锉刀	W0086DA-DD	1个	

【考核评价】

任务6		数显逻辑笔的制作			
考核环节		考核要求	评分标准	配分	得分
工作过程知识	点滴积累 电路分析	1）相关知识点的熟练掌握与运用 2）系统工作原理分析正确	在线练习成绩×该部分所占权重（30%）= 该部分成绩。由教师统计确定得分	30分	
工作过程技能	任务准备	1）明确任务内容及实验要求 2）分工明确，作业计划书整齐美观	1）任务内容及要求分析不全面，扣2分 2）组员分工不明确，作业计划书潦草，扣2分	5分	
	模拟训练	1）模拟训练完成 2）过关测试合格	1）模拟训练不认真，发现一次扣1分 2）过关测试不合格，扣2分	5分	
	焊接制作	1）元器件的正确识别与检测 2）PCB制图设计正确、整齐、美观 3）元器件装配到位，无错装、漏装 4）焊接可靠美观，无虚焊、漏焊、错焊等	1）元器件错选或检测错误，每个元器件扣1分 2）不能画出PCB图，扣2分 3）错装、漏装，每处扣1分 4）焊接质量不符合要求，每个焊点扣1分 5）功能不能正常实现，扣5分 6）不会正确使用工具设备，扣2分	10分	
	功能调试	1）调试顺序正确 2）仪器仪表使用正确 3）能正确分析故障现象及原因，查找故障并排除故障，确保产品功能正常实现	1）不会正确使用仪器仪表，扣2分 2）调试过程中，出现故障，每个故障扣2分 3）不能实现调光功能，扣5分	10分	
	外观设计	1）外观效果图简洁美观 2）选择制作材料，完成外壳制作 3）完成外壳与电路板装配 4）产品功能实现，工作正常	1）外观设计潦草，不美观，扣2分 2）没有完成外壳制作，扣2分 3）产品无法正常使用，扣5分	10分	
	总结评价	1）能正确演示产品功能 2）能对照考核评价表进行自评互评 3）技术资料整理归档	1）不能正确演示产品功能，扣2分 2）没有完成自评、互评，扣2分 3）技术资料记录、整理不齐全，缺1份扣1分	10分	
安全文明素养		1）安全用电，无人为损坏仪器设备 2）保持环境整洁，秩序井然，习惯良好，任务完成后清洁整理工作现场 3）小组成员协作和谐，态度正确 4）不迟到、早退、旷课	1）发生安全事故，扣5分 2）人为损坏设备、元器件，扣2分 3）现场不整洁、工作不文明，团队不协作，扣2分 4）不遵守考勤制度，每次扣1分	20分	
合计				100分	

【学习自测】

6.1 填空题

1. 如果对键盘上 108 个符号进行二进制编码，则至少要______位二进制数码。

2. 74LS138 是 3 线-8 线译码器，译码为输出低电平有效，若输入为 $A_2A_1A_0=110$ 时，输出 $\overline{Y_7}\,\overline{Y_6}\,\overline{Y_5}\,\overline{Y_4}\,\overline{Y_3}\,\overline{Y_2}\,\overline{Y_1}\,\overline{Y_0}$ 应为__________。

3. 驱动共阳极七段数码管的译码器的输出电平为________有效。

4. 采用四位比较器对两个四位数比较时，先比较________位。

5. 不仅考虑两个________相加，而且还考虑来自__________相加的运算电路，称为全加器。

6. 一个输出 N 位代码的二进制编码器，可以表示________种输入信号。

7. 二进制编码器是将输入信号编成____________的电路。

8. 二-十进制译码器是将__________翻译成相对应的____________。

9. 不考虑进位输入，将本位两数相加，称为________。

10. 半导体数码显示器的内部接法有两种形式：共______接法和共______接法。

6.2 选择题

1. 下列逻辑电路中，不是组合逻辑电路的是________。

A. 译码器　　B. 编码器　　C. 全加器　　D. 寄存器

2. 8 线-3 线优先编码器的输入为 $I_0 \sim I_7$，当优先级别最高的 I_7 有效时，其输出 $\overline{Y_2}\cdot\overline{Y_1}\cdot\overline{Y_0}$ 的值是________。

A. 111　　B. 010　　C. 000　　D. 101

3. 十六路数据选择器的地址输入（选择控制）端有________个。

A. 16　　B. 2　　C. 4　　D. 8

4. 4 位输入的二进制译码器，其输出应有________位。

A. 16　　B. 8　　C. 4　　D. 1

5. 若在编码器中有 50 个编码对象，则输出二进制代码位数至少需要________位。

A. 5　　B. 6　　C. 10　　D. 50

6.3 判断题

1. 八路数据分配器的地址输入（选择控制）端有 8 个。（　）

2. 优先编码器只对同时输入信号中的优先级别最高的一个信号编码。（　）

3. 当输入 9 个信号时，需要 3 位的二进制代码输出。（　）

4. 编码器在任何时刻只能对一个输入信号进行编码。（　）

5. 优先编码器的输入信号是相互排斥的，不容许多个编码信号同时有效。（　）

6. 编码和译码是互逆的过程。（　）

7. 共阴发光二极管数码显示器需选用有效输出为高电平的七段显示译码器来驱动。（　）

8. 3 位二进制编码器是 3 位输入、8 位输出。 (　　)

9. 半加器与全加器的区别在于半加器无进位输出，而全加器有进位输出。 (　　)

10. 二进制译码器的每一个输出信号就是输入变量的一个最小项。 (　　)

6.4　分析计算题

1. 试用图 6-29 所示的 3 线- 8 线译码器 74LS138 和门电路实现下列函数。

$$Z(A,\ B,\ C) = AB + \overline{A}C$$

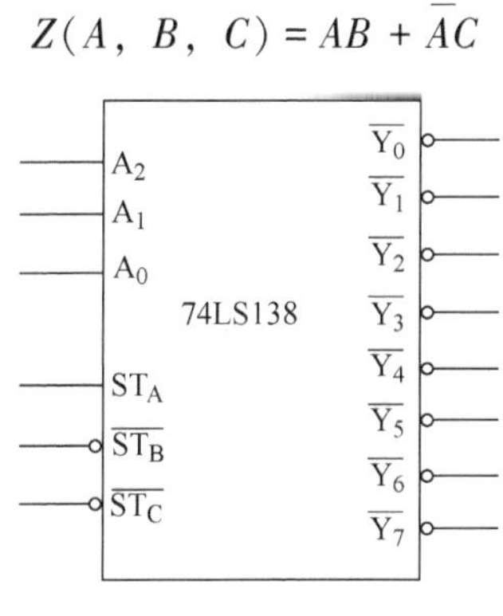

题 6-29　题 1 图

2. 设计一个代码转换电路，输入为 4 位二进制代码，输出为 4 位循环码。可以采用各种逻辑功能的门电路来实现。

3. 试画出用图 6-30 所示的 3 线- 8 线译码器 74LS138 和门电路产生多输出逻辑函数的逻辑图。功能表见表 6-14。

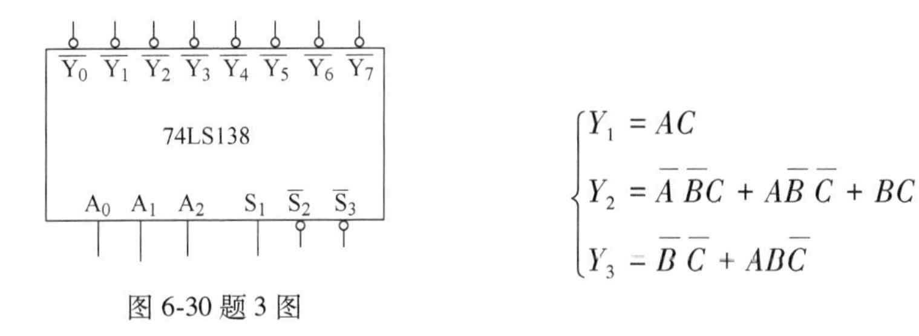

图 6-30 题 3 图

$$\begin{cases} Y_1 = AC \\ Y_2 = \overline{A}\,\overline{B}C + A\overline{B}\,\overline{C} + BC \\ Y_3 = \overline{B}\,\overline{C} + AB\overline{C} \end{cases}$$

表 6-14　74LS138 功能表

输入					输出							
允许		选择										
S_1	$\overline{S}+\overline{S}_3$	A_2	A_1	A_0	$\overline{Y_0}$	$\overline{Y_1}$	$\overline{Y_2}$	$\overline{Y_3}$	$\overline{Y_4}$	$\overline{Y_5}$	$\overline{Y_6}$	$\overline{Y_7}$
×	1	×	×	×	1	1	1	1	1	1	1	1
0	×	×	×	×	1	1	1	1	1	1	1	1
1	0	0	0	0	0	1	1	1	1	1	1	1

（续）

输入					输出							
允许		选择										
S_1	$\overline{S}+\overline{S_3}$	A_2	A_1	A_0	$\overline{Y_0}$	$\overline{Y_1}$	$\overline{Y_2}$	$\overline{Y_3}$	$\overline{Y_4}$	$\overline{Y_5}$	$\overline{Y_6}$	$\overline{Y_7}$
1	0	0	0	1	1	0	1	1	1	1	1	1
1	0	0	1	0	1	1	0	1	1	1	1	1
1	0	0	1	1	1	1	1	0	1	1	1	1
1	0	1	0	0	1	1	1	1	0	1	1	1
1	0	1	0	1	1	1	1	1	1	0	1	1
1	0	1	1	0	1	1	1	1	1	1	0	1
1	0	1	1	1	1	1	1	1	1	1	1	0

4. 试用 4 选 1 数据选择器 74LS153 产生逻辑函数 $Y = A\overline{B}\,\overline{C} + \overline{A}\,\overline{C} + BC$。

任务7 十进制计数器的制作

7.1 任务简介

计数是一种最简单基本的运算，计数器就是实现这种运算的逻辑电路。计数器在数字系统中主要是对脉冲的个数进行计数，以实现测量、计数和控制的功能，同时兼有分频功能。计数器的应用极为广泛，不仅能用于对时钟脉冲计数，还可以用于分频、定时、产生节拍脉冲和脉冲序列、进行数字运算，以及组成检测电路和控制电路。接下来学习十进制计数器涉及的电子电路知识，包括触发器、时序逻辑电路、寄存器及计数器等，然后利用这些理论知识去指导具体的操作实践，完成十进制计数器的制作。

7.2 点滴积累

7.2.1 触发器

触发器是数字逻辑电路的基本单元电路，它有两个稳态输出（双稳态触发器），具有记忆功能，可用于存储二进制数据、记忆信息等。触发器的输出有两种状态，即0态和1态。触发器的这两种状态都为相对稳定状态，只有在一定的外加信号触发作用下，才可从一种稳态转变到另一种稳态。

1. 基本RS触发器

（1）电路组成　图7-1a所示为由两个与非门交叉连接组成的基本RS触发器，图7-1b是它的逻辑符号。它由与非门G_1、G_2交叉耦合构成，其中$\overline{S}$、$\overline{R}$为信号输入端，字母上的横线表示触发器输入信号为低电平有效，Q、$\overline{Q}$为两个互补的信号输出端。基本RS触发器具有两个稳定状态，即$Q=1$，$\overline{Q}=0$或$Q=0$，$\overline{Q}=1$。

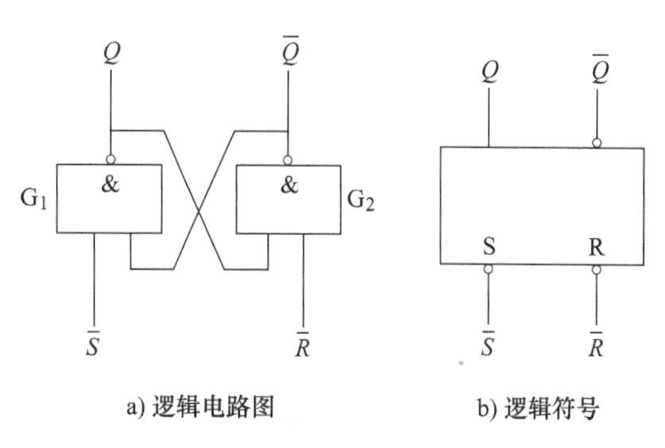

图7-1　与非门构成的基本RS触发器逻辑电路及符号

（2）逻辑功能

1）当$\overline{S}=1$，$\overline{R}=0$时，G_2门由于$\overline{R}=0$，根据与非门逻辑功能，则$\overline{Q}=1$，由于存在G_2门对G_1门的反馈线，G_1门两输入均为“1”，其输出端$Q=0$。若触发器的原状态为$Q=1$，$\overline{Q}=0$，则加在G_2门的$\overline{R}=0$将使G_1门输出Q由“1”翻转为“0”。可见，只要输入信号$\overline{S}=1$，

$\overline{R}=0$，触发器的状态一定是 $Q=0$，$\overline{Q}=1$，这时称触发器处于置“0”状态，亦称复位态。

2）当 $\overline{S}=0$，$\overline{R}=1$ 时，G_1 门由于 $\overline{S}=0$，根据与非门逻辑功能，则 $Q=1$，由于存在 G_1 门对 G_2 门的反馈线，G_2 门两输入均为“1”，其输出端 $\overline{Q}=0$，这时称触发器处于置“1”状态，或称置位态。

3）当 $\overline{S}=1$，$\overline{R}=1$ 时，假设触发器的原状态为 $Q=0$，$\overline{Q}=1$，G_1 门由于 $\overline{S}=1$，G_2 门由于 $\overline{R}=1$，根据与非门逻辑功能，则 $Q=0$，$\overline{Q}=1$；若触发器的原状态为 $Q=1$，$\overline{Q}=0$，与非门的作用使 $Q=1$，$\overline{Q}=0$。可见，触发器能够维持原来的状态不变，这种状态称为保持或记忆状态。

4）当 $\overline{S}=0$，$\overline{R}=0$ 时，不论触发器的原状态如何，此时两个与非门的输出都为“1”，即 $\overline{Q}=Q=1$，这破坏了触发器的逻辑关系。一旦撤去低电平，Q 与 $\overline{Q}$ 的状态将不确定，触发器的工作变得不可靠。因此，触发器工作时，$\overline{S}=0$，$\overline{R}=0$ 的情况是不允许的。

（3）功能表　根据上述分析，由与非门组成的基本 RS 触发器的功能表见表 7-1。

表 7-1　与非门组成的基本 RS 触发器功能表

$\overline{R}$	$\overline{S}$	Q^{n+1}	功能
1	1	Q^n	保持
1	0	1	置“1”
0	1	0	置“0”
0	0	×	不允许

（4）特性方程和波形图　触发器的特征方程就是触发器次态 Q^{n+1} 与输入级现态 Q^n 之间的逻辑关系式。从表 7-1 可以看出，Q^{n+1} 与 Q^n、$\overline{S}$、$\overline{R}$ 都有关，在 Q^n、$\overline{S}$、$\overline{R}$ 这 3 个变量的 8 种取值中，100、000 两种取值是不会出现的，这是约束条件。其对应的特性方程为

$$\begin{cases}Q^{n+1}=S+\overline{R}Q^n\\ \overline{R}+\overline{S}=1\end{cases}\tag{7-1}$$

假设触发器的初始状态为 0，根据给定的输入信号波形，可相应画出触发器输出端 Q 的波形，如图 7-2 所示，这种波形图也称为时序图。

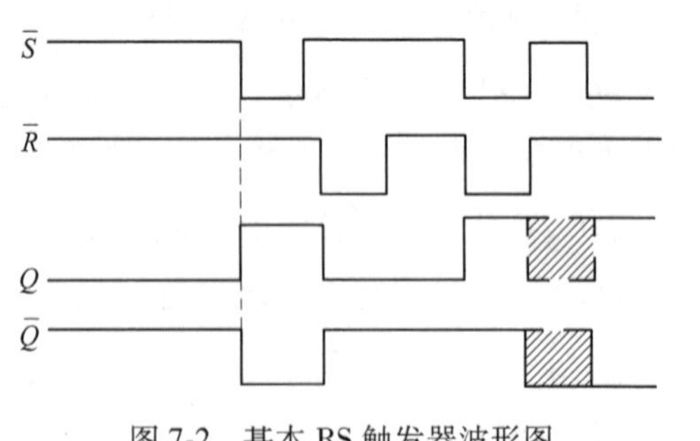

图 7-2　基本 RS 触发器波形图

用两个或非门交叉耦合也可以构成基本 RS 触发器，其逻辑电路和逻辑符号如图 7-3 所示。触发器功能同与非门构成的基本 RS 触发器功能相同，只是触发器的输入信号为高电平有效。本书提到的基本 RS 触发器，均指由与非门构成的基本 RS 触发器。

2. 同步 RS 触发器

基本 RS 触发器的动作特点是当输入端置“0”或置“1”时，输出状态就可随之发生变化。触发器状态的转换没有一个统一的节拍，

这不仅使电路的抗干扰能力下降，而且也不便于多个触发器同步工作。在实际应用中，经常要求触发器按一定的节拍动作，于是设计产生了同步触发器。

（1）电路组成　同步 RS 触发器是在基本 RS 触发器的基础上，增加了两个与非门 G_3、G_4及一个时钟脉冲端 CP，其电路构成如图 7-4a 所示，图 7-4b 所示是电路的逻辑符号。

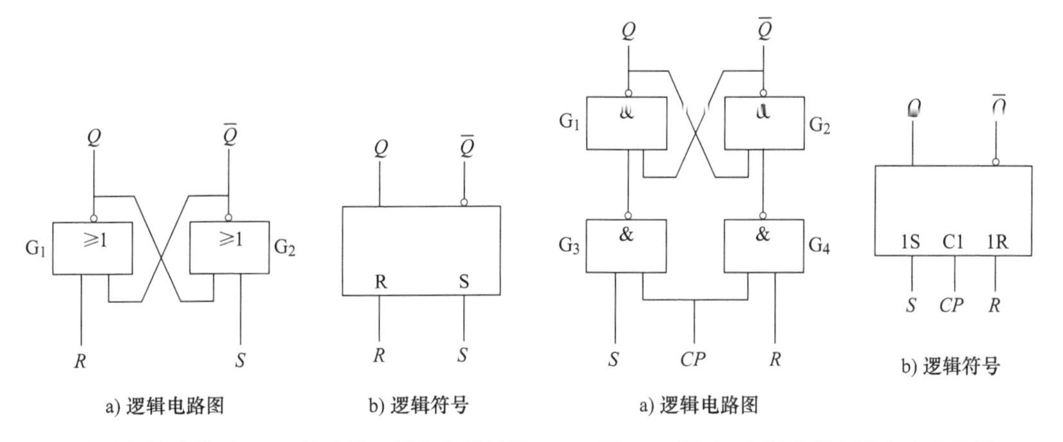

a) 逻辑电路图　b) 逻辑符号　a) 逻辑电路图　b) 逻辑符号

图 7-3　或非门构成的基本 RS 触发器逻辑电路及符号　　图 7-4　同步 RS 触发器逻辑电路及符号

（2）逻辑功能　当 $CP=0$ 时，无论 R、S 为何值，与非门 G_3、G_4 被封锁，基本 RS 触发器保持原态。当 $CP=1$ 时，R、S 信号经 G_3、G_4 反相后接到基本 RS 触发器的输入端，输出状态如下：

1）当 $R=S=0$ 时，触发器保持原来状态不变。

2）当 $R=1$，$S=0$ 时，触发器被置为“0”状态。

3）当 $R=0$，$S=1$ 时，触发器被置为“1”状态。

4）当 $R=S=1$ 时，触发器的输出端 $\overline{Q}=Q=1$，但若 R 和 S 同时返回 0，或 CP 在 $R=S=1$ 时从 1 变为 0，则触发器的新状态不能预先确定。

（3）功能表　根据上述分析，列出同步 RS 触发器的功能表见表 7-2。

表 7-2　同步 RS 触发器功能表

CP	S	R	Q^{n+1}	功能
0	×	×	Q^n	保持
1	0	0	Q^n	保持
1	0	1	0	置“0”
1	1	0	1	置“1”
1	1	1	×	不允许

（4）特性方程和波形图　从表 7-2 可以看出，$CP=1$ 时，Q^{n+1} 与 Q^n、S、R 都有关，根据功能表，列出对应的特性方程为

$$\begin{cases} Q^{n+1} = S + \overline{R}Q^n \\ \mathrm{RS} = 0 \end{cases} \tag{7-2}$$

假设 RS 触发器的初始状态为 0，根据给定的输入信号波形，可相应画出同步 RS 触发器

输出端 Q 的波形，如图 7-5 所示。从波形图可以看出，只有 $CP=1$ 时，触发器的状态才由输入信号 R 和 S 的高电平触发决定，这种触发方式称为电平触发方式。

在 $CP=1$ 期间，如果输入信号 R、S 的状态发生变化，同步 RS 触发器的输出状态也会随之改变，从而不能保证在一个 CP 脉冲期间触发器只翻转一次。同步触发器在一个 CP 期间，出现两次或两次以上翻转的现象，称为空翻，如图 7-5 所示。

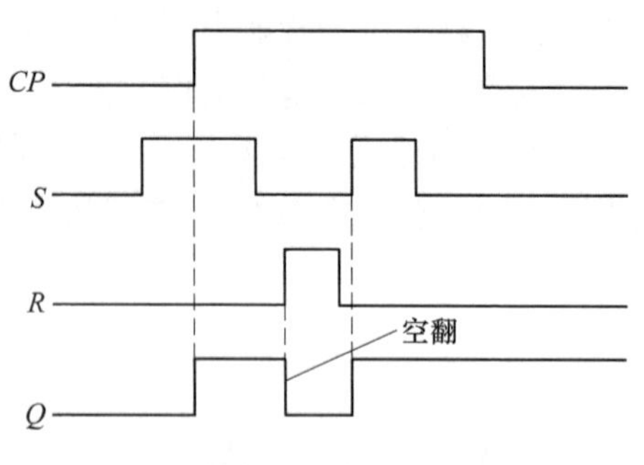

图 7-5　同步 RS 触发器波形图

3. 主从 JK 触发器

为了克服同步触发器可能产生的空翻现象，提高触发器工作的可靠性，在同步 RS 触发器的基础上设计出了主从 JK 触发器。

（1）电路组成　主从 JK 触发器由两级触发器组成，其中一级触发器接输入信号，其状态直接由输入信号决定，称为主触发器；另一级触发器的输入与主触发器的输出连接，其状态由主触发器的状态决定，称为从触发器。主从 JK 触发器电路构成如图 7-6a 所示，图 7-6b 所示是电路的逻辑符号。

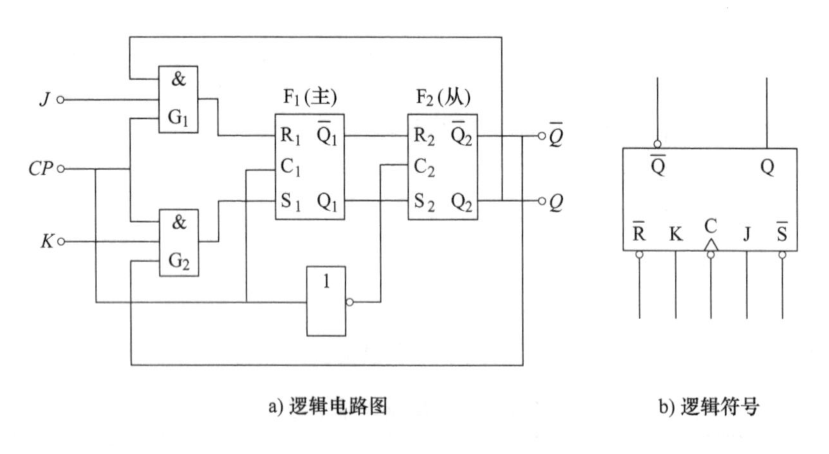

a) 逻辑电路图　　b) 逻辑符号

图 7-6　主从 JK 触发器逻辑电路及符号

（2）逻辑功能

1）$CP=1$ 时，主触发器被打开，可以接收输入信号 J、K，其输出状态由输入信号的状态决定；但由于 $CP=0$，从触发器被封锁，无论主触发器的输出状态如何变化，对从触发器均无影响，即触发器的输出状态保持不变。

2）$CP=\downarrow$ 时，主触发器被封锁，无论输入信号如何变化，对主触发器均无影响，$CP=1$ 期间接收的内容被主触发器存储起来。同时，由于 CP 由 0 变为 1，从触发器被打开，可以接收主触发器送来的信号，触发器的输出状态由该瞬间主触发器的输出状态决定。

3）$CP=0$ 时，从触发器或翻转或保持原态，但主触发器的状态不会改变，从而使得整个触发器的输出状态只在 $CP=\downarrow$ 瞬间可能翻转，解决了“空翻”现象。

（3）功能表　根据上述分析，列出主从 JK 触发器的功能表见表 7-3。

表 7-3　主从 JK 触发器功能表

CP	J	K	Q^{n+1}	功能
0	×	×	Q^n	保持
1	×	×	Q^n	保持
↓	0	0	Q^n	保持
↓	0	1	0	置“0”
↓	1	0	1	置“1”
↓	1	1	$\overline{Q^n}$	翻转

（4）特性方程和波形图　从表 7-3 可以看出，触发器的新状态 Q^{n+1} 由 CP 脉冲下降沿到来之前输入信号 J、K 的状态决定，靠 CP 脉冲的下降沿触发。根据功能表，列出对应的特性方程为

$$Q^{n+1} = J\overline{Q^n} + \overline{K}Q^n \tag{7-3}$$

假设触发器的初始状态为 0，根据给定的输入信号波形，可相应画出主从 JK 触发器输出端 Q 的波形，如图 7-7 所示。

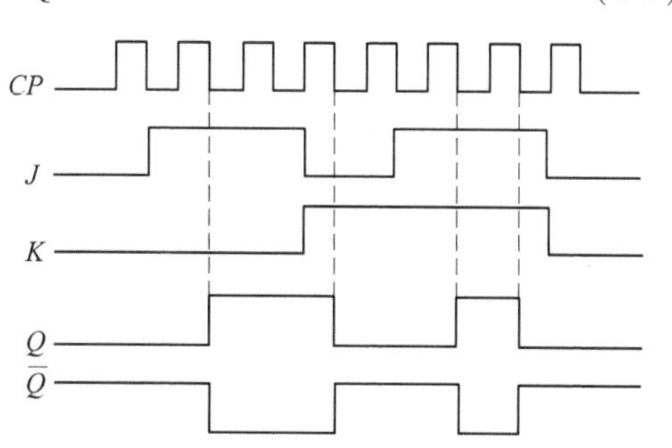

图 7-7　主从 JK 触发器波形图

4. 边沿 D 触发器

为了进一步提高触发器工作的可靠性，增强抗干扰能力，人们又设计了一种边沿触发器。边沿触发器是指靠 CP 脉冲上升沿或下降沿进行触发的触发器。靠 CP 脉冲上升沿触发的触发器称为正边沿触发器，靠 CP 脉冲下降沿触发的触发器称为负边沿触发器。下面以边沿 D 触发器为例，介绍边沿触发器的工作方式。

（1）电路组成　边沿 D 触发器电路构成如图 7-8a 所示，其中，G_1 和 G_2 组成基本 RS 触

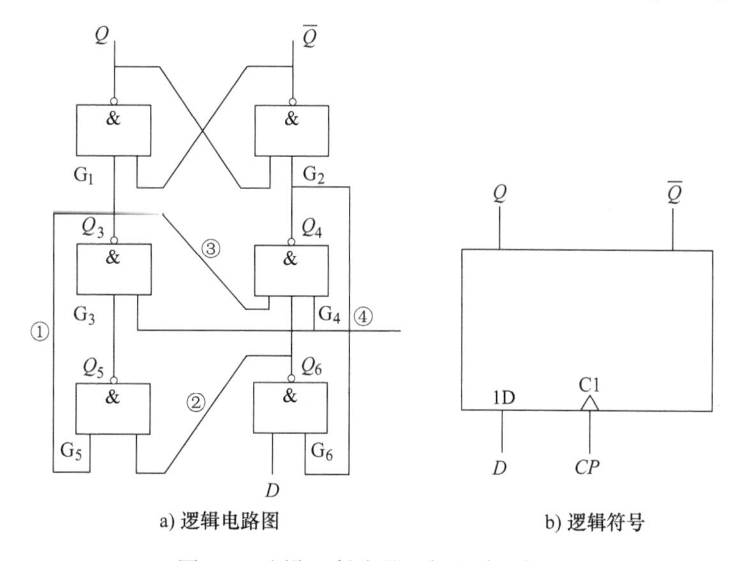

a) 逻辑电路图　　b) 逻辑符号

图 7-8　边沿 D 触发器逻辑电路及符号

发器，$G_3 \sim G_6$ 组成脉冲控制引导电路，D 为信号输入端，图 7-8b 所示是它的逻辑符号。

（2）逻辑功能

1）$CP=0$ 时，由于 G_3、G_4 被封锁，基本 RS 触发器的输入端均为 1，使得触发器的输出状态保持不变。

2）$CP=\uparrow$ 时，G_3、G_4 打开，它们的输出由 G_5、G_6 决定。如果 $D=0$，则有 $G_5=0$，$G_6=1$，使 G_3 输出为 1，G_4 输出为 0，基本 RS 触发器被置为“0”状态；如果 $D=1$，则有 $G_5=1$，$G_6=0$，使 G_3 输出为 0，G_4 输出为 1，基本 RS 触发器被置为“1”状态。可见，当 $CP=\uparrow$ 时，触发器的输出状态由 CP 上升沿到来之前那一瞬间 D 的状态决定，即 $Q^{n+1}=D$。

3）$CP=1$ 时，虽然与非门 G_3、G_4 是打开的，但由于电路中几条反馈线①~④的维持-阻塞作用，输入信号 D 的变化不会影响触发器的置“1”和置“0”，使触发器能够可靠地置“1”和置“0”。因此，该触发器称为维持-阻塞触发器。由于该触发器接收输入信号及状态的翻转均是在 CP 脉冲上升沿前后完成，所以又称为边沿触发器。

（3）功能表　根据上述分析，列出边沿 D 触发器的功能表，见表 7-4。

表 7-4　边沿 D 触发器功能表

CP	D	Q^{n+1}	功能
0	×	Q^n	保持
1	×	Q^n	保持
↑	0	0	同输入
↑	1	1	同输入

（4）特性方程和波形图　根据功能表，列出对应的特性方程为

$$Q^{n+1}=D \tag{7-4}$$

假设触发器的初始状态为 0，根据给定的输入信号波形，可相应画出边沿 D 触发器输出端 Q 的波形，如图 7-9 所示。

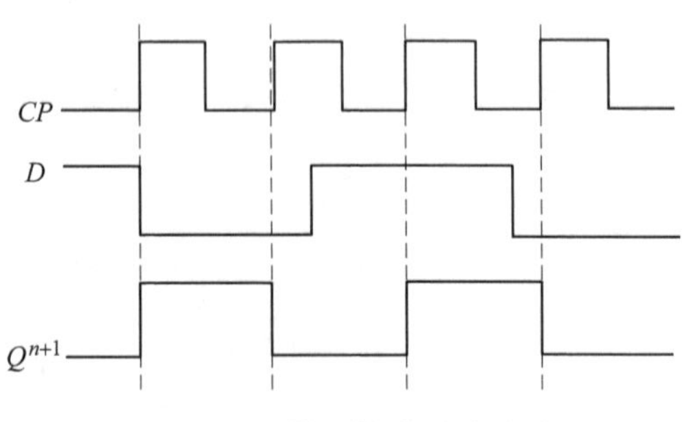

图 7-9　边沿 D 触发器波形图

7.2.2　时序逻辑电路

时序逻辑电路是数字电路的重要组成部分。在数字系统中几乎都包括时序逻辑电路。时序逻辑电路及基本构成单元是触发器。电路在任何时刻的输出不仅取决于该时刻的输入，还取决于电路原来的状态。

1. 时序逻辑电路的分类

时序逻辑电路可分为同步时序逻辑电路和异步时序逻辑电路两大类。在同步时序逻辑电路中，各触发器状态的变化都在同一时钟信号作用下同时发生；在异步时序逻辑电路中，各触发器状态的变化不是同步发生的，可能有一部分电路有公共的时钟信号，也可能完全没有公共的时钟信号。

2. 时序逻辑电路的分析

时序逻辑电路的分析是根据已知的时序逻辑电路图，写出它的方程、列出状态转换真值

表、画出状态转换图和时序图，而后分析出它的功能。

（1）时序逻辑电路的分析步骤

1）根据逻辑图写方程式。

① 输出方程。时序逻辑电路的输出逻辑表达式，通常是现态的函数。

② 驱动方程。各触发器输入端的逻辑表达式。如 JK 触发器 J 和 K 端的逻辑表达式，D 触发器 D 端的逻辑表达式等。

③ 状态方程。将驱动方程代入相应触发器的特性方程中，便得到该触发器的次态方程。时序逻辑电路的状态方程由各触发器次态的逻辑表达式组成。

2）列状态转换真值表。将电路现态的各种取值代入状态方程和输出方程，求出相应的次态和输出值，填入状态转换真值表。如现态的起始值已给定时，则从给定值开始计算。如没有给定时，则可设定一个现态起始值依次进行计算。

3）电路逻辑功能的说明。根据状态转换真值表来分析和说明电路的逻辑功能。

4）画状态转换图和时序图。状态转换图——电路由现态转换到次态的示意图。时序图——在 *CP* 作用下，各触发器状态变化的波形图。

5）检查电路能否自启动。

（2）时序逻辑电路的分析举例

【例 7-1】 试分析图 7-10 所示电路的逻辑功能，并画出状态转换图和时序图。

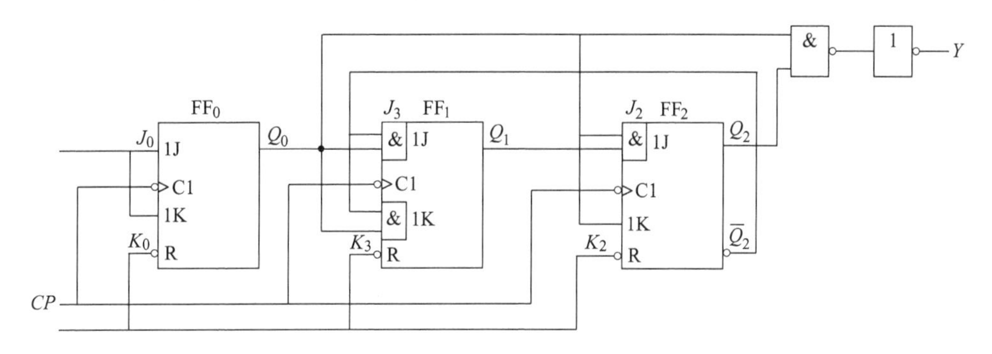

图 7-10　时序逻辑电路图

1）列写方程式。

① 输出方程为

$$Y = Q_2^n Q_0^n$$

② 驱动方程为

$$\begin{cases} J_0 = 1, \quad K_0 = 1 \\ J_1 = \overline{Q_2^n} Q_0^n, \quad K_1 = \overline{Q_2^n} Q_0^n \\ J_2 = Q_1^n Q_0^n, \quad K_2 = Q_0^n \end{cases}$$

③ 状态方程。将驱动方程代入 JK 触发器的特性方程

$$Q^{n+1} = J\overline{Q^n} + \overline{K}Q^n$$

即可得到电路的状态方程

$$\begin{cases} Q_0^{n+1} = J_0\,\overline{Q_0^n} + \overline{K_0}Q_0^n = 1\,\overline{Q_0^n} + \overline{1}Q_0^n = \overline{Q_0^n} \\ Q_1^{n+1} = J_1\,\overline{Q_1^n} + \overline{K_1}Q_1^n = \overline{Q_2^n}Q_0^n\,\overline{Q_1^n} + \overline{\overline{Q_2^n}Q_0^n}Q_1^n \\ Q_2^{n+1} = J_2\,\overline{Q_2^n} + \overline{K_2}Q_2^n = Q_1^nQ_0^n\,\overline{Q_2^n} + \overline{Q_0^n}Q_2^n \end{cases}$$

2）列状态转换真值表。设电路的初始状态（现态）为 $Q_2^nQ_1^nQ_0^n = 000$，代入输出方程和状态方程中即可得到次态和输出，由此可列出状态转换真值表，见表 7-5。

表 7-5 状态转换真值表

现态			次态			输出
Q_2^n	Q_1^n	Q_0^n	Q_2^{n+1}	Q_1^{n+1}	Q_0^{n+1}	Y
0	0	0	0	0	1	0
0	0	1	0	1	0	0
0	1	0	0	1	1	0
0	1	1	1	0	0	0
1	0	0	1	0	1	0
1	0	1	0	0	0	1

3）逻辑功能说明。由真值表可见：在时钟信号 CP 的作用下，电路输出状态的变化规律为

$$000 \rightarrow 001 \rightarrow 010 \rightarrow 011 \rightarrow 100 \rightarrow 101 \rightarrow 000$$

电路共有 6 个状态，这 6 个状态是按递增的规律变化的，因此，该电路是一个同步六进制加法计数器。

4）画状态转换图和时序图。根据真值表可画出状态转换图，如图 7-11 所示。时序图如图 7-12 所示。

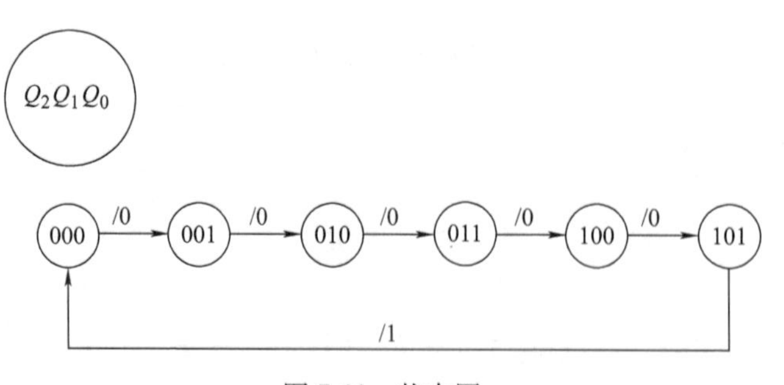

图 7-11 状态图

5）检查电路能否自启动。电路应有 $2^3 = 8$ 个工作状态，由状态图可看出，它只有 6 个有效状态，而 110 和 111 为无效状态。将无效状态 110 代入状态方程中进行计算，得 $Q_2^{n+1}Q_1^{n+1}Q_0^{n+1} = 111$，再将 111 代入状态方程后，得 $Q_2^{n+1}Q_1^{n+1}Q_0^{n+1} = 010$，为有效状态，继续输入 CP，则进入有效循环。可见，如果由于某种原因电路进入无效状态工作时，只要继续输入计数脉冲 CP，电路便会自动返回到有效状态工作，所以，该电路能够自启动。

7.2.3　寄存器

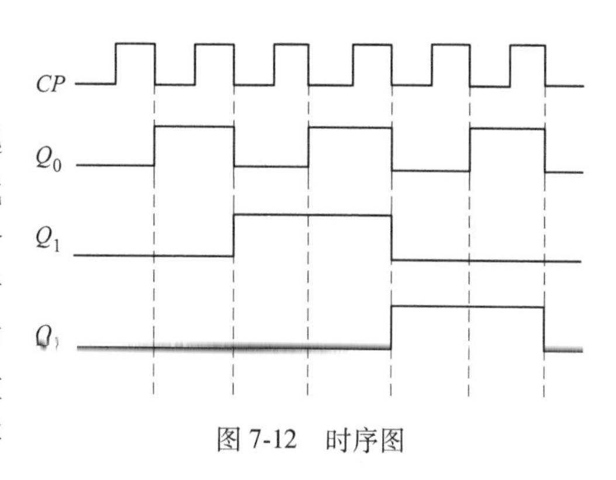

图 7-12　时序图

寄存器是由具有存储功能的触发器组合起来构成的。一个触发器可以存储 1 位二进制代码，存放 n 位二进制代码的寄存器，需用 n 个触发器来构成。寄存器存放数码的方式有并行和串行两种，并行方式就是数码各位从各对应输入端同时输入到寄存器中，串行方式就是数码从一个输入端逐位输入到寄存器中。从寄存器中取出数码的方式也分并行和串行两种。

寄存器常分为数码寄存器和移位寄存器两大类。数码寄存器只能并行送入数据，需要时也只能并行输出；移位寄存器中的数据可以在移位脉冲作用下依次逐位右移或左移，数据既可以并行输入、并行输出，也可以串行输入、串行输出，还可以并行输入、串行输出，串行输入、并行输出，十分灵活，用途也很广。

1. 数码寄存器

数码寄存器具有接收、存放和输出数码的功能，如图 7-13 所示为 D 触发器构成的单拍工作方式的四位数码寄存器，各触发器的 CP 输入端连在一起，作为寄存器的接收控制信号端。$D_0 \sim D_3$ 为数码输入端，$Q_0 \sim Q_3$ 为数码输出端。

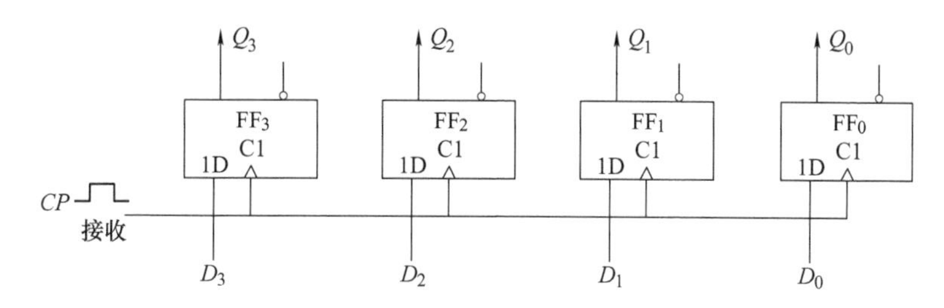

图 7-13　D 触发器构成的数码寄存器

当接收脉冲 CP 上升沿到来时，触发器更新状态，$Q_3^{n+1}Q_2^{n+1}Q_1^{n+1}Q_0^{n+1} = D_3D_2D_1D_0$，即把数码输入寄存器，并保存起来。由于这种电路寄存数据时不需要清除原来的数据，只要 CP 上升沿一到达，新的数据就会存入，所以称为单拍工作方式的数码寄存器。

2. 移位寄存器

移位寄存器不仅有存放数码的功能，而且有移位功能。所谓移位，就是每当移位脉冲（时钟脉冲）到来时，触发器的状态便向右或向左移位，也就是说寄存的数码可以在移位脉冲的控制下依次进行移位。移位寄存器在计算机中广泛使用。

（1）右移位寄存器　图 7-14 是一个由 D 触发器组成的四位单向右移位寄存器。D_{SR} 为串行数据的输入端，CP 为时钟脉冲（或称移位脉冲输入端），高电平有效，$\overline{R_D}$ 为清零信号，$Q_0 \sim Q_3$ 为并行数据输出端，串行数据从 FF_3 的 Q 端输出。

如果要传送数据 $D_i = 1101$，数码由输入端 D_{SR} 从低位到高位与移位脉冲 CP 同步输入，即先把最低位“1”送给 D_0，再逐次输入“1”和“0”，最后把最高位的“1”送给 D_0。具体工作过程：当第一个移位脉冲 CP 的上升沿到来时，第一位数码送入 FF_0，同时每个触发器原来的状态也向右移送入下一个触发器的 D 端。当第 4 个 CP 脉冲作用后，数码全部送入寄存器中，从各触发器的输出端 $Q_0 \sim Q_3$ 可得到并行输出的数码 1011。若将触发器 FF_3 的 Q 端作为串行输出端，在经过 4 个脉冲作用后，数码 1011 便可依次从 Q_3 端输出（串行输出是指数据逐位依次输出）。

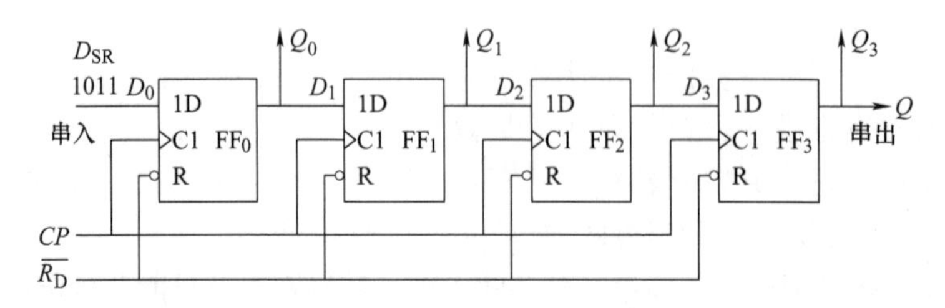

图 7-14 四位右移位寄存器

上述右移位寄存器的工作过程见表 7-6，时序图如图 7-15 所示。

表 7-6 移位寄存器数码移动状况表

CP	D_i	Q_3	Q_2	Q_1	Q_0	D_0
0	1	0	0	0	0	0
1	1	1	0	0	0	0
2	0	1	1	0	0	0
3	1	0	1	1	0	0
4	0	1	0	1	1	1
5	0	0	1	0	1	0
6	0	0	0	1	0	1
7	0	0	0	0	1	1
8	0	0	0	0	0	0

（2）左移位寄存器　图 7-16 是一个由 D 触发器组成的四位单向左移位寄存器。从图中可以看出，各触发器后一级的输出端 Q 依次接到前一级的输入端，触发器 FF_3 的 D 输入端接收数据。它与四位右移位寄存器的工作原理相同，只是该寄存器的数码由 D_{SL} 依次送入，在 CP 脉冲作用下逐个左移输入寄存器中。这里不再进行详细介绍。

（3）双向移位寄存器　在单向移位寄存器的基础上，增加由门电路组成的控制电路，就可以构成既能左移又能右移的双向移位寄存器。

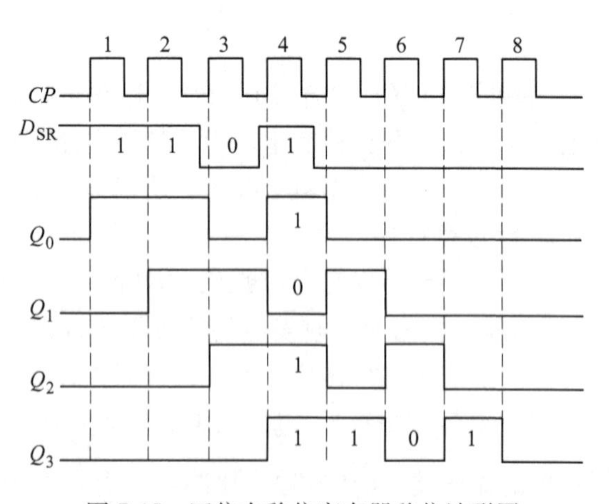

图 7-15 四位右移位寄存器移位波形图

74LS194 为四位双向移位寄存器，其引脚图和逻辑符号如图 7-17 所示。图中的 M_1、M_0 为工作方式控制端，M_1、M_0 的四种取值（00、01、10、11）决定了寄存器的逻辑功能。该

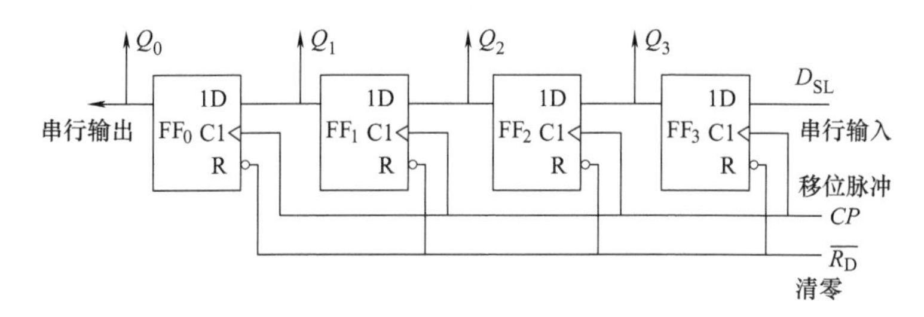

图 7-16 4 位左移位寄存器

寄存器的逻辑功能较强，具有清零、并行输入（置数）、右移、左移、保持等功能，其功能表见表 7-7。

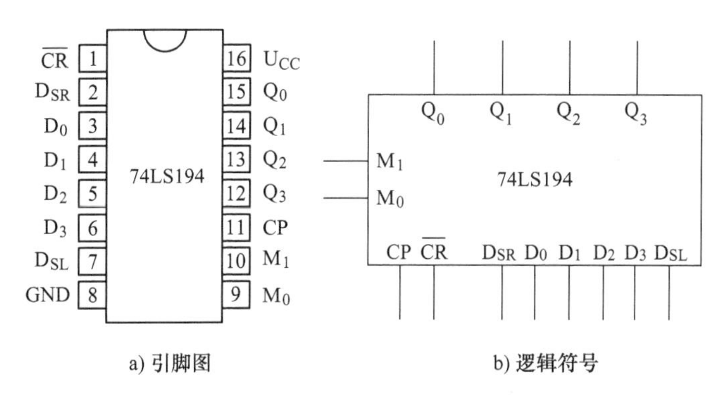

图 7-17 双向移位寄存器 74LS194 引脚图及逻辑符号

表 7-7 74LS194 功能表

$\overline{CR}$	CP	M_1	M_0	功能
0	×	×	×	清零
1	0	×	×	保持
1	×	0	0	保持
1	↑	0	1	右移
1	↑	1	0	左移
1	↑	1	1	并行输入

7.2.4 计数器

在数字系统中，常需要对时钟脉冲的个数进行计数，以实现测量、运算和控制等功能。具有计数功能的电路称为计数器。

1. 二进制计数器

二进制计数器是结构最简单的计数器，但应用很广。下面通过结构简单的异步二进制加法计数器来说明二进制计数器的工作原理。

异步二进制计数器可以由主从型 JK 触发器或维持-阻塞型 D 触发器组成，图 7-18 所示为由主从型 JK 触发器构成的三位异步二进制加法计数器。CP 是计数脉冲输入端，当 $J=K=1$ 时，三个触发器都处于翻转状态，每输入一个时钟脉冲的下降沿（即 CP 由 1 变 0），FF_0

的状态翻转一次，而其他两个触发器是在其相邻低位触发器的输出端 Q 由 1 变 0 时翻转，即 FF_1 在 Q_0 由 1 变 0 时翻转，FF_2 在 Q_1 由 1 变 0 时翻转。

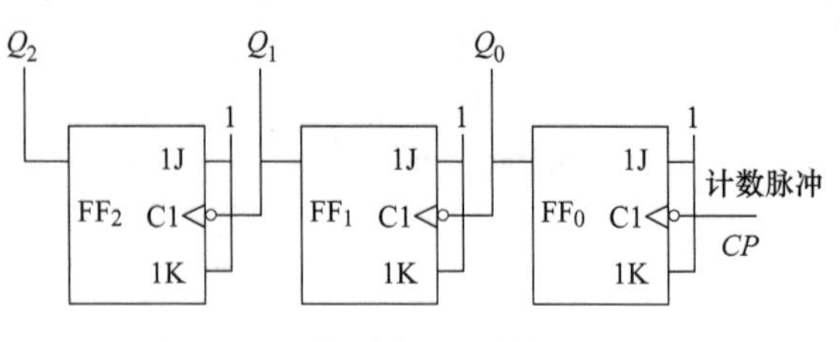

图 7-18　三位异步二进制加法计数器

假设各触发器的初始状态 $Q_2Q_1Q_0$，根据上述分析，可以画出三位异步二进制加法计数器的时序图，如图 7-19 所示。在第 8 个计数脉冲输入后，计数器又重新回到 000 状态，完成了一次计数循环。所以该计数器是八进制加法计数器，或称为模 8 加法计数器。

计数器的转换规律还可以用状态转换图来表示，图 7-20 所示为三位异步二进制加法计数器的状态转换图。图中，圆圈内表示 $Q_2Q_1Q_0$ 的状态，用箭头表示状态转换的方向。

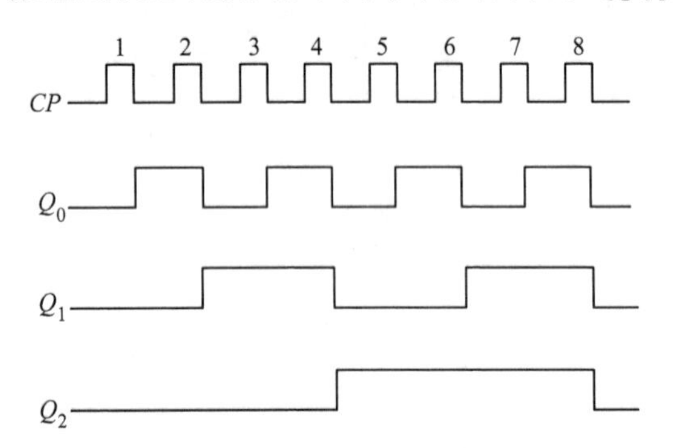

图 7-19　三位异步二进制加法计数器时序图

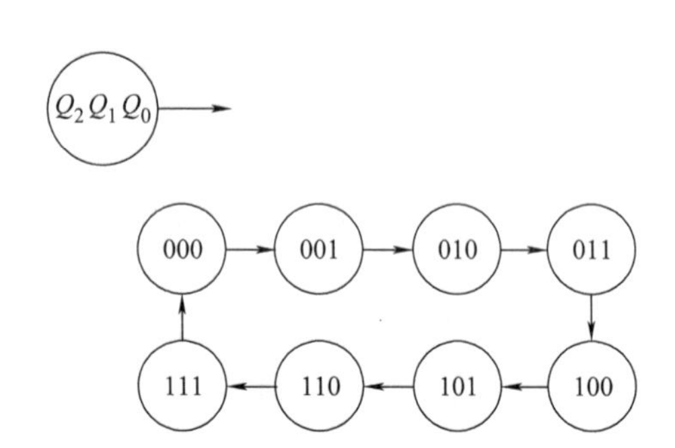

图 7-20　三位异步二进制加法计数器状态转换图

2. 任意进制计数器

任意进制计数器是指计数器的模 N 不等于 2^N 的计数器。例如模 9、模 12 等进制的计数器，数字系统中常用到的十进制计数器也属于此类。任意进制计数器，可以在二进制计数器的基础上，通过反馈来实现。下面以异步十进制加法计数器为例，说明通过反馈构成任意进制计数器的方法。

图 7-21 所示电路是一个反馈式异步十进制加法计数器，在触发器 FF_0 ~ FF_3 中，对 FF_1 的 J_1 端与 FF_3 的 J_3 端进行了控制，其中 $J_1=\overline{Q_3}$，$J_3=Q_2Q_1$，Q_0 作为 FF_1、FF_3 的 CP 输入信号，进位信号 $C=Q_3Q_0$。

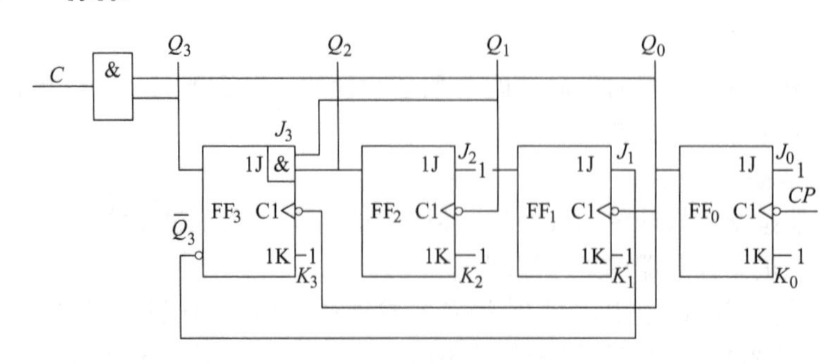

图 7-21　反馈式异步十进制加法计数器

由于 $J_1=\overline{Q_3}=1$，计数器从0000状态到0111状态计数，其过程与二进制加法计数器完全相同。当计数器为0111状态时，由于 $J_1=1$，$J_3=Q_2Q_1=1$，若第8个计数脉冲到来，使 Q_0、Q_1、Q_2 均由1变为0，Q_3 由0变为1，计数器的状态变为1000。第9个 CP 计数脉冲到来后，计数器的状态变为1001，同时进位端 $C=Q_3Q_0=1$。第10个 CP 计数脉冲到来后，因为此时 $J_1=\overline{Q_3}=0$，从 Q_0 送出的负脉冲（Q_0 由1变为0时）不能使触发器 FF_1 翻转，但是，由于 $J_3=Q_2Q_1=0$、$K_3=1$，Q_0 能直接触发 FF_3，使 Q_3 由1变为0，计数器的状态变为0000，从而使计数器跳过1010~1111六个状态直接复位到0000状态。此时，进位端 C 由1变为0，向高位计数器发出进位信号。可见，该电路实现了十进制加法计数器的功能。

通过上述分析，得到十进制加法计数器的状态转换图如图7-22所示。不难分析，所有的无效状态1010~1111均可以在 CP 脉冲作用下自动返回到有效计数状态，该电路具有自启动功能。

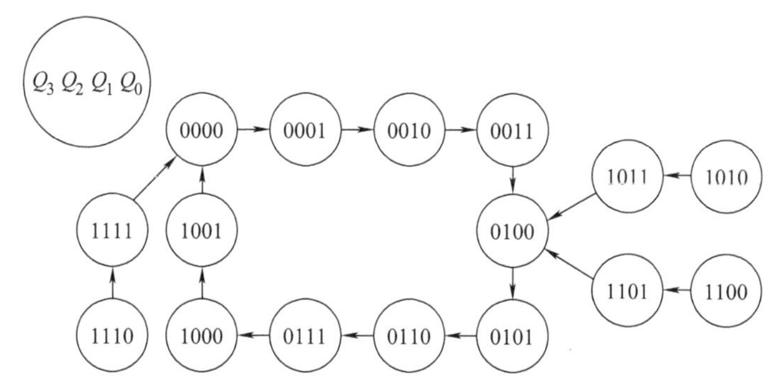

图7-22　反馈式异步十进制加法计数器状态转换图

3. 集成计数器

前面讲的计数器都是采用触发器来构成的，那么在设计数字系统时，如用到计数器是否也必须用触发器来设计呢？其实，一些常用的计数器早已做成标准的集成电路。下面介绍几种常见的集成计数器。

（1）二-五-十进制计数器74LS290

1）74LS290的外形图、逻辑符号及逻辑功能。74LS290为异步二-五-十进制计数器，其引脚图、逻辑符号如图7-23所示。

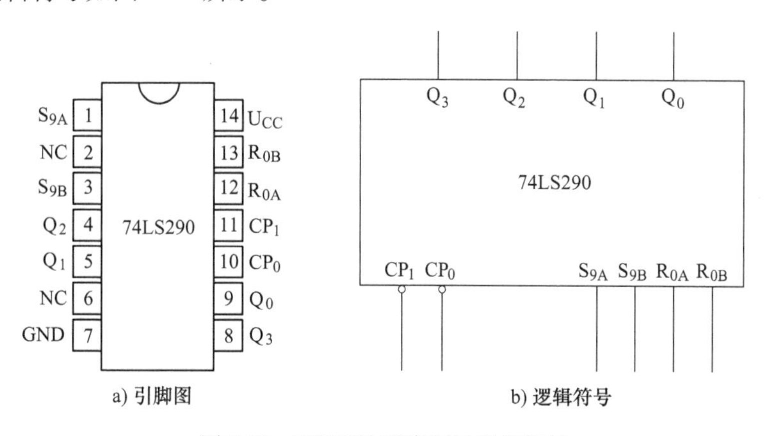

图7-23　74LS290引脚图及逻辑符号

这种电路功能很强，可灵活地组成各种进制计数器。在 74LS290 内部有四个触发器，第 1 个触发器有独立的时钟输入端 CP_0（下降沿有效）和输出端 Q_0，构成二进制计数器；其余 3 个触发器以五进制方式相连，其时钟输入为 CP_1（下降沿有效），输出端为 Q_1、Q_2、Q_3。功能见表 7-8。

表 7-8 74LS290 功能表

输入					输出			
R_{0A}	R_{0B}	S_{9A}	S_{9B}	CP	Q_3	Q_2	Q_1	Q_0
1	1	0	×	×	0	0	0	0
1	1	×	0	×	0	0	0	0
×	×	1	1	×	1	0	0	1
×	0	×	0	↓	计数			
0	×	0	×	↓	计数			
0	×	×	0	↓	计数			
×	0	0	×	↓	计数			

若将 Q_0 与 CP_1 相连，计数脉冲 CP 由 CP_0 输入，先进行二进制计数，再进行五进制计数，即组成标准的 8421BCD 码十进制计数器，如图 7-24 所示，输出码序是 $Q_3\ Q_2\ Q_1\ Q_0$；若将 Q_3 与 CP_0 相连，计数脉冲 CP 由 CP_1 输入，先进行五进制计数，再进行二进制计数，即可组成 5421BCD 码十进制计数器，如图 7-25 所示，输出码序是 $Q_0\ Q_3\ Q_2\ Q_1$。

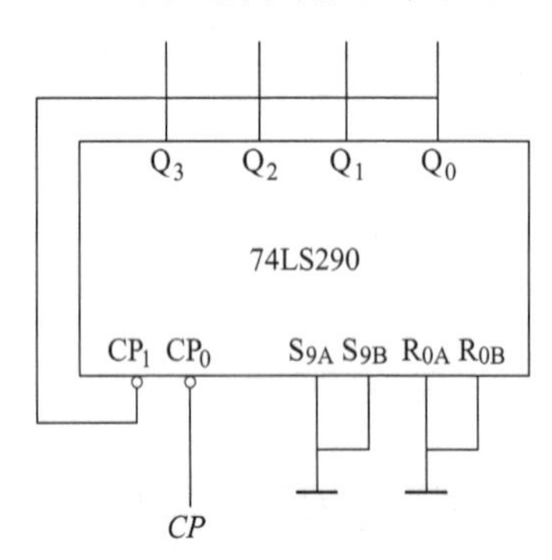

图 7-24 8421BCD 码十进制计数器

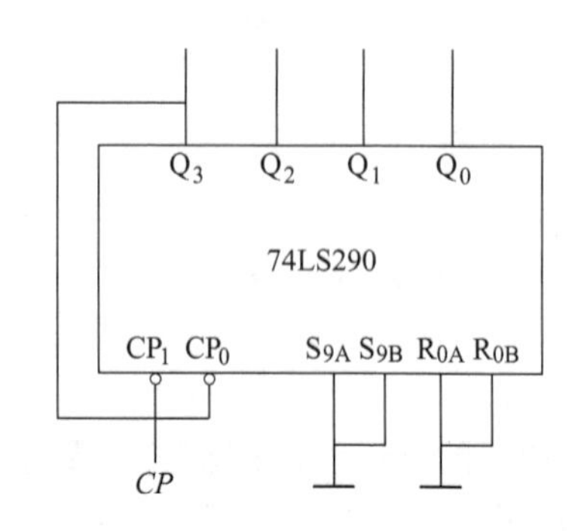

图 7-25 5421BCD 码十进制计数器

2）74LS290 的应用。

① 构成其他进制计数器。图 7-26a 是利用 74LS290 构成的七进制计数器。先构成 8421BCD 码十进制计数器，再用脉冲反馈法，令 $R_{0B}=Q_2Q_1Q_0$，当计数器出现 0111 状态时，$R_{0A}=1$，$R_{0B}=1$，清零功能有效，计数器迅速复位到 0000 状态，然后又开始从 0000 状态计数。因为 0111 状态存在的时间极短（通常只有 10ns 左右），所以，计数器真正实现的是 0000~0110 七进制计数。

图 7-26b 是利用 74LS290 构成的六进制计数器。先构成 8421BCD 码十进制计数器，再将 Q_2、Q_1 反馈到清零输入端 R_{0A}、R_{0B}，当计数器出现 0110 状态时，$R_{0A}=1$，$R_{0B}=1$，清零功能有效，计数器迅速复位到 0000 状态，然后又开始从 0000 状态计数，从而实现 0000~0101 六进制计数。

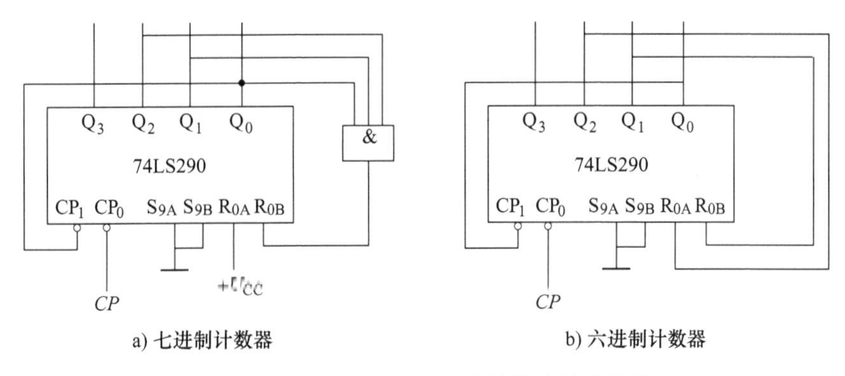

图 7-26　用 74LS290 构成的其他进制计数器

② 构成其他进制计数器。图 7-27 所示是用两片 74LS290 构成的二十三进制加法计数器，两片 74LS290 均连成 8421BCD 码十进制计数方式。不难看出，当十位片为 0010 状态，个位片为 0011 状态时，反馈与门的输出为 1，使个位和十位计数器均复位到 0，从而完成二十三进制计数器的功能。

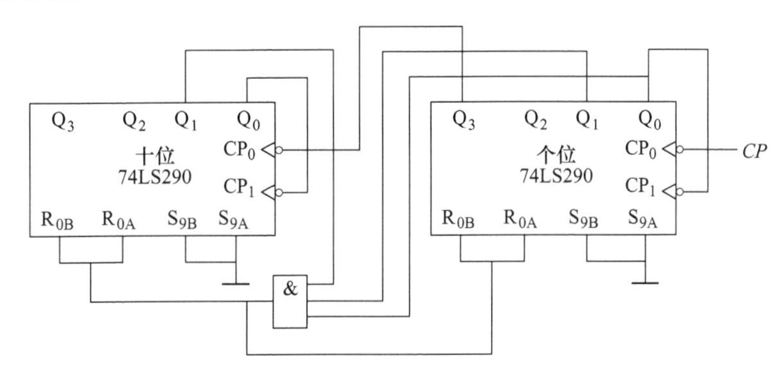

图 7-27　用 74LS290 构成的二十三进制计数器

（2）同步四位二进制计数器 74LS161

1）74LS161 的外形图、逻辑符号及逻辑功能。74LS161 是具有多种功能的同步四位二进制计数器，其引脚图、逻辑符号如图 7-28 所示。

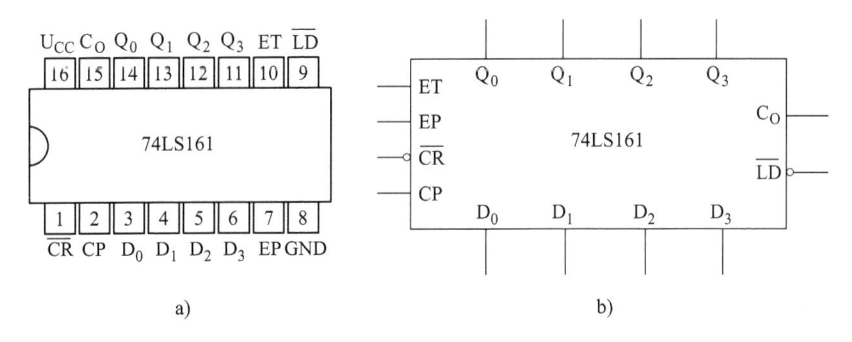

图 7-28　74LS161 引脚图及逻辑符号

该计数器的输入端有：异步清零端 $\overline{CR}$，使能端 EP、ET，同步置数端 $\overline{LD}$，时钟输入端

CP，数据输入端 D_3、D_2、D_1、D_0；输出端有：计数器的状态输出端 $Q_3 \sim Q_0$，进位输出端 $C_0 = ET \cdot Q_3 \cdot Q_2 Q_1 \cdot Q_0$。功能见表 7-9。

表 7-9 74LS161 功能表

输入									输出			
$\overline{CR}$	$\overline{LD}$	EP	ET	CP	D_3	D_2	D_1	D_0	Q_3	Q_2	Q_1	Q_0
0	×	×	×	×	×	×	×	×	0	0	0	0
1	0	×	×	↑	d	c	b	a	d	c	b	a
1	1	0	1	×	×	×	×	×	保持			
1	1	×	0	×	×	×	×	×	保持			
1	1	1	1	↑	×	×	×	×	计数			

2）74LS161 的应用。

① 十六以内的任意进制加法计数器。图 7-29a 是利用反馈清零法构成的十进制计数器。先构成四位二进制加法计数器，再用反馈清零法，令 $\overline{CR} = \overline{Q_3 Q_1}$，当计数器出现 1010 状态时，$\overline{CR} = 0$，清零功能有效，计数器迅速复位到 0000 状态，然后又开始从 0000 状态计数。因为 1010 状态存在的时间极短（通常只有 10ns 左右），所以，计数器真正实现的是 0000～1001 十进制计数。

图 7-29b 是利用同步置数法构成的十进制计数器。先构成四位二进制加法计数器，再用反馈置数法，令 $\overline{LD} = \overline{Q_3 Q_0}$，当计数器出现 1001 状态时，$\overline{LD} = 0$，置数功能有效，因为 74LS161 的置数功能必须同时钟脉冲 CP 一起才能工作，所以当出现状态 1001 后，计数器并不能马上置为 0000 状态，而是必须等到第 10 个脉冲到来的时候，才能置为 0000 状态，然后又开始从 0000 状态计数，从而实现 0000～1001 十进制计数。

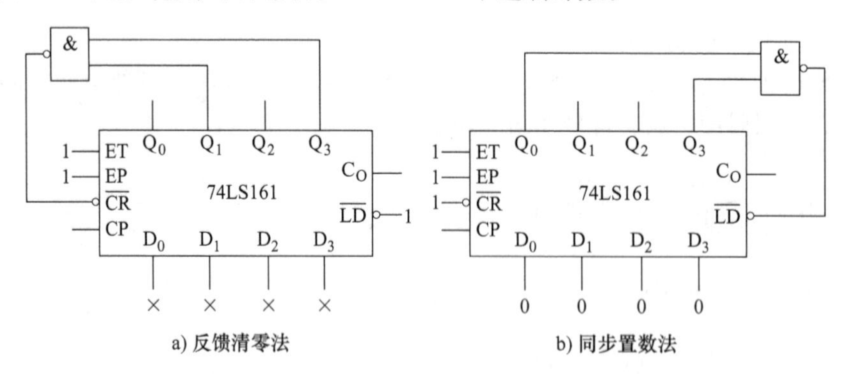

a) 反馈清零法　　b) 同步置数法

图 7-29 用 74LS161 构成的十进制计数器

② 构成大容量计数器。图 7-30 所示是用两片 74LS161 构成的五十进制加法计数器，用级联法将两片 74LS161 串接起来，将左边低位片的进位信号 C_0 接右边高位片的使能端。不难看出，当高位片为 0011 状态，低位片为 0010 状态时，反馈与非门的输出为 0，使高位和低位计数器均复位到 0，从而完成五十进制计数器的功能。

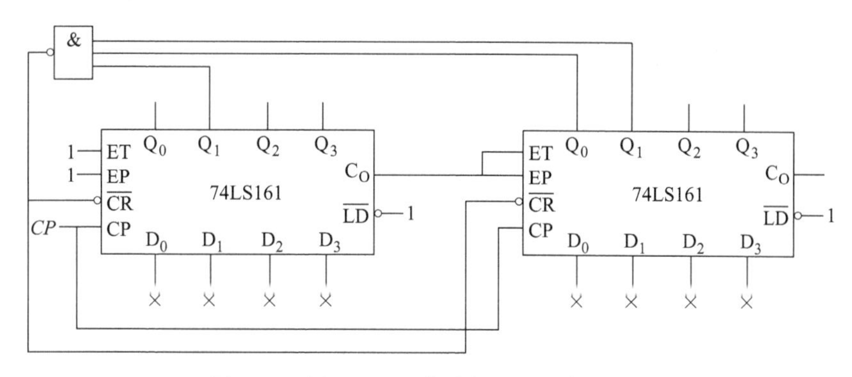

图 7-30　用 74LS161 构成的五十进制计数器

7.2.5　十进制计数器电路构成及工作原理

十进制计数器电路如图 7-31 所示。用 CD4518 完成两位十进制计数，其中右边的个位十进制计数器用 1EN 端作为计数允许端（高电平有效），1CLK 端作为计数时钟输入端（上升沿触发有效），进行个位数计数；左边的十位十进制计数器用 2CLK 端作为计数允许端（低电平有效），2EN 作为计数输入端（下降沿触发有效），将个位十进制计数器的 1Q3 接到十位十进制计数器的 2EN 端，提供进位脉冲。在第 10 个计数脉冲到来之前，1Q3 不能为 2EN 提供有效的下降沿，十位十进制计数器输出状态保持 0000 不变；第 10 个计数脉冲到，个位十进制计数器由之前的 1001 状态变为 0000 状态，1Q3 为 2EN 提供有效的下降沿，十位十进制计数器开始计数。两位计数器输出的 8421BCD 码直接输入各自的译码驱动芯片 CD4511 进行译码并驱动数码管显示。

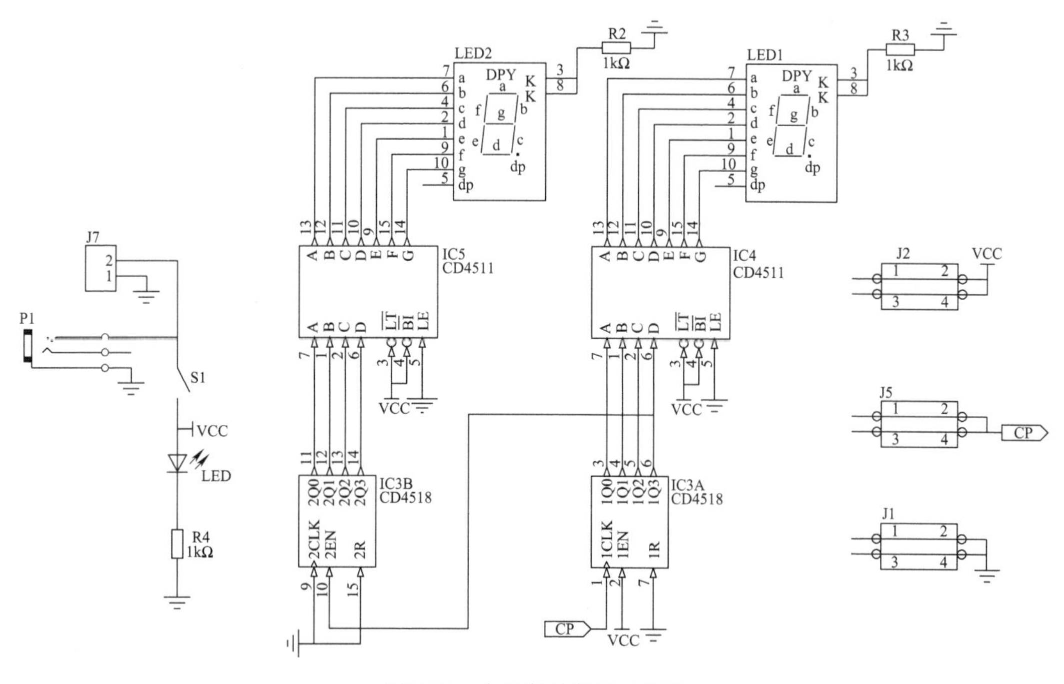

图 7-31　十进制计数器电路图

7.3 仿真分析

利用 Proteus 仿真软件搭建十进制计数器仿真分析电路，仿真演示如图 7-32 所示。

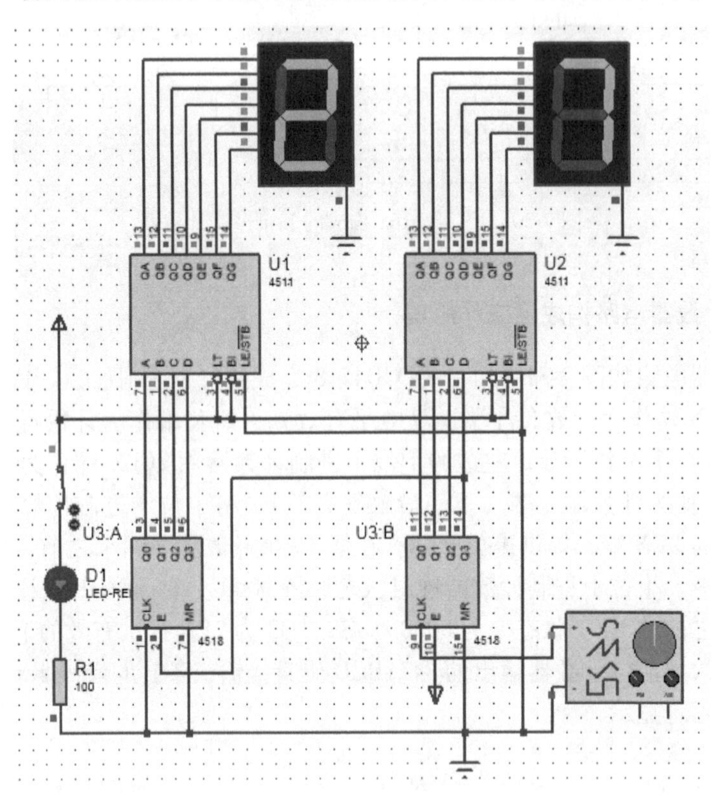

图 7-32　十进制计数器的仿真演示

7.4 实做体验

7.4.1 材料及设备准备

材料清单见表 7-10。

表 7-10　材料清单表

序号	名称	型号与规格	数量	备注
1	电阻	1kΩ/0.25W	3 个	
2	电源座	2P	2 只	
3	电源开关	自锁开关，6mm×6mm	1 个	
4	发光二极管	红，ϕ3mm	1 个	
5	集成电路	CD4518	1 片	
6	集成电路	CD4511	2 片	

（续）

序号	名称	型号与规格	数量	备注
7	IC座	16P	3只	
8	数码管	0.5in(1in=25.4mm)，1位共阴极	2只	
9	接插件	2P	2个	
10	排针	2.54mm，双排针	8只	
11	导线	BVR线，ϕ0.5mm×10cm	2根	
12	焊锡丝	ϕ0.8mm	1.5m	

工具设备清单见表7-11。

表7-11　工具设备清单表

序号	名称	型号与规格	数量	备注
1	信号发生器	UTG9002C	1台	
2	直流稳压电源	MS-705D	1块	
3	数字式万用表	VC890D	1块	
4	指针式万用表	MF47	1块	
5	斜口钳	JL-A15	1把	
6	尖嘴钳	HB-73107	1把	
7	电烙铁	220V/25W	1把	
8	吸锡枪	TP-100	1把	
9	镊子	1045-0Y	1个	
10	锉刀	W0087DA-DD	1个	

7.4.2　元器件筛选

CD4518识别与检测方法如下：

（1）CD4518外形及引脚辨别　CD4518是一个双BCD同步加计数器，内部包含两个十进制加法计数器。CD4518外形引脚排列如图7-33所示。每个计数器都有两个时钟输入端CP和EN，可用时钟脉冲的上升沿或下降沿触发。R端为清零端，高电平有效。

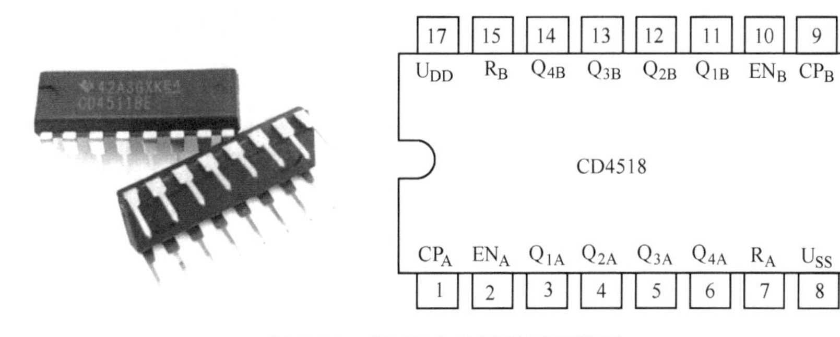

图7-33　CD4518外形及引脚排列

（2）CD4518 逻辑功能（见表 7-12）

表 7-12 CD4518 功能表

输入			功能
CP	*EN*	*R*	
×	×	1	清零
↓	×	0	保持
×	↑	0	保持
↑	0	0	保持
1	↓		保持
↑	1	0	计数
0	↓	0	计数

（3）CD4518 性能测试

1）CD4518 集成芯片内部电路结构复杂，需设计专门的测试电路来测试芯片的逻辑功能。

2）可以自行设计测试电路，将计数脉冲输入端接逻辑电平开关，输出端接逻辑电平显示，改变逻辑开关状态，观察电平显示，验证是否符合 BCD 码十进制计数器计数规则。

7.4.3 布局图设计

电子元器件布局图设计是根据选定的待组装电路原理图，在电路板上对要组装的元器件分布进行设计，是电子产品制作过程中非常重要的一个环节。

1. 设计要点

1）要按电路原理图设计。

2）元器件分布要科学，电路连接要规范。

3）元器件间距要合适，元器件分布要美观。

2. 具体方法和注意事项

1）根据电路原理图找准几条线，确保元器件分布合理、美观。

2）除电阻元件外，如数码管、发光二极管、集成芯片等元器件，要注意布局图上标明引脚区分。

3. 十进制计数器 PCB 布局图（见图 7-34）

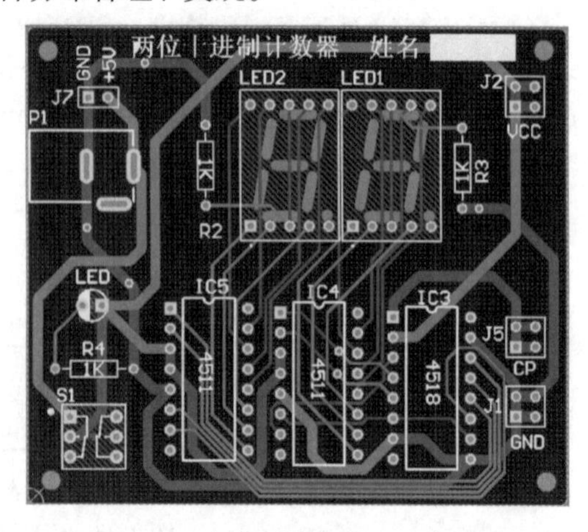

图 7-34 十进制计数器 PCB 布局图

7.4.4 焊接制作

（1）元器件引脚成形 元器件引脚成形时，无论是径向元器件还是轴向元器件，都必须考虑两个主要的参数：

1）最小内弯半径。

2）折弯时距离元器件本体的距离。

【小提示】

要求折弯处至元器件体、球状连接部分或引脚焊接部分的距离相当于至少一个引脚直径或厚度，或者是0.8mm（取最大者）。

（2）元器件插装　插装元器件时，应遵循“六先六后”原则，即先低后高，先小后大，先里后外，先轻后重，先易后难，先一般后特殊。具体的插装要求如下：

1）边装边核对，做到每个元器件的编号、参数（型号）、位置均统[illegible]。

2）电容插装要求极性正确，高度一致且高度尽量低，要端正不歪斜。

3）LED插装要求极性正确，区分不同的发光颜色，要端正不歪斜。

4）集成芯片的引脚较多，在PCB上安装集成芯片时，应注意使芯片的1脚与PCB上的1脚一致，关键是方向不要搞错。否则，通电时，集成电路很可能被烧毁。

（3）电路板焊接

1）一般集成电路所受的最高温度为270℃、10s或350℃、3s，这是指每块集成电路全部引脚同时浸入离封装基底平面的距离大于1.5mm所允许的最长时间，所以波峰焊和浸焊温度一般控制在240~270℃，时间约7s。如果采用手工焊接，一般用20W内热式电烙铁，且电烙铁外壳必须接地良好，焊接时间不宜过长，焊锡量不可过多。

2）如果装接错误，则需要从印制电路板上拆卸集成电路。由于集成电路引脚多，拆卸起来比较困难，可以借助注射器针头、吸锡器或用毛刷配合来完成集成电路芯片拆卸。因为集成电路芯片引脚上不能加太大的应力，所以在拆卸集成电路芯片时要小心，以防引脚折断。

7.4.5　功能调试

1. 目视检查

检查电源、地线、信号线、元器件接线端之间有无短路；连线处有无接触不良；二极管、开关、集成芯片、数码管等元器件引脚有无错接、漏接、反接。

2. 通电检查

将焊接制作好的十进制计数器电路板接入5V直流电源，先观察有无异常现象，包括有无冒烟、有无异常气味、元器件是否发烫、电源是否短路等，如果出现异常，应立即切断电源，排除故障后方可重新通电。十进制计数器成品如图7-35所示。

图7-35　十进制计数器成品图

电路检查正常之后，观察十进制计数器电路功能是否正常。接通电源，电源指示LED灯导通发光，输入计数脉冲，计数器开始计数并将当前计数值通过数码管显示。如果发光二极管不能导通发光，或者数码管显示字符不正确，说明电路出现故障，这时应检查电路，找出故障并排除。

3. 故障检测与排除

电子产品焊接制作及功能调试过程中，出现故障不可避免，通过观察故障现象、分析故障原因、解决故障问题可以提高实践和动手能力。查找故障时，首先要有耐心，还要细心，切忌马马虎虎，同时还要开动脑筋，认真进行分析、判断。

（1）故障查找方法　对于比较简单的电路或自己非常熟悉的电路，可以采用观察判断法，通过仪器、仪表观察结果，再根据自己的经验，直接判断故障发生的原因和部位，从而准确、迅速地找到故障并加以排除。对于比较复杂的电路，查找故障的通用方法是把合适的信号或某个模块的输出信号引到其他模块上，然后依次对每个模块进行测试，直到找到故障模块为止。故障查找步骤如下：

1）先检查用于测量的仪器是否使用得当。

2）检查安装制作的电路是否与电路图一致。

3）检查电路主要点的直流电位，并与理论设计值进行比较，以精确定位故障点。

4）检查集成计数芯片工作电压是否正常，从而判断芯片是否正常工作或损坏。

5）检查发光二极管、数码管等元器件是否工作正常。

（2）故障查找注意事项

1）在检测电路、插拔电路器件时，必须切断电源，严禁带电操作。

2）集成电路引脚间距较小，在进行电压测量或用示波器探头测试波形时，应避免造成引脚间短路，最好在与引脚直接连通的外围印制电路板上进行测量。

（3）常见故障分析

1）发光二极管不发光。原因分析：发光二极管通过 1kΩ 电阻及开关 S1 直接与供电电源连接，如果发光二极管不导通发光，检查发光二极管极性是否接反、发光二极管是否损坏、开关是否可靠闭合以及该支路是否与电源可靠连接。

2）数码管显示字符不全。原因分析：当计数器开始工作，数码管应能将当前计数值正确显示，如果数码管显示字符不全，检查 CD4511 译码输出是否正确、数码管不显示笔段是否损坏、与 CD4518 的连接是否可靠及该笔段是否存在虚焊、漏焊等。

3）计数器不工作。原因分析：如果计数器不能正常计数，检查 CD4518 的控制输入引脚是否正确连接及是否存在错焊等。

7.5 应用拓展

7.5.1 电路组成与工作原理

完成梦幻音乐彩灯制作，其电路结构与组成如图 7-36 所示。R_{14}、R_{15}、R_{P1}、C_1 及 CD4060 引脚 9、10、11 内部电路组成振荡电路，振荡频率 $f=1/2.2(R_{15}+R_{P1})\times C_1$，调节 R_{P1} 可改变振荡频率。随着振荡器振荡，CD4060 的输出端 Q4～Q14 以二进制形式递进输出，三组发光二极管也随输出端的高低电平变化而亮灭。当 CD4060 的三个引脚 Q5、Q6、Q7 中某引脚输出低电平时，该引脚所接晶体管导通，对应组发光二极管导通发光。当 CD4060 的三个引脚 Q5、Q6、Q7 中某引脚输出高电平时，该引脚所接晶体管截止，对应组发光二极管截止熄灭。二极管 VD13、VD14、VD15 起循环复位作用，当 CD4060 的三个引脚 Q5、Q6、Q7

都输出高电平时，二极管截止，复位引脚 12 脚高电平有效，CD4060 输出全部复位为 0。XC64、VT4、R_{16}及蜂鸣器构成音效电路，接通电源，音乐晶体管 XC64 输出“致爱丽丝”音频信号，经 VT4 放大后驱动蜂鸣器发声。

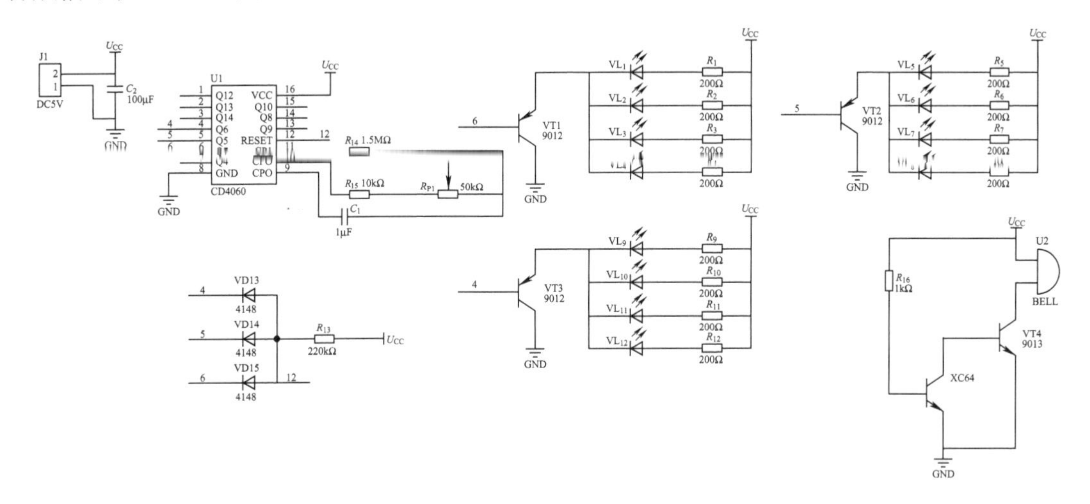

图 7-36　梦幻音乐彩灯电路图

7.5.2　材料及设备准备

材料清单见表 7-13。

表 7-13　材料清单表

序号	名称	型号与规格	数量	备注
1	电阻	200Ω	12 个	
2	电阻	220kΩ	1 个	
3	电阻	10kΩ	1 个	
4	电阻	1. 5MΩ	1 个	
5	电阻	1kΩ	1 个	
6	电位器	50kΩ	1 个	
7	电容	1μF	1 个	
8	电容	100μF	1 个	
9	晶体管	S9012	3 个	
10	晶体管	S9013	1 个	
11	二极管	1N4148	3 个	
12	发光二极管	红，黄，绿	12 个	
13	蜂鸣器	无源	1 只	
14	音乐晶体管	XC64	1 个	
15	集成芯片	CD4060	1 片	
16	IC 座	16P	1 只	
17	PCB	7cm×9cm	1 块	
18	导线	BVR 线，ϕ0. 5mm×10cm	2 根	红、黑
19	焊锡丝	ϕ0. 8mm	1. 5m	

工具设备清单见表 7-14。

表 7-14 工具设备清单表

序号	名称	型号与规格	数量	备注
1	直流稳压电源	RPS3005D-2	1 块	
2	数字式万用表	VC890D	1 块	
3	指针式万用表	MF47	1 块	
4	斜口钳	JL-A15	1 把	
5	尖嘴钳	HB-73107	1 把	
6	电烙铁	220V/25W	1 把	
7	吸锡枪	TP-100	1 把	
8	镊子	1045-0Y	1 个	
9	锉刀	W0087DA-DD	1 个	

【考核评价】

<table>
<tr><td colspan="2">任务 7</td><td colspan="4">十进制计数器的制作</td></tr>
<tr><td colspan="2">考核环节</td><td>考核要求</td><td>评分标准</td><td>配分</td><td>得分</td></tr>
<tr><td rowspan="2">工作过程知识</td><td>点滴积累</td><td rowspan="2">1）相关知识点的熟练掌握与运用
2）系统工作原理分析正确</td><td rowspan="2">在线练习成绩×该部分所占权重（30%）= 该部分成绩。由教师统计确定得分</td><td rowspan="2">30 分</td><td rowspan="2"></td></tr>
<tr><td>电路分析</td></tr>
<tr><td rowspan="5">工作过程技能</td><td>任务准备</td><td>1）明确任务内容及实验要求
2）分工明确，作业计划书整齐美观</td><td>1）任务内容及要求分析不全面，扣 2 分
2）组员分工不明确，作业计划书潦草，扣 2 分</td><td>5 分</td><td></td></tr>
<tr><td>模拟训练</td><td>1）模拟训练完成
2）过关测试合格</td><td>1）模拟训练不认真，发现一次扣 1 分
2）过关测试不合格，扣 2 分</td><td>5 分</td><td></td></tr>
<tr><td>焊接制作</td><td>1）元器件的正确识别与检测
2）PCB 制图设计正确、整齐、美观
3）元器件装配到位，无错装、漏装
4）焊接可靠美观，无虚焊、漏焊、错焊等</td><td>1）元器件错选或检测错误，每个元器件扣 1 分
2）不能画出 PCB 图，扣 2 分
3）错装、漏装，每处扣 1 分
4）焊接质量不符合要求，每个焊点扣 1 分
5）功能不能正常实现，扣 5 分
6）不会正确使用工具设备，扣 2 分</td><td>10 分</td><td></td></tr>
<tr><td>功能调试</td><td>1）调试顺序正确
2）仪器仪表使用正确
3）能正确分析故障现象及原因，查找故障并排除故障，确保产品功能正常实现</td><td>1）不会正确使用仪器仪表，扣 2 分
2）调试过程中，出现故障，每个故障扣 2 分
3）不能实现调光功能，扣 5 分</td><td>10 分</td><td></td></tr>
<tr><td>外观设计</td><td>1）外观效果图简洁美观
2）选择制作材料，完成外壳制作
3）完成外壳与电路板装配
4）产品功能实现，工作正常</td><td>1）外观设计潦草，不美观，扣 2 分
2）没有完成外壳制作，扣 2 分
3）产品无法正常使用，扣 5 分</td><td>10 分</td><td></td></tr>
</table>

（续）

任务7		十进制计数器的制作			
考核环节		考核要求	评分标准	配分	得分
工作过程技能	总结评价	1）能正确演示产品功能 2）能对照考核评价表进行自评互评 3）技术资料整理归档	1）不能正确演示产品功能，扣2分 2）没有完成自评、互评，扣2分 3）技术资料记录、整理不齐全，缺1份扣1分	10分	
安全文明素养		1）安全用电，无人为损坏仪器设备 2）保持环境整洁，秩序井然，习惯良好，任务完成后清洁整理工作现场 3）小组成员协作和谐，态度正确 4）不迟到、早退、旷课	1）发生安全事故，扣5分 2）人为损坏设备、元器件，扣2分 3）现场不整洁、工作不文明，团队不协作，扣2分 4）不遵守考勤制度，每次扣1分	20分	
合计				100分	

【学习自测】

7.1　填空题

1. 触发器有________个稳态，存储8位二进制信息需要________个触发器。

2. 一个基本RS触发器在正常工作时，不允许输入$R=S=1$的信号，因此它的约束条件是________。

3. 时序逻辑电路按状态转换来分，可分为______________和______________两大类。

4. 一个十进制加法计数器需要由________个JK触发器组成。

5. 在一个CP脉冲作用下，引起触发器两次或多次翻转的现象称为触发器的________，触发方式为________式或________式的触发器不会出现这种现象。

6. 按逻辑功能的不同可分为________触发器、________触发器、________触发器。

7. 移位寄存器中，数码逐位输入的方式称为____________。

8. 时序逻辑电路的特点是：任意时刻的输出不仅取决于________，而且与电路的________有关。

9. 电路在没有外加信息触发时保持某一状态不变，这种状态叫________。

10. 三个二进制计数器累积脉冲个数为________，四个二进制计数器累积脉冲个数为________。

7.2　选择题

1. 欲使JK触发器按$Q^{n+1}=\overline{Q^n}$工作，可使JK触发器的输入端________。

A. $J=K=0$　　B. $J=Q$，$K=\overline{Q}$　　C. $J=\overline{Q}$，$K=Q$　　D. $J=K=1$

2. N个触发器可以构成能寄存________位十进制数码的寄存器。

A. $N-1$　　B. N　　C. $N+1$　　D. 2^N

3. 一位二进制计数器可实现2分频，N位二进制计数器，最后一个触发器输出的脉冲频率是输入频率的________。

A. 2^N　　B. $1/2^N$　　C. $2N$　　D. $1/2N$

4. 下列触发器中，没有约束条件的是________。

A. 基本 RS 触发器　　　　B. 主从 RS 触发器

C. 同步 RS 触发器　　　　D. 边沿 D 触发器

5. 把一个三进制计数器与一个五进制计数器串接起来，最大的计数值是________。

A. 35　　B. 10　　C. 15　　D. 8

7.3 判断题

1. 同一 CP 控制各触发器的计数器称为异步计数器。（　）
2. 时序电路无记忆功能。（　）
3. 具有移位功能的寄存器，称为移位寄存器。（　）
4. 边沿 JK 触发器，在 CP 为高电平期间，当 $J=K=1$ 时，状态翻转一次。（　）
5. 在门电路基础上组成的触发器，输入信号对触发器的状态影响随输入信号的消失而消失。（　）
6. 计数器、寄存器通常由门电路构成。（　）
7. 同步二进制计数器是构成各种同步计数器的基础，适当修改激励方程式，可以得到各种同步 N 进制计数器。（　）
8. 三位二进制加法计数器，最多能计 6 个脉冲信号。（　）
9. 数码寄存器的工作方式是同步，移位寄存器的工作方式是异步。（　）
10. 由两个 TTL 或非门构成的基本 RS 触发器，当 $R=S=1$ 时，触发器的状态不定。（　）

7.4　分析计算题

1. 试分析图 7-37 所示时序电路的逻辑功能，写出电路的驱动方程、状态方程和输出方程，画出电路的状态转换图，检查电路能否自启动。

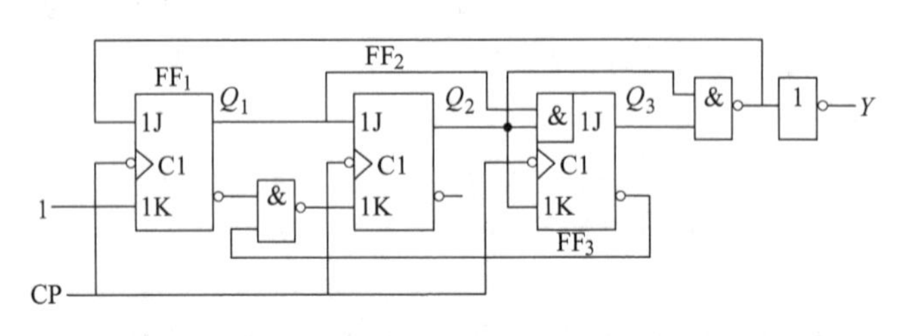

图 7-37　题 1 图

2. 分析图 7-38 所示的计数器电路，画出电路的状态转换图，说明这是多少进制的计数器。

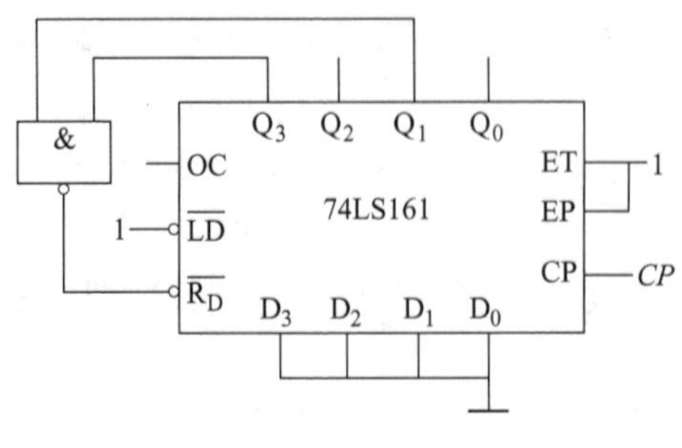

图 7-38　题 2 图

3. 试用图7-39所示的四位同步二进制计数器74LS161接成十三进制计数器，标出输入、输出端。可以附加必要的门电路。

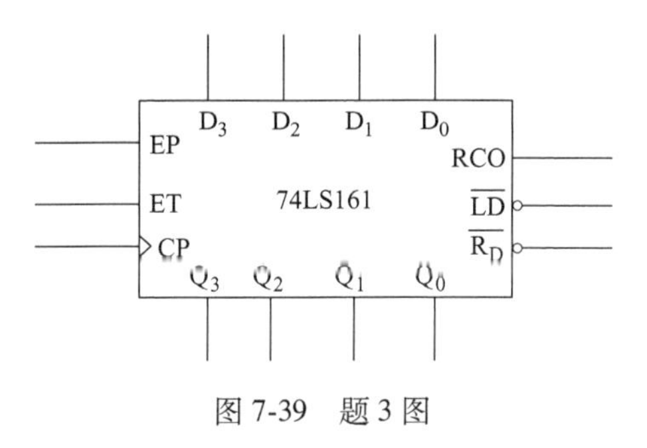

图7-39　题3图

4. 根据图7-40所示的CP、J、K的波形画出Q端波形，假设初态为零，该JK触发器为上升沿触发。

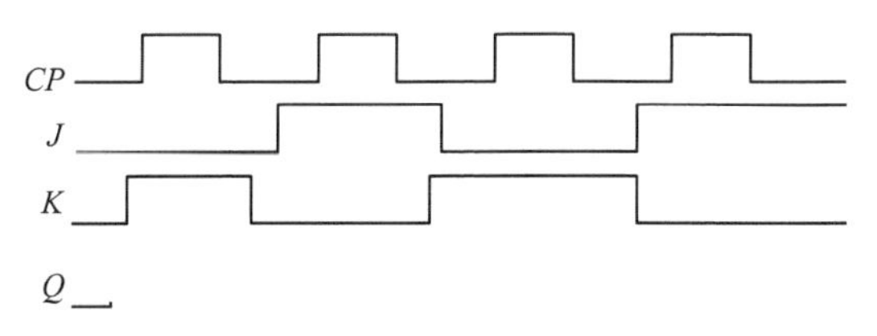

图7-40　题4图

任务8　三角波发生器的制作

8.1　任务简介

在电子电路系统中，常常要用到各种脉冲波形，这些脉冲波形的获取，通常有两种方法：一种是用脉冲信号发生器产生；另一种则是对已有的信号进行波形变化，使之满足系统的要求。其中，脉冲信号发生器在电子技术应用领域里的用途非常广泛，例如：测量、控制、通信及广播电视系统中，常常需要频率可变和幅度可调的正弦波信号发生器。在数字系统和自动控制系统中，还常常需要方波、三角波等非正弦波信号发生器。接下来学习三角波发生器涉及的电子电路知识，包括 *RC* 电路、施密特触发器、单稳态触发器、多谐振荡器及555 定时器等，然后利用这些理论知识去指导具体的操作实践，完成三角波发生器的制作。

8.2　点滴积累

8.2.1　*RC* 电路

1. 常用脉冲波形及参数

（1）常见的脉冲波形　脉冲波形是指具有突变的周期性或非周期性的电流或电压的波形。常见的有矩形波、尖峰波、锯齿波、梯形波、阶梯波等。图 8-1 给出了常见的脉冲波形图。

（2）矩形波及其参数　数字电路中用得最多的是矩形波。矩形波有非周期性与周期性两种，图 8-2 所示为这两种类型的矩形波。图 8-2a 所示为非周期性矩形波，图 8-2b 所示为周期性矩形波。

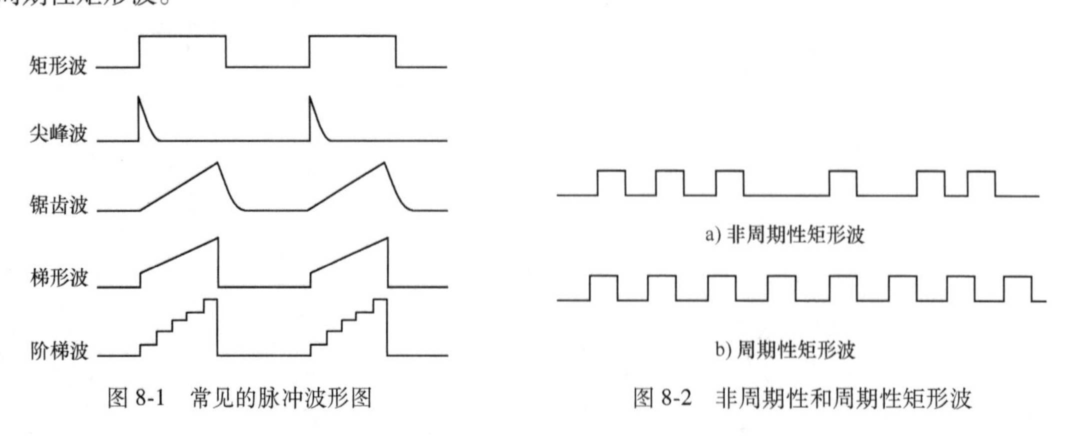

图 8-1　常见的脉冲波形图　　图 8-2　非周期性和周期性矩形波

周期性矩形波的周期用 T 表示，有时也用频率 f 表示（$f=1/T$）。图 8-3 标出了矩形波的另外几个参数。

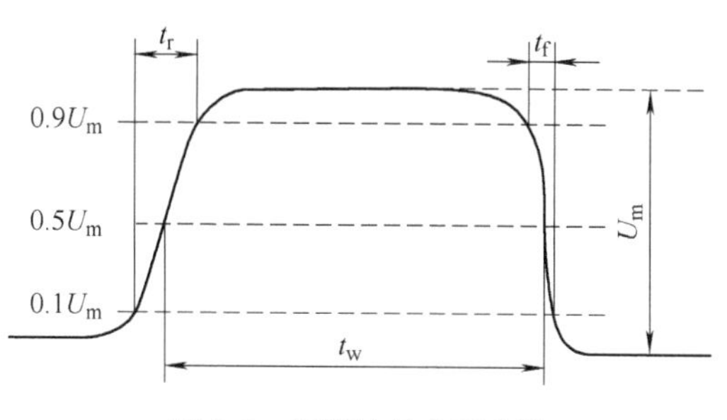

图 8-3　矩形波的主要参数

1）脉冲幅度 U_m：脉冲电压的最大变化幅度。

2）脉冲宽度 t_w：从脉冲前沿到达 $0.5U_m$ 起，到脉冲后沿 $0.5U_m$ 为止的时间。

3）上升时间 t_r：脉冲前沿从 $0.1U_m$ 上升到 $0.9U_m$ 所需的时间。

4）下降时间 t_f：脉冲后沿从 $0.9U_m$ 下降到 $0.1U_m$ 所需的时间。

5）占空比 q：脉冲宽度与脉冲周期之比，$q=t_w/T$。通常 q 用百分比表示，如果 $q=50\%$，则称为对称方波。

2. *RC* 电路的应用

（1）微分电路　微分电路构成如图 8-4a 所示，如果满足条件 $RC \ll t_w$，则可将矩形波变换为尖峰波，其工作波形如图 8-4b 所示。由于电路输出 u_O 只反映输入波形 u_I 的突变部分，故称微分电路。

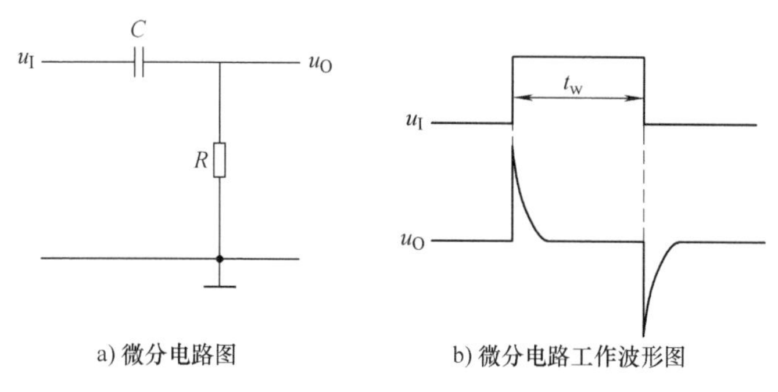

图 8-4　微分电路及工作波形

（2）积分电路　积分电路如图 8-5a 所示，若满足条件 $RC \gg t_w$，则可将矩形波变换为三角波，其工作波形如图 8-5b 所示。如果 $RC \ll t_w$，则不满足积分电路条件，将得到图 8-5c 所示工作波形，可以看出，输出波形 u_O 的边沿变差了。

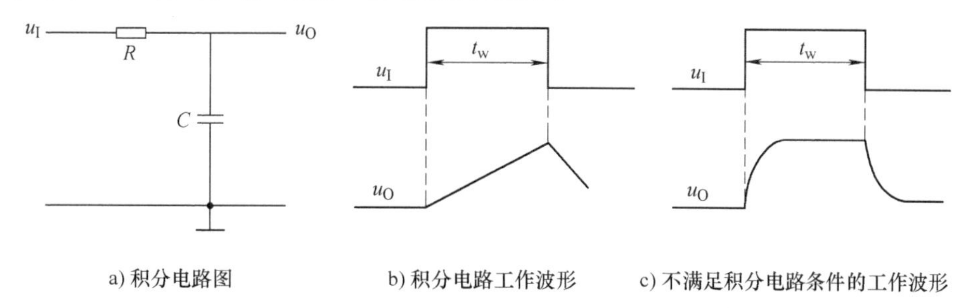

图 8-5　积分电路及工作波形

（3）脉冲分压器　在模拟电路中，常用电阻分压器来实现正弦波信号的无失真传输。但是，对脉冲信号的传输，不能采用简单的电阻分压器，因为分布电容的影响，会使输出波形的边沿发生畸变。为了实现脉冲信号的无畸变传输，需要采用脉冲分压器。各种示波器的输入衰减器采用的就是这种脉冲分压器。脉冲分压器的电路如图 8-6 所示，只要满足条件 $C_1R_1=C_2R_2$ 或者 $C_1=C_2R_2/R_1$，则可实现脉冲信号的无失真传输。

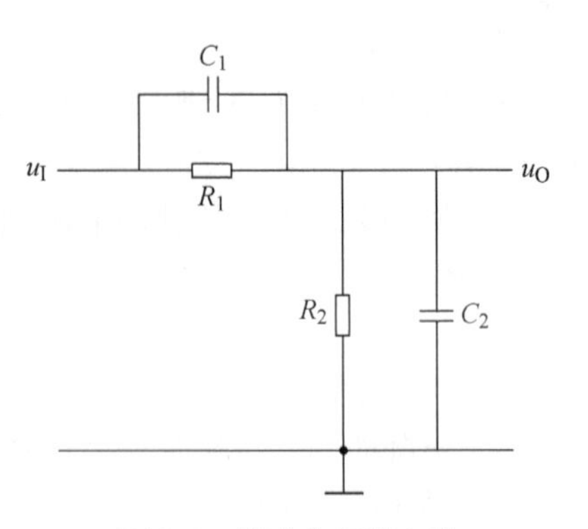

图 8-6 脉冲分压器电路

8.2.2 施密特触发器

施密特触发器的主要用途是可以把变化缓慢的信号波形变换为边沿陡峭的矩形波。施密特触发器有两个特点：

第一，电路有两种稳定状态，两种稳定状态的转换需要外加触发信号，维持两种稳定状态也依赖于外加触发信号。施密特触发器属于电平触发电路。

第二，电路有两个转换电平，输入信号增加或减少到电路输出电平发生转换时的阈值电压不同。

1. 门电路组成的施密特触发器

（1）电路组成　由 CMOS 门电路组成的施密特触发器如图 8-7 所示。电路中两个反相器串接，分压电阻 R_1、R_2 将输出端的电压反馈到输入端对电路产生影响。

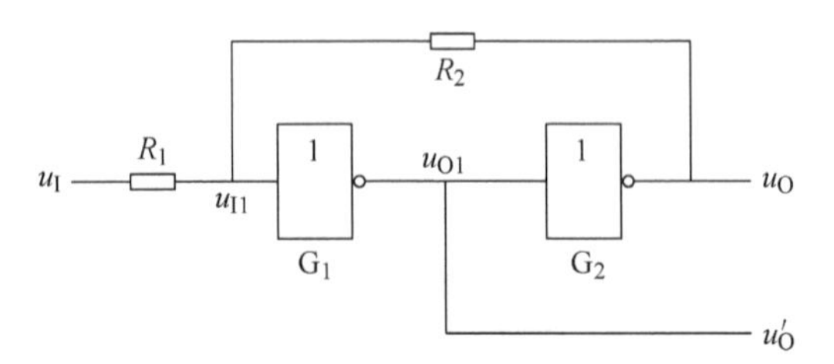

a) 施密特触发器电路图

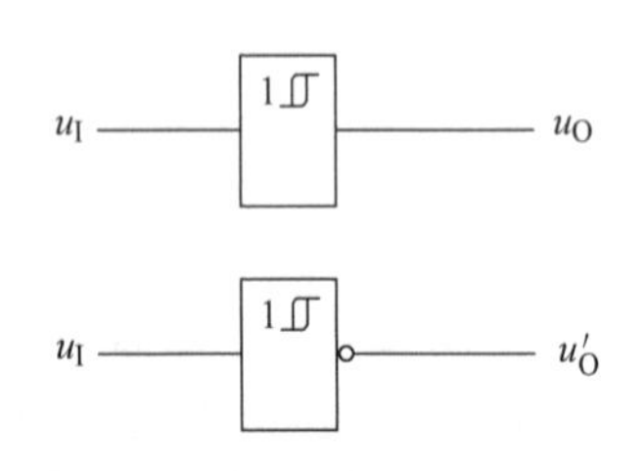

b) 施密特触发器传输门和反相器图形符号

图 8-7 CMOS 门电路组成的施密特触发器电路及图形符号

（2）工作原理

1）工作过程。假定电路中 CMOS 反相器的 $U_{TH}=U_{DD}/2$，$R_1<R_2$，输入信号 u_I 为三角波，由电路不难看出，G_1 门的输入电平 u_{I1} 为

$$u_{I1}=\frac{R_2}{R_1+R_2}u_I+\frac{R_1}{R_1+R_2}u_O \tag{8-1}$$

当 $u_I=0$V 时，G_1 门截止，G_2 门导通，输出为 U_{OL}，即 $u_O=0$V，此时 $u_{I1}\approx0$V。输入从 0V 电压逐渐增加，只要 $u_{I1}<U_{TH}$，则电路保持 $u_O=0$V 不变，称这种状态为第一稳态。

当 u_I上升时，使得 $u_{I1}=U_{TH}$，电路产生如下正反馈过程：

$$u_{I1}\uparrow\rightarrow u_{O1}\downarrow\rightarrow u_O\uparrow$$

电路会迅速转换为 G_1 门导通，G_2 门截止，输出为 U_{OH}，即 $u_O=U_{DD}$。此时的 u_I值即为施密特触发器在输入信号正向增加时的阈值电路，称为正向阈值电压，用 U_{T+}表示。显然，u_I继续上升，电路的状态不会改变，称这种状态为第二稳态。

如果 u_I下降，u_{I1}也会下降，当 u_{I1}下降到 U_{TH}时，电路又产生如下正反馈过程：

$$u_{I1}\downarrow\rightarrow u_{O1}\uparrow\rightarrow u_O\downarrow$$

电路会迅速转换为 G_1 门截止，G_2 门导通，输出为 U_{OL}，即 $u_O=0V$。此时的 u_I 值即为施密特触发器在输入信号负向减小时的阈值电路，称为负向阈值电压，用 U_{T-} 表示。显然，u_I 继续下降，电路的状态不会改变。

2）工作波形与电压传输特性。根据上述工作过程的分析，可以画出如图8-8所示的工作波形及传输特性。从波形图可以看出，施密特触发器将三角波 u_I 变换成矩形波 u_O。

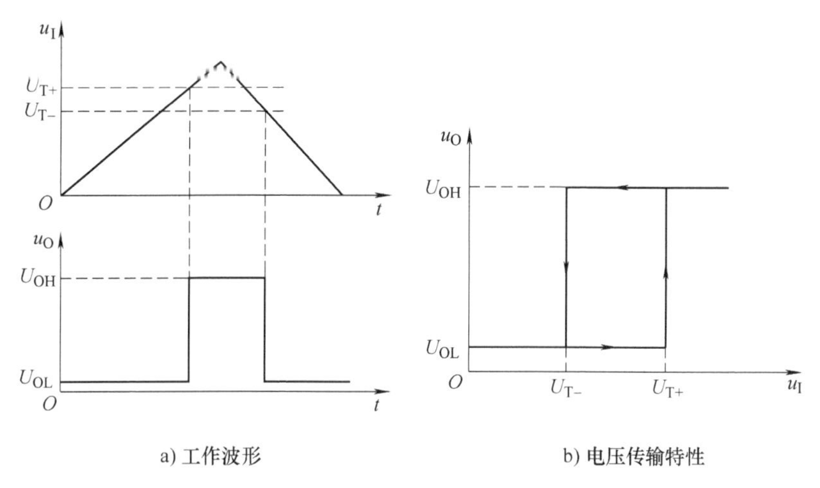

a) 工作波形　　b) 电压传输特性

图8-8　施密特触发器工作波形及电压传输特性

通常 $U_{T+}>U_{T-}$，称 $\Delta U_T=U_{T+}-U_{T-}$ 为施密特触发器的回差。改变 R_1 和 R_2 的大小可以改变回差 ΔU_T。

2. 施密特触发器的应用

（1）波形变换　利用施密特触发器可以将变化缓慢的波形变换成矩形波，图8-9所示是利用施密特反相器将正弦波变换成矩形波。

（2）脉冲整形　在数字系统中，矩形脉冲经传输后往往发生波形畸变，或者边沿产生振荡等。通过施密特触发器整形，可以获得比较理想的矩形脉冲波形。图8-10所示是用施密特反相器实现的脉冲整形波形。

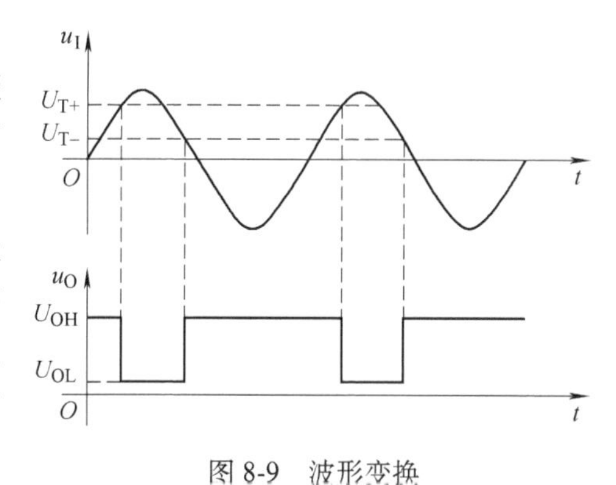

图8-9　波形变换

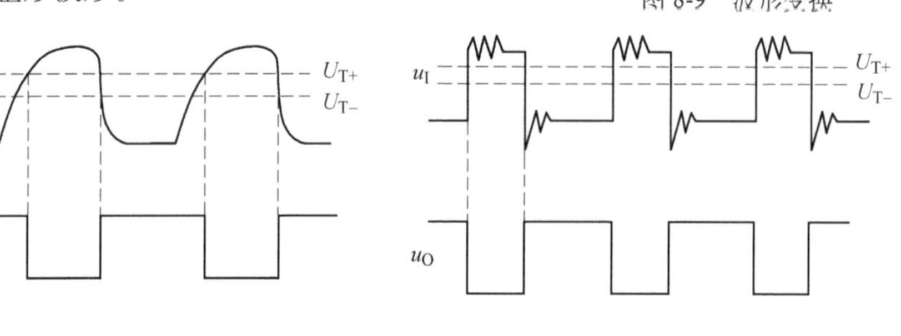

a) 波形畸变的脉冲整形　　b) 边沿振荡的脉冲整形

图8-10　脉冲整形

（3）脉冲鉴幅　将一系列幅度各异的脉冲信号加到施密特触发器的输入端，只有那些幅度大于 U_{T+}的脉冲才会在输出端产生输出信号，如图 8-11 所示。可见，施密特触发器具有脉冲鉴幅能力。

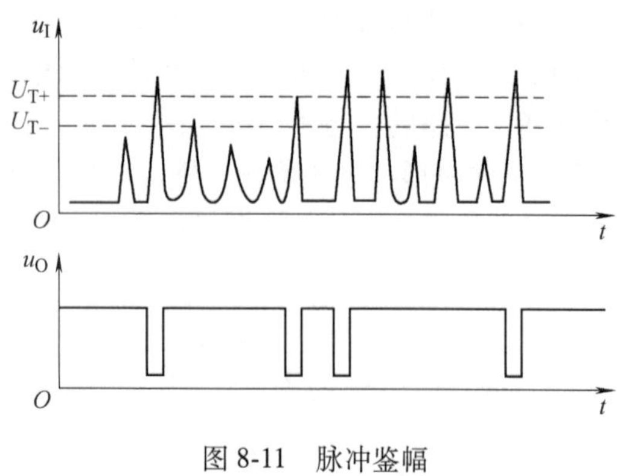

图 8-11　脉冲鉴幅

8.2.3　单稳态触发器

单稳态触发器具有如下工作特点：

第一，电路有一个稳态，一个暂稳态。

第二，在外加脉冲作用下，触发器从稳态翻转到暂稳态，维持一段时间后，将自动返回稳态。

第三，暂稳态维持时间的长短取决于电路本身的参数，与外加触发信号无关。

1. 门电路组成的单稳态触发器

（1）电路组成及工作原理　由 CMOS 或非门和反相器构成的单稳态触发器如图 8-12 所示。单稳态触发器的暂稳态是靠 *RC* 电路的充放电过程来维持的，由于图示电路的 *RC* 电路接成微分电路形式，所以该电路又称为微分型单稳态触发器。

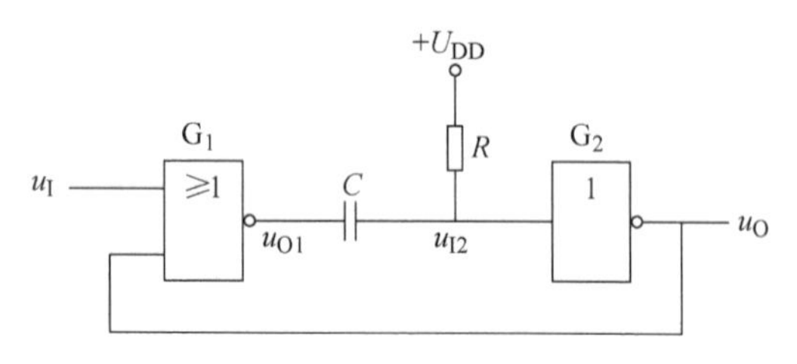

图 8-12　门电路构成的微分型单稳态触发器

1）输入信号 u_I为 0 时，电路处于稳态。由于 $u_{I2}=U_{DD}$，故 G_2 导通，$u_O=0$，此时，u_I和 u_O均为 0，使 G_1 截止，$u_{O1}=U_{OH}=U_{DD}$。可见，在触发信号到来前，$u_{O1}=U_{OH}$，$u_O=u_{O2}=U_{OL}$。

2）外加触发信号，电路由稳态翻转到暂稳态。当 u_I产生正跳变时，G_1 的输出产生负跳变，经过电容 *C* 耦合，u_{I2}产生负跳变，G_2 输出 u_O产生正跳变；u_O的正跳变反馈到 G_1 输入端，从而导致如下正反馈过程：

$$u_I\uparrow\rightarrow u_{O1}\downarrow\rightarrow u_{I2}\downarrow\rightarrow u_O\uparrow$$

电路迅速变为 G_1 导通，G_2 截止的状态，此时，电路处于 $u_{O1}=U_{OL}$，$u_O=u_{O2}=U_{OH}$的状态。然而这一状态是不能长久保持的，故称为暂稳态。

3）电容 *C* 充电，电路由暂稳态自动返回稳态。在暂稳态期间，U_{DD}经 *R* 对 *C* 充电，使 u_{I2}上升。当 u_{I2}上升达到 G_2 的 U_{TH}时，电路会发生如下正反馈过程：

$$C\text{充电}\rightarrow u_{I2}\uparrow\rightarrow u_O\downarrow\rightarrow u_{O1}\uparrow$$

电路迅速由暂稳态返回稳态，$u_{O1}=U_{OH}$，$u_O=u_{O2}=U_{OL}$。从暂稳态自动返回稳态之后，电容 *C* 将通过电阻 *R* 放电，使电容上的电压恢复到稳态时的初始值。图 8-13 所示为电路各点的工作波形。

（2）主要参数

1）输出脉冲宽度 t_w。输出脉冲宽度 t_w，就是暂稳态的维持时间。根据 u_{I2}的波形，可以计算出

$$t_w \approx 0.7RC \tag{8-2}$$

2）恢复时间 t_{re}。暂稳态结束后，电路需要一段时间恢复到初始状态。一般，恢复时间 t_{re} 为3～5倍放电时间常数（通常放电时间常数远小于 RC）。

3）最高工作频率 f_{max}（或最小工作周期 T_{min}）。假设触发信号的时间间隔为 T，为了使单稳态触发器能够正常工作，应当满足 $T>t_w+t_{re}$ 的条件，即 $T_{min}=t_w+t_{re}$。因此，单稳态触发器最高工作频率为

$$f_{max} = 1/(t_w + t_{re}) \tag{8-3}$$

2. 单稳态触发器的应用

（1）脉冲延时　如果需要延迟脉冲的触发时间，可以利用单稳态触发器来实现，如图8-14所示。从波形图可以看出，经过单稳态触发器的延迟，输出信号 u_O 比输入信号 u_I 的下降沿延迟了 t_w 的时间。

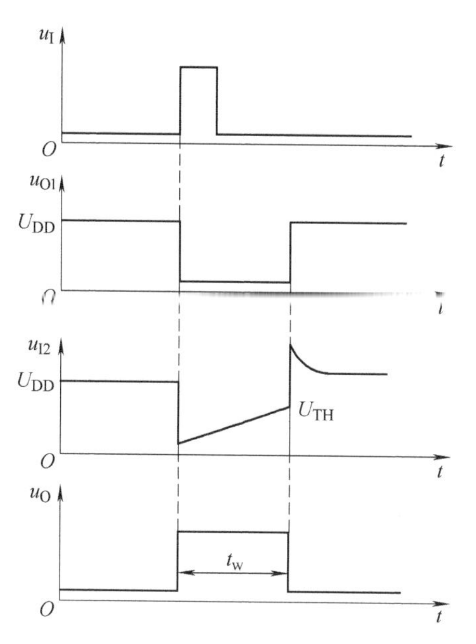

图8-13　单稳态触发器工作波形

（2）脉冲定时　单稳态触发器能够产生宽度为 t_w 的矩形脉冲，利用这个脉冲去控制某一电路，可使它在 t_w 时间内动作（或不动作）。例如，利用宽度为 t_w 的正矩形脉冲作为与门的一个输入控制信号，使得只在矩形脉冲为高电平的 t_w 期间，输入信号 u_I 才能通过。脉冲定时器原理框图及工作波形如图8-15所示。

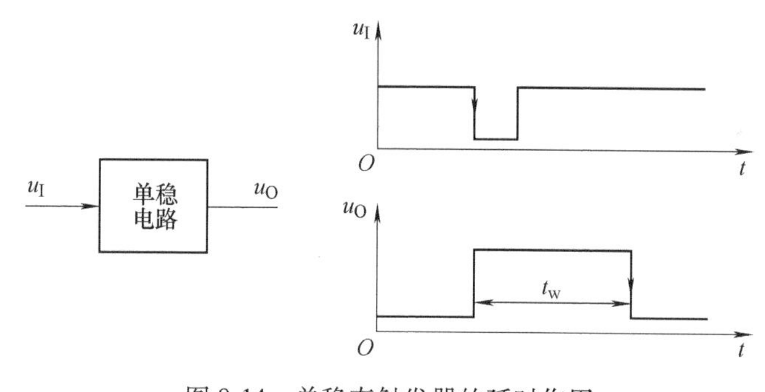

图8-14　单稳态触发器的延时作用

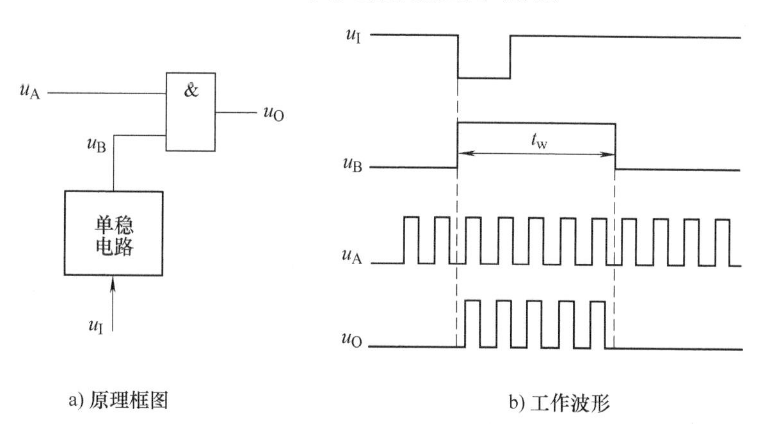

a) 原理框图　　b) 工作波形

图8-15　脉冲定时器原理框图及工作波形

8.2.4 多谐振荡器

多谐振荡器是一种自激振荡器，在接通电源后，不需要外加触发信号便能自动产生矩形脉冲。由于矩形波中含有丰富的高次谐波分量，所以习惯上又把矩形波振荡器称为多谐振荡器。

1. 对称式多谐振荡器

图 8-16 所示为一个典型的对称式多谐振荡器电路，它由两个 TTL 反相器 G_1、G_2 经过电容 C_1、C_2 交叉耦合组成。通常令 $C_1=C_2=C$，$R_1=R_2=R$，为了使静态时反相器工作在转折区，具有较强的放大能力，应满足 $R_{OFF}<R<R_{ON}$（R_{OFF}、R_{ON}分别为 TTL 门电路的关门电阻和开门电阻）的条件。

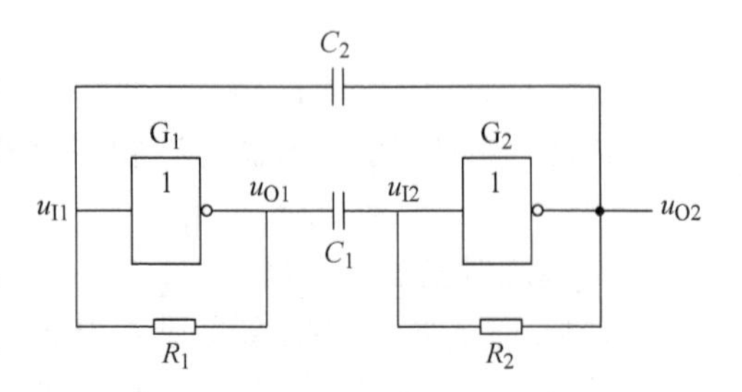

图 8-16 对称式多谐振荡器

假定接通电源后，由于某种原因使 u_{I1}有微小正跳变，则必然会引起如下的正反馈过程：

$$u_{I1}\uparrow \rightarrow u_{O1}\downarrow \rightarrow u_{I2}\downarrow \rightarrow u_{O2}\uparrow$$

u_{O1}迅速跳变为低电平，u_{O2}迅速跳变为高电平，电路进入第一暂稳态。此后，u_{O2}的高电平对电容 C_1 充电使 u_{I2}升高，电容 C_2 放电使 u_{I1}降低。由于充电时间常数小于放电时间常数，所以充电速度较快，u_{I2}首先上升到 G_2 的阈值电压 U_{TH}，并引起如下的正反馈过程：

$$u_{I2}\uparrow \rightarrow u_{O2}\downarrow \rightarrow u_{I1}\downarrow \rightarrow u_{O1}\uparrow$$

u_{O2}迅速跳变为低电平，u_{O1}迅速跳变为高电平，电路进入第二暂稳态。此后，电容 C_1 放电，电容 C_2 充电使 u_{I1}上升，引起又一次正反馈过程，电路又回到第一暂稳态。这样，周而复始，电路不停地在两个暂稳态之间振荡，输出端产生了矩形脉冲。电路的工作波形如图 8-17 所示。从电路的工作波形可以计算出矩形脉冲的振荡周期为

$$T \approx 1.4RC \tag{8-4}$$

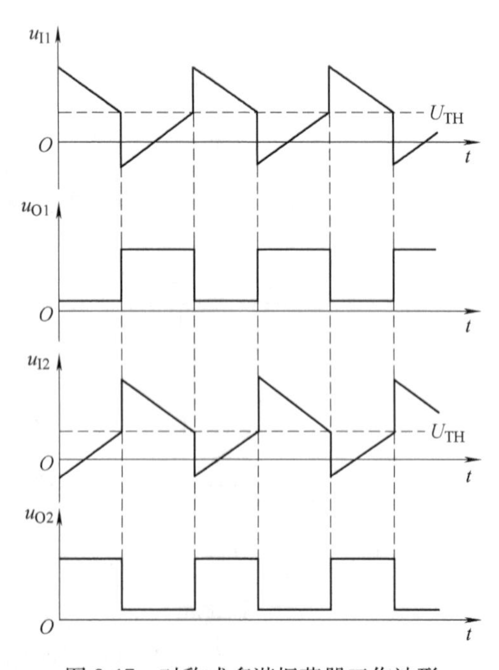

图 8-17 对称式多谐振荡器工作波形

2. 环形振荡器

（1）最简单的环形振荡器 利用集成门电路的传输延迟时间，将奇数个反相器首尾相连便可构成最简单的环形振荡器，具体电路如图 8-17a 所示。不难看出，该电路没有稳定状态。假设由于某种原因使 u_{I1}产生一个正跳变，在经过 G_1 的延迟 t_{pd}之后，u_{I2}产生一个负跳变；再经过 G_2 的

延迟 t_{pd}之后，u_{I3}产生一个正跳变；然后经过 G_3 的延迟 t_{pd}之后，u_O产生一个负跳变，并反馈到 G_1 输入端。因此，经过 3 个 t_{pd}时间之后，u_{I1}又自动跳变为低电平，再经过 3 个 t_{pd}时间，u_{I1}又跳变为高电平。如此周而复始，便产生了自激振荡。其工作波形如图 8-18b 所示，由图可知，振荡周期为

$$T \approx 6t_{pd} \tag{8-5}$$

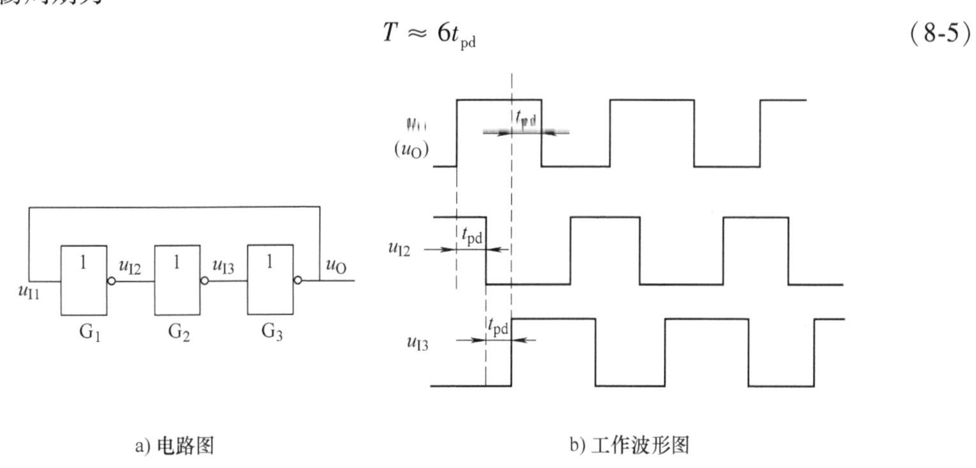

a) 电路图　　b) 工作波形图

图 8-18　最简单的环形振荡器电路及工作波形

（2）*RC* 环形振荡器　最简单的环形振荡器结构十分简单，但是并不实用，因为集成门电路的延迟时间 t_{pd}极短，而且振荡周期不便调节。为了克服上述缺点，可以在图 8-18a 所示电路基础上，增加 *RC* 延迟环节，即可组成如图 8-18 所示的 *RC* 环形振荡器。图中，R_S是限流电阻，是为保护 G_3 而设置的，通常选 100Ω 左右。

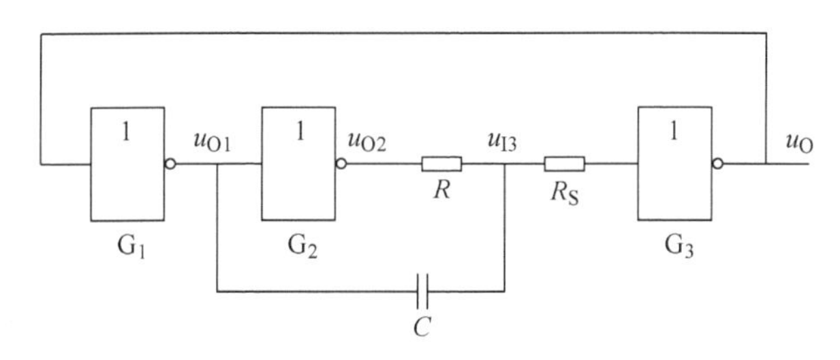

图 8-19　最简单的环形振荡器

RC 环形振荡器的原理就是利用电容 *C* 的充放电，改变 u_{I3}的电平（因为 R_S很小，在分析时往往忽略它）来控制 G_3 周期性的导通和截止，在输出端产生矩形脉冲。电路的工作波形如图 8-20 所示。

根据工作波形可以计算出电路的振荡周期为

$$T \approx 2.2RC \tag{8-6}$$

改变 *R*、*C* 的值，可以调节 *RC* 环形振荡器的振荡周期 *T*。但是，*R* 不能选得太大（一般 1kΩ 左右），否则电路不能正常振荡。

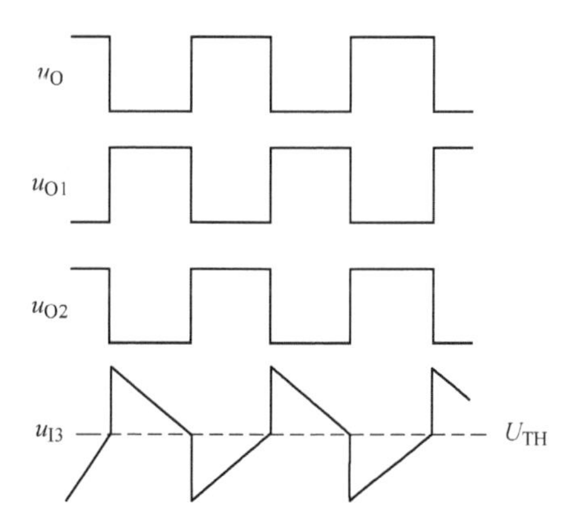

图 8-20　*RC* 环形振荡器的工作波形

3. CMOS 反相器构成的多谐振荡器

用 CMOS 反相器构成的多谐振荡器如图 8-21 所示。

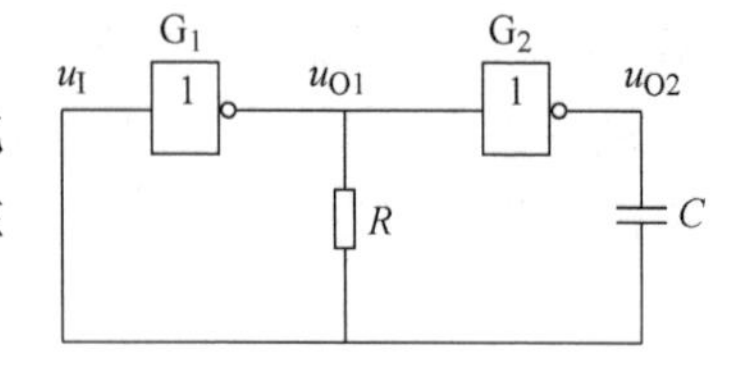

图 8-21 CMOS 反相器构成的多谐振荡器

图中 R 的选择应使 G_1 工作在电压传输特性的转折区，此时，由于 u_{O1}即为 G_2 的输入电压，G_2 也工作在电压传输特性的转折区。若 u_I有正向扰动，必然引起如下正反馈过程：

$$u_I \uparrow \rightarrow u_{O1} \downarrow \rightarrow u_{O2} \uparrow$$

u_{O1}迅速变为低电平，而 u_{O2}迅速变为高电平，电路进入第一暂稳态。此时，电容 C 通过 R 放电，然后 u_{O2}向 C 反向充电，随着电容 C 的放电和反向充电，u_I不断下降，达到 $u_I = U_{TH}$时，电路又产生一次正反馈过程：

$$u_I \downarrow \rightarrow u_{O1} \uparrow \rightarrow u_{O2} \downarrow$$

u_{O1}迅速变为高电平，而 u_{O2}迅速变为低电平，电路进入第二暂稳态。此时，u_{O1}通过 R 向电容 C 充电。随着电容 C 的不断充电，u_I不断上升，当 $u_I \geqslant U_{TH}$时，电路又迅速跳变为第一暂稳态。如此周而复始，电路不停地在两个暂稳态之间转换，电路将输出矩形波。图 8-22 所示是电路的工作波形，根据工作波形可以求出该电路的振荡周期为

$$T = 1.4RC \tag{8-7}$$

4. 石英晶体振荡器

为了提高振荡器的振荡频率稳定度，可以采用石英晶体振荡器。在对称式多谐振荡器的基础上，串接一块石英晶体，就可以构成一个如图 8-23 所示的石英晶体振荡器电路。该电路将产生稳定度极高的矩形脉冲，其振荡频率由石英晶体的串联谐振频率 f_0 决定。

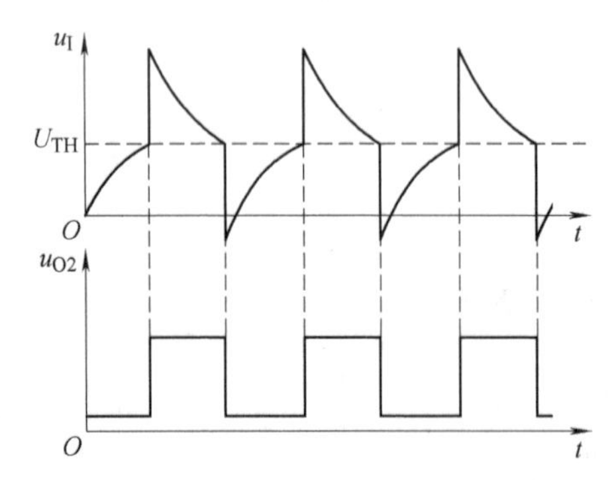

图 8-22 CMOS 反相器构成的多谐振荡器的工作波形

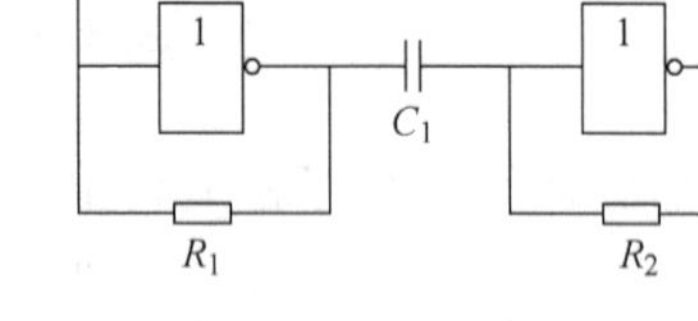

图 8-23 石英晶体振荡器电路

目前，家用电子钟几乎都采用具有石英晶体振荡器的矩形波发生器，由于它的频率稳定度很高，所以走时很准。通常选用振荡频率为 32768Hz 的石英晶体谐振器，因为 $32768 = 2^{15}$，将 32768Hz 经过 15 次二分频，即可得到 1Hz 的时钟脉冲作为计时标准。

8.2.5 555 定时器及其应用

555 定时器是一种应用广泛的中规模集成电路，只要外接少量的阻容元件，就可以很方便地构成单稳态触发器、多谐振荡器和施密特触发器，因而在信号的产生与变换、自动检测

及控制、定时和报警以及家用电器、电子玩具等方面得到极为广泛的应用。

555 定时器根据内部器件可分为双极型（TTL 型）和单极型（CMOS 型）两种类型，它们均有单或双定时器电路。双极型型号为 555（单）和 556（双），电源电压使用范围为 5~16V，输出最大负载电流可达 200mA。单极型型号为 7555（单）和 7556（双），电源电压使用范围为 3~18V，但输出最大负载电流为 4mA。

1. 电路结构

图 8-23a、图 8-23b 所示分别为 555 定时器内部逻辑电路结构图和逻辑符号图。外部有八个引脚，各引脚的名称如图 8-24 所示，它由电阻分压器、电压比较器、基本 RS 触发器、放电晶体管和缓冲器等几部分组成。

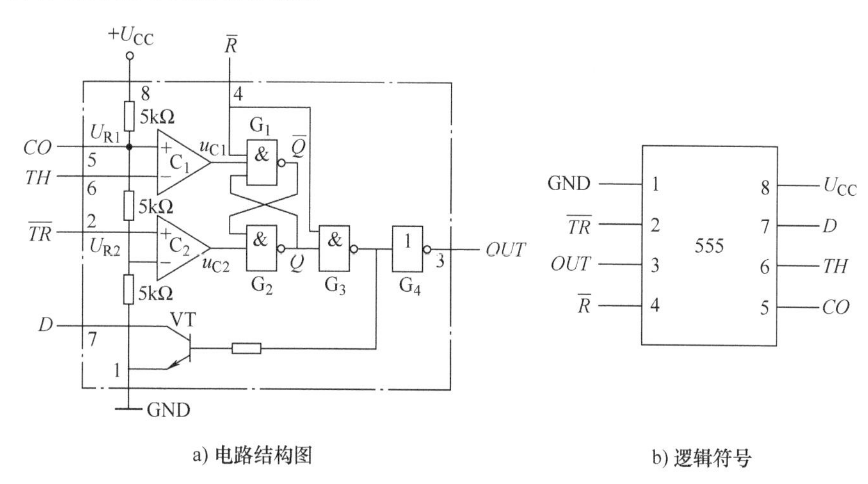

a) 电路结构图　　　　b) 逻辑符号

图 8-24　555 定时器电路结构及逻辑符号

（1）电阻分压器　由 3 个 5kΩ 的电阻 R 组成，为电压比较器 C_1 和 C_2 提供基准电压。

（2）电压比较器　由 C_1 和 C_2 组成，当控制电压输入端 CO 悬空时，C_1 和 C_2 的基准电压分别为 $2U_{CC}/3$ 和 $U_{CC}/3$，C_1 的反相输入端 TH 称为 555 定时器的高触发端，C_2 的同相输入端 $\overline{TR}$ 称为 555 定时器的低触发端。

（3）基本 RS 触发器　基本 RS 触发器由两个与非门 G_1 和 G_2 构成，比较器 C_1 的输出作为置 0 输入端，若 C_1 输出为 0，则 $Q=0$；比较器 C_2 的输出作为置 1 输入端，若 C_2 输出为 0，则 $Q=1$。$\overline{R}$ 是定时器的复位输入端，只要 $\overline{R}=0$，定时器的输出端 OUT 则为 0。正常工作时，必须使 $\overline{R}$ 处于高电平。

（4）放电晶体管　VT 是集电极开路的晶体管，VT 的集电极作为定时器的引出端 D。

（5）缓冲器　缓冲器由 G_3 和 G_4 构成，用于提高电路的带负载能力。

2. 工作原理

$\overline{R}$ 为置 0 输入端，当 $\overline{R}=0$ 时，定时器的输出 OUT 为 0；当 $\overline{R}=1$ 时，555 定时器具有以下功能：

1）高触发端 $TH>2U_{CC}/3$，低触发端 $\overline{TR}>U_{CC}/3$ 时，比较器 C_1 输出为低电平，将 RS 触发器置为 0 状态，即 $Q=0$，使得定时器的输出 OUT 为 0，同时放电晶体管 VT 导通。

2）高触发端 $TH<2U_{CC}/3$，低触发端 $\overline{TR}<U_{CC}/3$ 时，比较器 C_2 输出为低电平，将 RS 触发器置为 1 状态，即 $Q=1$，使得定时器的输出 OUT 为 1，同时放电晶体管 VT 截止。

3）高触发端 $TH<2U_{CC}/3$，低触发端 $\overline{TR}>U_{CC}/3$ 时，定时器的输出 OUT 和放电晶体管 VT 的状态保持不变。根据以上分析，得出 555 定时器的功能表，见表 8-1。

表 8-1 555 定时器的功能表

输入			输出	
TH	$\overline{TR}$	$\overline{R}$	OUT	VT
×	×	0	0	导通
$>2U_{CC}/3$	$>U_{CC}/3$	1	0	导通
$<2U_{CC}/3$	$>U_{CC}/3$	1	不变	不变
$<2U_{CC}/3$	$<U_{CC}/3$	1	1	截止

3. 555 定时器的应用举例

（1）构成施密特触发器　将高触发端 TH（6 脚）和低触发端 $\overline{TR}$（2 脚）连在一起作为输入端 u_I，就可以构成一个施密特触发器，电路结构如图 8-25a 所示。不难看出，当 U_{IC} 端悬空时，上限触发转换电平 U_{T+} 为 $2U_{CC}/3$，下限触发转换电平 U_{T-} 为 $U_{CC}/3$。电路工作波形如图 8-25b 所示。如果在 U_{IC} 端加上控制电压，则可以改变电路的 U_{T+} 和 U_{T-}。

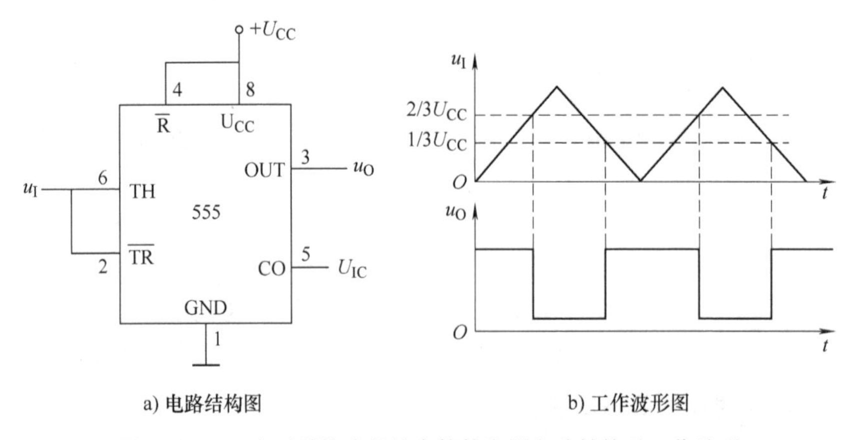

a) 电路结构图　　b) 工作波形图

图 8-25 555 定时器构成的施密特触发器电路结构及工作波形

（2）构成单稳态触发器　将低触发器 $\overline{TR}$（2 脚）作为触发信号 u_I 的输入端，再将高触发端 TH 和放电管输出端 D 接在一起，并与定时元件 R、C 连接，则可以构成一个单稳态触发器，具体电路结构及工作波形如图 8-26 所示。

当触发脉冲 u_I 下降沿到来时，由于 $\overline{TR}<U_{CC}/3$，而 $TH=u_C=0$，从 555 定时器的功能表不难看出，输出端 OUT 为高电平，电路进入暂稳态，此时放电晶体管 VT 截止。由于 VT 截止，U_{CC} 通过 R 对 C 充电，当 $TH=u_C>2U_{CC}/3$ 时，输出端 OUT 跳变为低电平，电路自动返回稳态，此时放电晶体管 VT 导通。电路返回稳态后，C 通过导通的放电晶体管 VT 放电，使电路迅速恢复到初始状态。可以算出，输出脉冲的宽度 $t_w \approx 1.1RC$。

（3）构成多谐振荡器　图 8-27a 所示为用 555 定时器构成的多谐振荡器。接通电源后，电容 C 被充电，u_C 上升，当 u_C 上升到 $2U_{CC}/3$ 时，电路被置为 0 状态，输出端 $u_O=0$，同时

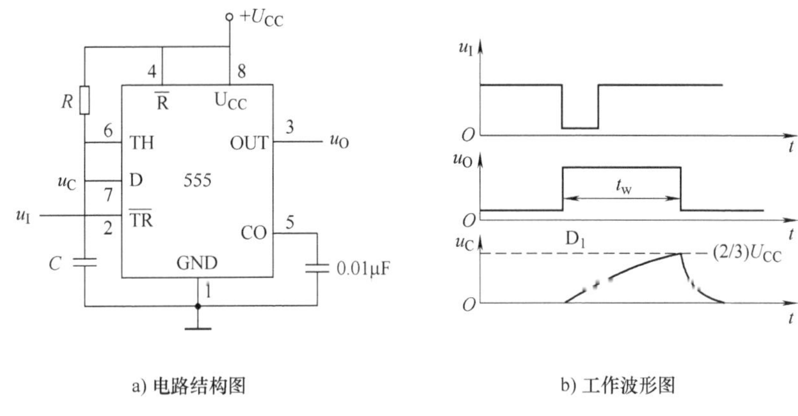

a) 电路结构图　　b) 工作波形图

图 8-26　555 定时器构成的单稳态触发器的电路结构及工作波形

放电晶体管 VT 导通。此后，电容 C 通过 R_2 和 VT 放电，使得 u_C下降。当 u_C下降到 $U_{CC}/3$ 时，电路被置为 1 状态，输出端 $u_O=1$，放电晶体管 VT 截止。此后，电容 C 被 U_{CC}通过 R_1 和 R_2 充电，使 u_C上升，当 u_C上升到 $2V_{CC}/3$ 时，电路又发生翻转。如此周而复始，电路便振荡起来。图 8-27b 所示为 555 定时器构成的多谐振荡器的工作波形。根据图形，可以计算出振荡器输出脉冲 u_O的工作周期为

$$T \approx 0.7(R_1 + 2R_2)C$$

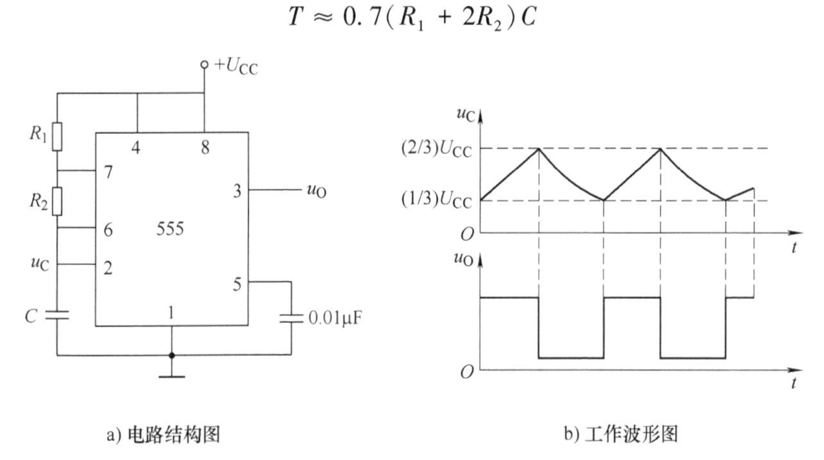

a) 电路结构图　　b) 工作波形图

图 8-27　555 定时器构成的多谐振荡器的电路结构及工作波形

8.2.6　三角波发生器电路构成及工作原理

三角波发生器电路如图 8-28 所示，由 IC1（NE555）及周围元器件所构成的一个多谐振荡器，通过时定时电容 C2（或 C3）的充放电，形成三角波形。

刚接通电源，定时电容 C2（或 C3）上无电压，IC1 的第 2、6 脚为低电平，第 3 脚输出高电平，VT1 导通，它的集电极输出低电平，VT2 导通，VT3 截止，于是 12V 电源通过 VT2 向定时电容充电，电压逐渐上升，形成三角波的上升沿。

当定时电容上的电压达到 2UCC/3 时，lC1 的第 3 脚输出低电平，VT1 截止，它的集电极输出高电平，VT3 导通，定时电容通过 VT3、RP1 和 VD4 放电，电压逐渐下降，形成三角波的下降沿。当定时电容上的电压降到 UCC /3 时，IC1 第 3 脚又输出高电平，此后重复

上述过程。

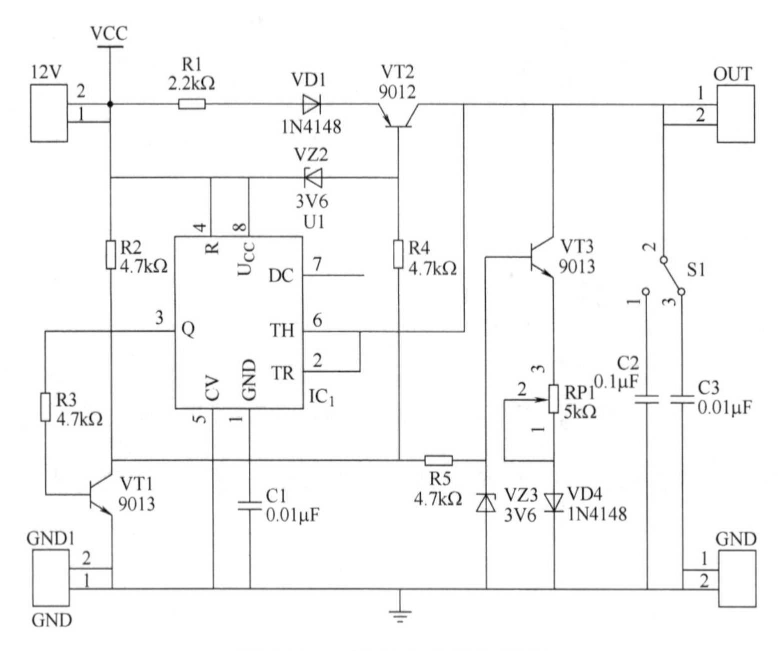

图 8-28　三角波发生器电路图

8.3　仿真分析

利用 Proteus 仿真软件搭建三角波发生器仿真分析电路，仿真分析电路如图 8-29 所示，仿真演示结果如图 8-30 所示。

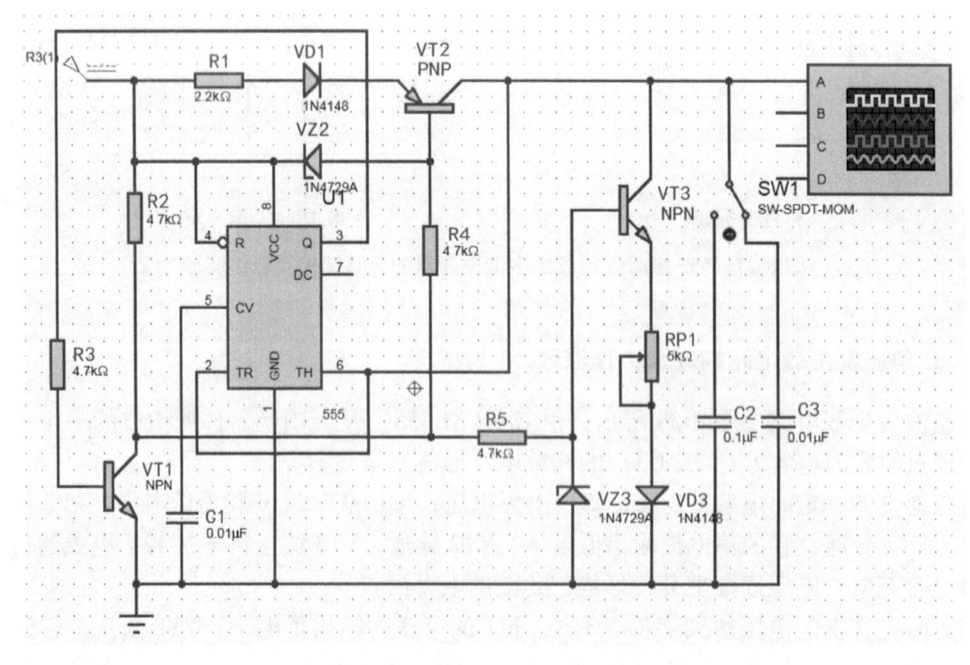

图 8-29　三角波发生器仿真分析电路

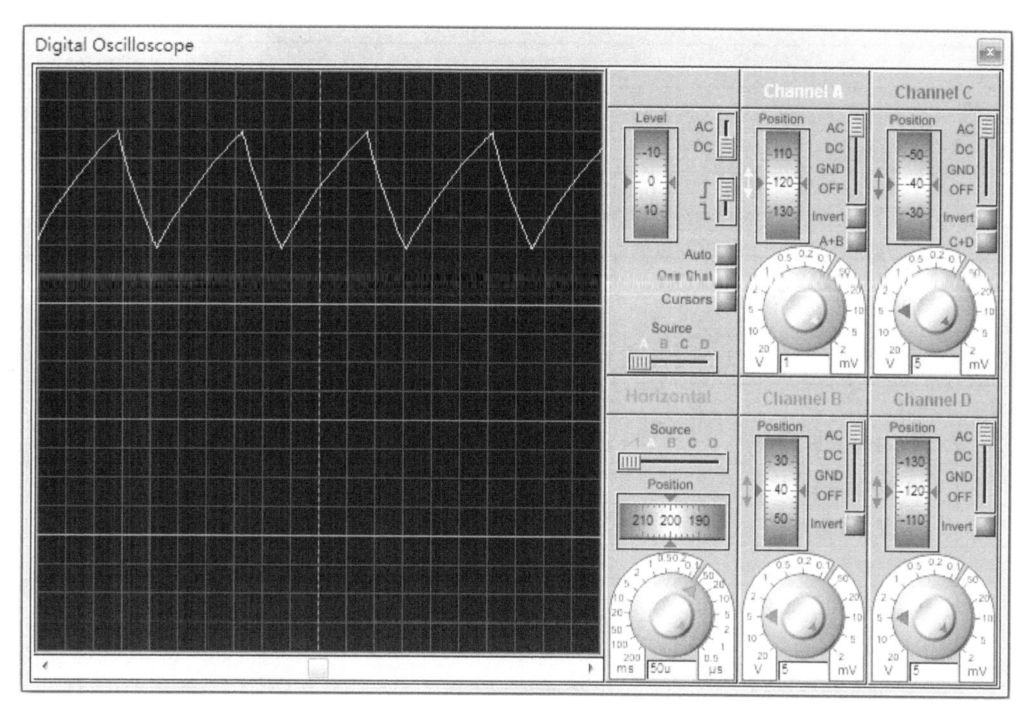

图 8-30　三角波发生器仿真演示结果

8.4　实做体验

8.4.1　材料及设备准备

材料清单见表 8-2。

表 8-2　材料清单表

序号	名称	型号与规格	数量	备注
1	电阻	2.2kΩ	1 个	
2	电阻	4.7kΩ	4 个	
3	电位器	5kΩ	1 个	
4	开关二极管	1N4148	2 个	
5	稳压二极管	3V6	2 个	
6	集成电路	NE555	1 片	
7	IC 座	8P	1 只	
8	晶体管	9012	1 个	
9	晶体管	9013	2 个	
10	电容	103	2 个	
11	电容	104	1 个	
12	接插件	2P	4 只	

（续）

序号	名称	型号与规格	数量	备注
13	排针	2.54mm，双排针	8个	
14	短路帽	2.45mm	2只	
15	导线	BVR线，ϕ0.5mm×10cm	2根	
16	焊锡丝	ϕ0.8mm	1.5m	

工具设备清单见表8-3。

表8-3 工具设备清单表

序号	名称	型号与规格	数量	备注
1	信号发生器	UTG9002C	1台	
2	数字示波器	DS1102E	1台	
3	数字式万用表	VC890D	1块	
4	指针式万用表	MF48	1块	
5	斜口钳	JL-A15	1把	
6	尖嘴钳	HB-83108	1把	
7	电烙铁	220V/25W	1把	
8	吸锡枪	TP-100	1把	
9	镊子	1045-0Y	1个	
10	锉刀	W0088DA-DD	1个	

8.4.2 元器件筛选

NE555识别与检测：

（1）NE555外形及引脚辨别　555定时器是一种中规模集成电路，外形为双列直插8脚结构，体积很小，使用起来方便。NE555外形及引脚排列如图8-31所示。

图8-31 NE555外形及引脚排列

（2）NE555性能测试

1）NE555集成芯片内部电路结构复杂，需设计专门的测试电路来测试芯片的逻辑功能。

2）可以自行设计测试电路，将计数脉冲输入端接逻辑电平开关，输出端接逻辑电平显示，改变逻辑开关状态，观察电平显示，验证是否符合555定时器功能设定。

8.4.3 布局图设计

电子元器件布局图设计是根据选定的待组装电路原理图，在电路板上对要组装的元器件分布进行设计，是电子产品制作过程中非常重要的一个环节。

1. 设计要点

1）要按电路原理图设计。

2）元器件分布要科学，电路连接要规范。

3）元器件间距要合适，元器件分布要美观。

2. 具体方法和注意事项

1）根据电路原理图找准几条线，确保元器件分布合理、美观。

2）除电阻元件外，如数码管、发光二极管、集成芯片等元器件，要注意布局图上标明引脚区分。

3. 三角波发生器 PCB 布局图（见图 8-32）

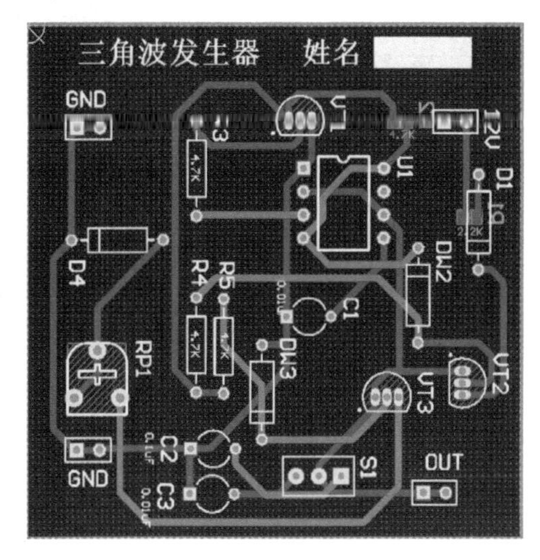

图 8-32　三角波发生器 PCB 布局图

8.4.4　焊接制作

（1）元器件引脚成形　元器件成形时，无论是径向元器件还是轴向元器件，都必须考虑两个主要的参数：

1）最小内弯半径。

2）折弯时距离元器件本体的距离。

【小提示】

要求折弯处至元器件体、球状连接部分或引脚焊接部分的距离相当于至少一个引脚直径或厚度，或者是 0.8mm（取最大者）。

（2）元器件插装　插装元器件时，应遵循“六先六后”原则，即先低后高，先小后大，先里后外，先轻后重，先易后难，先一般后特殊。具体的插装要求如下：

1）边装边核对，做到每个元器件的编号、参数（型号）、位置均统一。

2）电容插装要求极性正确，高度一致且高度尽量低，要端正不歪斜。

3）LED 插装要求极性正确，区分不同的发光颜色，要端正不歪斜。

4）集成芯片的引脚较多，在 PCB 上安装集成芯片时，应注意使芯片的 1 脚与 PCB 上的 1 脚一致，关键是方向不要搞错。否则，通电时，集成电路很可能被烧毁。

（3）电路板焊接

1）一般集成电路所受的最高温度为 280℃、10s 或 350℃、3s，这是指每块集成电路全部引脚同时浸入离封装基底平面的距离大于 1.5mm 所允许的最长时间，所以波峰焊和浸焊温度一般控制在 240～280℃，时间约 8s。如果采用手工焊接，一般用 20W 内热式电烙铁，且电烙铁外壳必须接地良好，焊接时间不宜过长，焊锡量不可过多。

2）如果装接错误，则需要从印制电路板上拆卸集成电路。由于集成电路引脚多，拆卸起来比较困难，可以借助注射器针头、吸锡器或用毛刷配合来完成集成电路芯片拆卸。因为集成电路芯片引脚上不能加太大的应力，所以在拆卸集成电路芯片时要小心，以防引脚折断。

8.4.5　功能调试

1. 目视检查

检查电源、地线、信号线、元器件接线端之间有无短路；连线处有无接触不良；二极管、开关、集成芯片、数码管等元器件引脚有无错接、漏接、反接。

2. 通电检查

将焊接制作好的三角波发生器电路板接入 12V 直流电源，如图 8-33 所示，先观察有无异常现象，包括有无冒烟、有无异常气味、元器件是否发烫、电源是否短路等，如果出现异常，应立即切断电源，排除故障后方可重新通电。

电路检查正常之后，观察三角波发生器电路功能是否正常。接通电源，观察输出信号波形，应为三角波，调节电位器 RP1 可以改变波形的周期及占空比。如果输出波形不是三角波，或者输出波形周期不可调，说明电路出现故障，这时应检查电路，找出故障并排除。

图 8-33　三角波发生器成品图

3. 故障检测与排除

电子产品焊接制作及功能调试过程中，出现故障不可避免，通过观察故障现象、分析故障原因、解决故障问题可以提高实践和动手能力。查找故障时，首先要有耐心，还要细心，切忌马马虎虎，同时还要开动脑筋，认真进行分析、判断。

（1）故障查找方法　对于比较简单的电路或自己非常熟悉的电路，可以采用观察判断法，通过仪器、仪表观察结果，再根据自己的经验，直接判断故障发生的原因和部位，从而准确、迅速地找到故障并加以排除。对于比较复杂的电路，查找故障的通用方法是把合适的信号或某个模块的输出信号引到其他模块上，然后依次对每个模块进行测试，直到找到故障模块为止。故障查找步骤如下：

1）先检查用于测量的仪器是否使用得当。

2）检查安装制作的电路是否与电路图一致。

3）检查电路主要点的直流电位，并与理论设计值进行比较，以精确定位故障点。

4）检查半导体元器件工作电压是否正常，从而判断该管是否正常工作或损坏。

5）检查电容、集成芯片等元器件是否工作正常。

（2）故障查找注意事项

1）在检测电路、插拔电路元器件时，必须切断电源，严禁带电操作。

2）集成电路引脚间距较小，在进行电压测量或用示波器探头测试波形时，应避免造成引脚间短路，最好在与引脚直接连通的外围印制电路板上进行测量。

（3）常见故障分析

1）输出波形非三角波。决定输出信号的关键元件是 NE555 及控制晶体管。如果输出波形不正确，检查供电电源电压是否正常，电容 C2、C3 充电及放电电路连接是否正确，是否可靠连接等。

2）波形周期不可调。通过调节 RP1 阻值，改变电容 C2 或 C3 放电电流大小，改变电容放电时间，从而改变输出信号周期。如果输出三角波周期不可调，证明电位器阻值不可调，检查电位器连接方式是否正确，是否可靠连接及电容器是否损坏等。

8.5　应用拓展

8.5.1　电路组成与工作原理

完成红外倒车雷达制作，其电路结构与组成如图 8-34 所示。NE555 及外围元件组成多谐振荡器电路，产生驱动红外线发射管 VL_3 工作的振荡电压，驱动发射管，发射红外信号。红外线被物体反射回来后，由红外线接收管 VL_4 接收并送入 LM324AN1 的第 2 脚进行放大，放大后的信号经 LM324AN1 的第 1 脚输出，经 C_3 耦合、VD_1 和 C_2 整流滤波后送至 LM324AN2～LM324AN4 三个比较器的反相输入端，分别与三个比较器的同相输入端电压进行比较，当反相输入端的电压高于同相输入端的电压时，比较器输出低电平，使与其相连的发光二极管点亮。由发光二极管的个数来指示距离的远近。

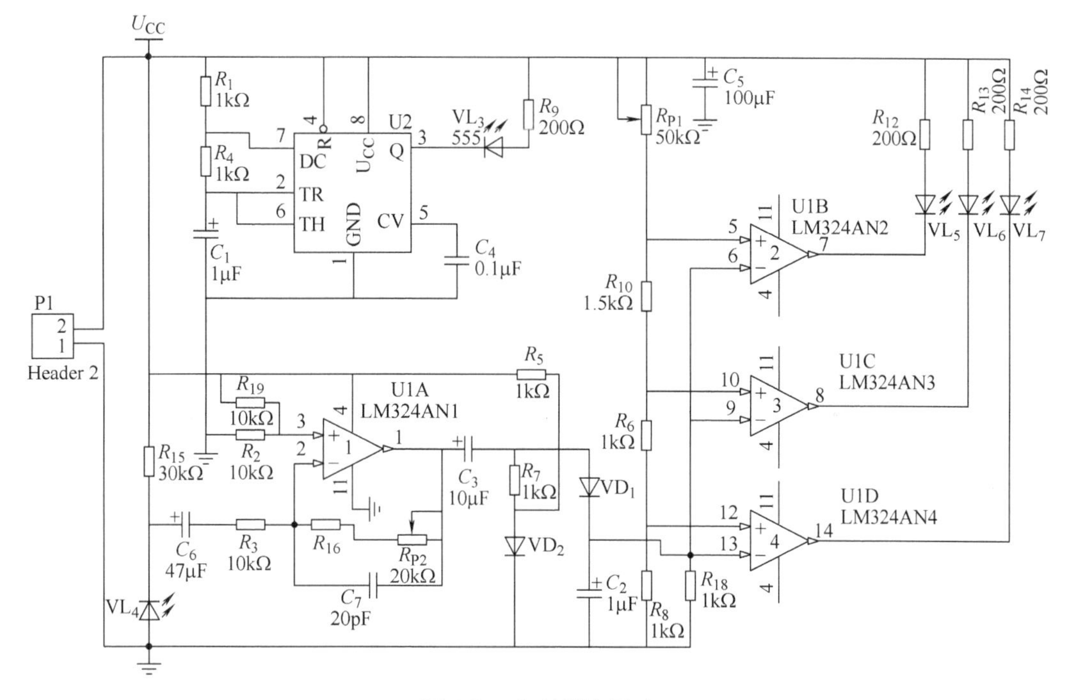

图 8-34　红外倒车雷达

8.5.2　材料及设备准备

材料清单见表 8-4。

表 8-4　材料清单表

序号	名称	型号与规格	数量	备注
1	电阻	1kΩ	7 个	
2	电阻	10kΩ	3 个	
3	电阻	1. 5kΩ	1 个	

（续）

序号	名称	型号与规格	数量	备注
4	电阻	200Ω	4个	
5	电阻	50kΩ	1个	
6	电阻	20kΩ	1个	
7	电阻	30kΩ	2个	
8	电容	1μF	2个	
9	电容	10μF	1个	
10	电容	0.1μF	1个	
11	电容	100μF	1个	
12	电容	47μF	1个	
13	电容	20pF	1个	
14	发光二极管	红，黄，绿	3个	
15	红外对射管	任意	1个	
16	定时器	NE555	1只	
17	集成运放	LM324N	1片	
18	IC座	8P，14P	2只	
19	PCB	8cm×9cm	1块	
20	导线	BVR线，ϕ0.5mm×10cm	2根	红、黑
21	焊锡丝	ϕ0.8mm	1.5m	

工具设备清单见表8-5。

表8-5 工具设备清单表

序号	名称	型号与规格	数量	备注
1	信号发生器	UTG9002C	1台	
2	数字示波器	DS1102E	1台	
3	指针式万用表	MF48	1块	
4	斜口钳	JL-A15	1把	
5	尖嘴钳	HB-83108	1把	
6	电烙铁	220V/25W	1把	
7	吸锡枪	TP-100	1把	
8	镊子	1045-0Y	1个	
9	锉刀	W0088DA-DD	1个	

【考核评价】

考核评价表

任务 8		三角波发生器的制作			
考核环节		考核要求	评分标准	配分	得分
工作过程知识	点滴积累电路分析	1）相关知识点的熟练掌握与运用 2）系统工作原理分析正确	在线练习成绩×该部分所占权重（30%）= 该部分成绩。由教师统计确定得分	30 分	
工作过程技能	任务准备	1）明确任务内容及实验要求 2）分工明确，作业计划书整齐美观	1）任务内容及要求分析不全面，扣 2 分 2）组员分工不明确，作业计划书潦草，扣 2 分	5 分	
	模拟训练	1）模拟训练完成 2）过关测试合格	1）模拟训练不认真，发现一次扣 1 分 2）过关测试不合格，扣 2 分	5 分	
	焊接制作	1）元器件的正确识别与检测 2）PCB 制图设计正确、整齐、美观 3）元器件装配到位，无错装、漏装 4）焊接可靠美观，无虚焊、漏焊、错焊等	1）元器件错选或检测错误，每个元器件扣 1 分 2）不能画出 PCB 图，扣 2 分 3）错装、漏装，每处扣 1 分 4）焊接质量不符合要求，每个焊点扣 1 分 5）功能不能正常实现，扣 5 分 6）不会正确使用工具设备，扣 2 分	10 分	
	功能调试	1）调试顺序正确 2）仪器仪表使用正确 3）能正确分析故障现象及原因，查找故障并排除故障，确保产品功能正常实现	1）不会正确使用仪器仪表，扣 2 分 2）调试过程中出现故障，每个故障扣 2 分 3）不能实现调光功能，扣 5 分	10 分	
	外观设计	1）外观效果图简洁美观 2）选择制作材料，完成外壳制作 3）完成外壳与电路板装配 4）产品功能实现，工作正常	1）外观设计潦草，不美观，扣 2 分 2）没有完成外壳制作，扣 2 分 3）产品无法正常使用，扣 5 分	10 分	
	总结评价	1）能正确演示产品功能 2）能对照考核评价表进行自评互评 3）技术资料整理归档	1）不能正确演示产品功能，扣 2 分 2）没有完成自评、互评，扣 2 分 3）技术资料记录、整理不齐全，缺 1 份扣 1 分	10 分	
安全文明素养		1）安全用电，无人为损坏仪器设备 2）保持环境整洁，秩序井然，习惯良好，任务完成后清洁整理工作现场 3）小组成员协作和谐，态度正确 4）不迟到、早退、旷课	1）发生安全事故，扣 5 分 2）人为损坏设备、元器件，扣 2 分 3）现场不整洁、工作不文明，团队不协作，扣 2 分 4）不遵守考勤制度，每次扣 1 分	20 分	
合计				100 分	

【学习自测】

8.1 填空题

1. 常见的脉冲产生电路有____________，常见的脉冲整形电路有__________、____________。

2. 占空比是________与________的比值。

3. 施密特触发器具有________现象；单稳触发器只有________个稳定状态。

4. 为了实现高的频率稳定度，常采用______振荡器；单稳态触发器受到外触发时进入____。

5. 施密特触发器除了可作矩形脉冲整形电路外，还可以作为________、________。

6. 在数字系统中，单稳态触发器一般用于________、________、________等。

7. 多谐振荡器在工作过程中不存在稳定状态，故又称为________。

8. 单稳态触发器的工作原理是：没有触发信号时，电路处于一种________。外加触发信号，电路由________翻转到________。电容充电时，电路由________自动返回至________。

8.2 选择题

1. 下面是脉冲整形电路的是________。

A. 多谐振荡器　　B. JK 触发器

C. 施密特触发器　　D. D 触发器

2. 石英晶体多谐振荡器的突出优点是________。

A. 速度高　　B. 电路简单

C. 振荡频率稳定　　D. 输出波形边沿陡峭

3. 555 定时器不可以组成________。

A. 多谐振荡器　　B. 单稳态触发器

C. 施密特触发器　　D. JK 触发器

4. 以下各电路中，________可以产生脉冲定时。

A. 多谐振荡器　　B. 单稳态触发器

C. 施密特触发器　　D. 石英晶体多谐振荡器

5. 脉冲频率 f 与脉冲周期 T 的关系是________。

A. $f=T$　　B. $f=1/T$

C. $f=T^2$　　D. $f=0.1T$

8.3 判断题

1. 多谐振荡器电路没有稳定状态，只有两个暂稳态。（　）

2. 对称式多谐振荡器的振荡频率与决定电路充放电时间的电阻、电容值及门电路转换电平无关。（　）

3. 施密特触发器可用于将三角波变换成正弦波。（　）

4. 施密特触发器有两个稳态。（　）

5. 在门电路基础上组成的触发器，输入信号对触发器的状态影响随输入信号的消失而消失。（　）

6. 多谐振荡器的输出信号的周期与阻容元件的参数有关。（　）

7. 单稳态触发器的暂稳态时间与输入触发脉冲宽度成正比。（　）

8. 施密特触发器的正向阈值电压大于负向阈值电压。（　）

9. 为了改善输出波形，增强带负载的能力，通常在振荡器的输出端再加一级反相器。（　）

10. 为得到频率稳定性高的脉冲波形，多采用由石英晶体组成的石英晶体振荡器。因为石英晶体的选频特性非常好。（ ）

8.4 分析计算题

1. 555 定时器 3 个 5 kΩ 电阻的功能是什么？

2. 如图 8-35 所示是 555 定时器组成的何种电路？

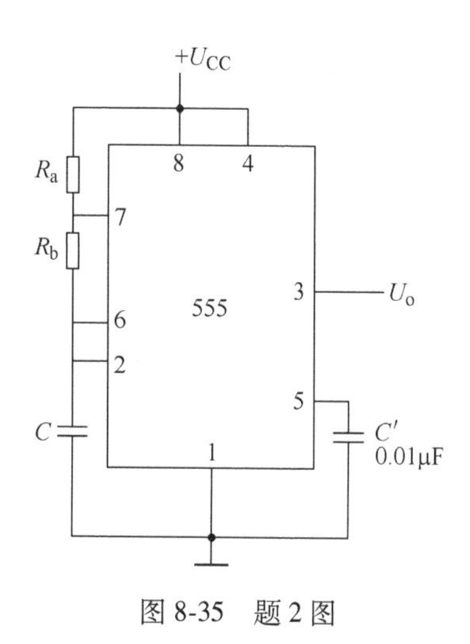

图 8-35 题 2 图

3. 在图 8-36 所示的施密特触发器电路中，已知 $R_1=10\text{k}\Omega$，$R_2=30\text{k}\Omega$。G_1 和 G_2 为 CMOS 反相器，$U_{DD}=15\text{V}$。

（1）试计算电路的正向阈值电压 U_{T+}、负向阈值电压 U_{T-} 和回差电压 ΔU_T。

（2）若将图 8-36b 给出的电压信号加到图 8-36a 电路的输入端，试画出输出电压的波形。

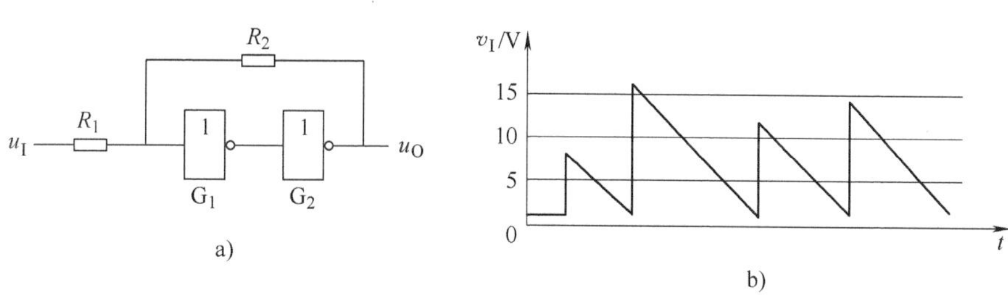

图 8-36 题 3 图

4. 在图 8-37 所示用 555 定时器组成的多谐振荡器电路中，若 $R_1 = R_2 = 5.1\text{k}\Omega$，$C = 0.01\mu\text{F}$，$U_{CC} = 12\text{V}$，试计算电路的振荡频率。

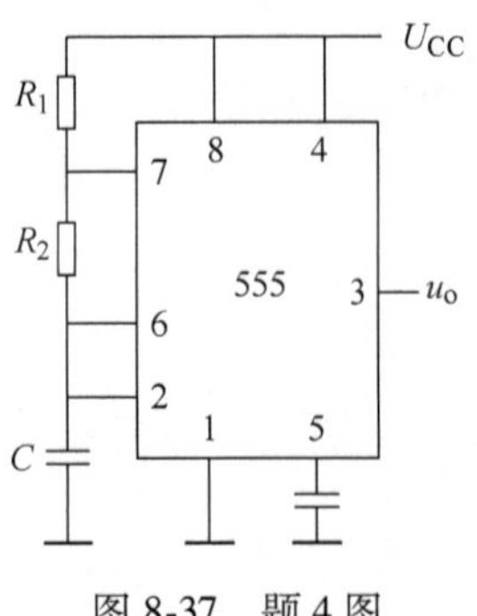

图 8-37 题 4 图

参 考 答 案

1.1 填空题

1. 空穴，电子

2. 正向，反向

3. 基，集电

4. 电子，空穴

5. 正向偏置，反向偏置，单向导电

6. 正向，发光

7. 100

8. 截止区，放大区，饱和区

9. 变小

10. NPN，PNP，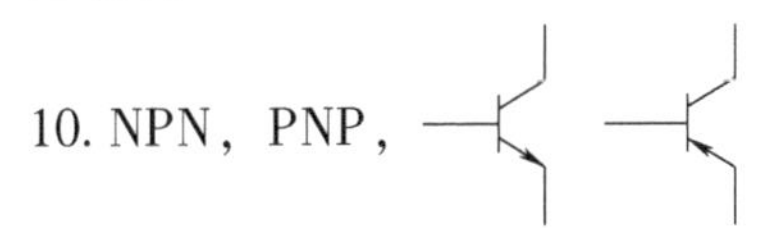

1.2 选择题

1. C　　2. C　　3. C　　4. A　　5. A

1.3 判断题

1. √　　2. ×　　3. ×　　4. ×　　5. ×

1.4 分析计算题

1. 解：

a）二极管正向导通，U_o = (6−0.7)V = 5.3V

b）二极管反向截止，U_o = 10V

c）VD_1抢先导通后 VD_2截止，U_o = 0.7V

2. 解：

a）首先假定二极管断开，求得 U_{PN} = (−6+10)V = 4V，大于导通电压，所以 VD 管导通，U_o = −6.7V。

b）首先假定二极管断开，求得 U_{PN} = (−10+6)V = −4V，小于导通电压，所以 VD 管截止，U_o = −6V。

3. 解：放大电路中的发射结必定正偏导通，其压降对硅管为 0.7V，对锗管则为 0.2V。

1）晶体管工作在放大区时，U_B值必介于 U_C和 U_E之间，故−3.2V 对应的引脚③为基极，U_B = −3.2V，②脚电位与③脚基极电位差为−0.2V，所以②脚为发射极，则①脚为集电极，该管为 PNP 型锗管。

2）由于③脚电位为 3.7V，介于 3～12V 之间，故③脚为基极，①脚电位低于③脚 0.7V，故①脚为发射极，则②脚为集电极，该管为 NPN 型硅管。

4. 解：

a）因为 $i_B < i_C < i_E$，故①、②、③脚分别为集电极、发射极和基极。由电流流向可知是

NPN 型管

$$\beta \approx \frac{i_C}{i_B} = \frac{1.96\text{mA}}{0.04\text{mA}} = 49$$

b）①、②、③脚分别为基极、集电极和发射极。由电流流向可知是 PNP 型管

$$\beta \approx \frac{i_C}{i_B} = \frac{1\text{mA}}{0.01\text{mA}} = 100$$

2.1 填空题

1. 降压，整流，滤波，稳压
2. 整流
3. 增大，增大
4. 输入交流电压，负载，温度
5. 调整管，取样电路，基准电压电路，比较放大电路
6. 取样，基准，放大
7. 5V，1.5A，-24V，0.5A
8. 开关，导通时间与截止时间
9. 效率，纹波
10. 电感滤波电路，*LC* 滤波电路

2.2 选择题

1. C　2. B　3. A　4. D　5. A

2.3 判断题

1. ×　2. ×　3. ×　4. √　5. ×

2.4 分析计算题

1. 解：

a）首先假定稳压管断开，求得 $U_{PN}=-8V$，绝对值大于 U_Z值，所以可以工作于反向击穿区。设已稳压工作，则 $U_{O1}=6V$，此时

$$20\text{mA} > I_Z = \left(\frac{10-6}{0.5} - \frac{6}{2}\right)\text{mA} = 5\text{mA} > 3\text{mA}$$

所以假设成立，稳压管可以正常稳压工作。

b）首先假定稳压管断开，求得 $U_{PN}=-5V$，绝对值小于 U_Z值，所以稳压管工作于反偏截止状态，$U_{O2}=5V$。

2. 解：

（1）输出电压 U_O的平均值

$$U_O = 1.2U_2 = 1.2 \times 15\text{V} = 18\text{V}$$

（2）流过二极管的平均电流

$$I_D = \frac{1}{2}I_O = \frac{1}{2}\frac{U_O}{R_L} = \frac{1}{2} \times \frac{18\text{V}}{50\Omega} = 0.18\text{A}$$

（3）二极管承受的最高反向电压

$$U_{RM} = \sqrt{2}U_2 = \sqrt{2} \times 15\text{V} = 21.2\text{V}$$

（4）取 $R_LC = 4 \times \frac{T}{2}$，因为 $T = \frac{1}{f}$，故 $T = \frac{1}{50\text{HZ}} = 0.02\text{s}$，故

$$C = \frac{4 \times \frac{T}{2}}{R_L} = \frac{4 \times 0.02\text{s}}{2 \times 50\Omega} = 800\mu\text{F}$$

3. 解：

（1）见图

（2）$U_O = 9\text{V}$，极性见图

（3）$U_E = 1.2U_I = 1.2 \times 11\text{V} = 13.2\text{V}$

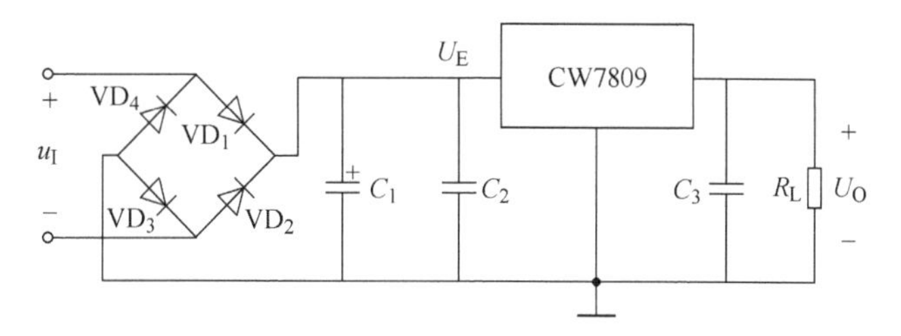

4. 解：

忽略 VT_2 的管压降，$U_{BE2} \approx 0$，$I_{B2} \approx 0$，则

$$U_{B2} \approx U_Z$$

当 R_P 调到最上端时，有

$$\frac{U_Z}{R_P + R_2} = \frac{U_O}{R_1 + R_P + R_2}$$

此时 U_O 取最小值，即

$$U_{Omin} = \frac{R_1 + R_P + R_2}{R_P + R_2}U_Z = \frac{2 + 10 + 2}{10 + 2} \times 2\text{V} = 2.3\text{V}$$

当 R_P 调到最下端时，U_O 取最大值

$$\frac{U_Z}{R_2} = \frac{U_O}{R_1 + R_P + R_2}$$

$$U_{Omax} = \frac{R_1 + R_P + R_2}{R_2}U_Z = \frac{2 + 10 + 2}{2} \times 2\text{V} = 14\text{V}$$

3.1 填空题

1. 图解，估算
2. 直流，交流
3. 集电，基，集电
4. 发射，基，集电
5. 发射，基，集电
6. 2.5kΩ，5.1kΩ
7. 输入，输出
8. 40，40，40
9. 饱和，截止，静态工作点

10. 下限，上限，通频带

3.2 选择题

1. C　　2. B　　3. C　　4. D　　5. D

3.3　判断题

1. √　　2. ×　　3. ×　　4. √　　5. √

3.4　分析计算题

1. 解：

因为晶体管为硅管，故 $U_{BE}=0.7V$

$$I_B=\frac{6V-0.7V}{56k\Omega}\approx 0.095mA$$

设晶体管放大工作，则

$$I_C=\beta I_B=100\times 0.095mA=9.5mA$$
$$U_{CE}=12V-9.5mA\times 1k\Omega=2.5V>0.3V$$

可见晶体管确实工作在放大区。

2. 解：

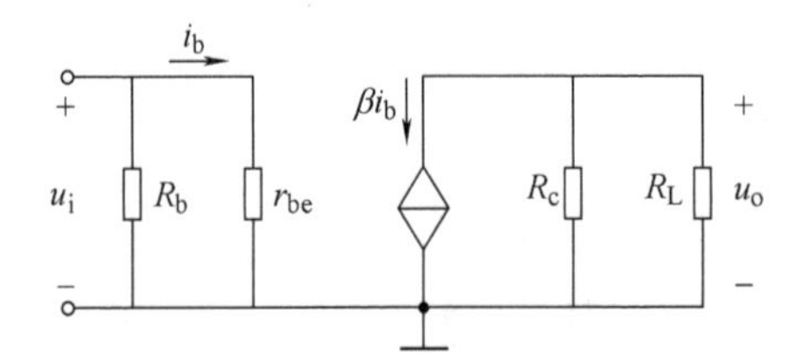

（1）$I_B=\frac{U_{CC}-U_{BE}}{R_B}\approx\frac{U_{CC}}{R_B}=50\mu A$

$I_C=\beta I_B=2.5mA$

$U_{CE}=U_{CC}-I_CR_C=15V-12.5V=2.5V$

（2）画出微变等效电路

$r_{be}=300\Omega+(1+\beta)\frac{26mV}{I_E(mA)}=820\Omega$

$A_u=u_o/u_i=-\beta\frac{R_L'}{r_{be}}=-50\times\frac{2500}{820}\approx-152$

$R_i=R_b\parallel r_{be}\approx 818\Omega$

3. 解：

（1）计算静态工作点

$$U_{BQ}=\frac{V_{CC}R_{B2}}{R_{B1}+R_{B2}}=\frac{12\times 5}{5+15}V=3V$$
$$I_{CQ}\approx I_{EQ}=\frac{U_{BQ}-0.7V}{R_E}=\frac{3-0.7}{2.3}mA=1mA$$
$$I_{BQ}\approx I_{CQ}/\beta=10\mu A$$
$$U_{CEQ}=V_{CC}-I_C(R_C+R_E)=[12-1\times(5.1+2.3)]V=4.6V$$

（2）画出放大电路的小信号等效电路

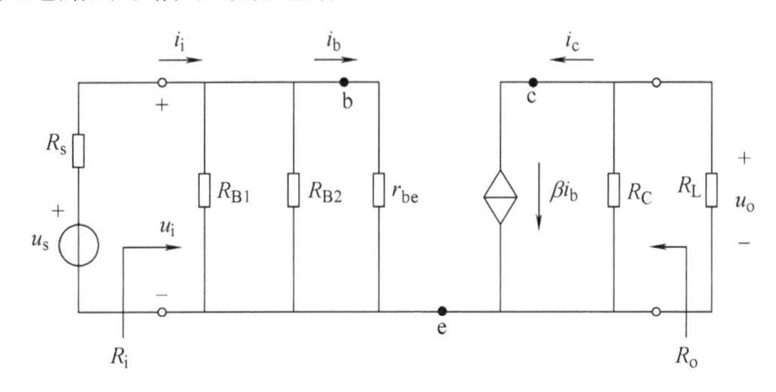

（3）
$$r_{be}=\left(200+101\times\frac{26}{1}\right)\Omega\approx2.83\text{k}\Omega$$

$$A_u=-\frac{100\times2.55}{2.83}=-90$$

$$R_i=R_{B1}//R_{B2}//r_{be}=1.61\text{k}\Omega,R_o=5.1\text{k}\Omega$$

（4）断开 C_E时，静态工作点不变；但 R_E引入交流串联电流负反馈，使电压放大倍数减小、输入电阻增大。

4. 解：

（1）$I_{BQ}=\dfrac{10-0.7}{300+81\times2}\text{mA}\approx20\mu\text{A}$　　$I_{CQ}=1.6\text{mA}$　　$U_{CEQ}=6.8\text{V}$

（2）小信号等效电路如下图所示

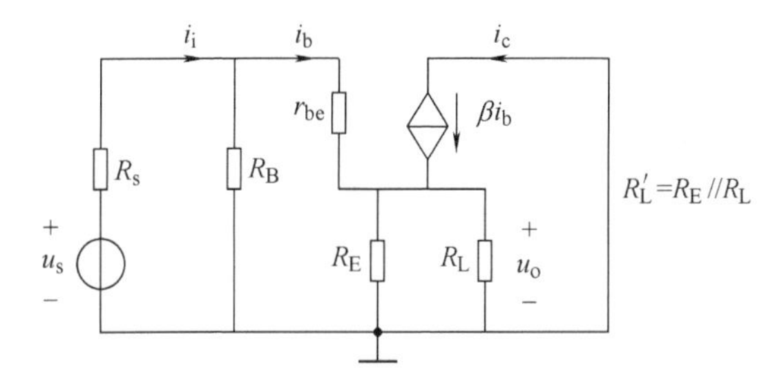

$$图中\ r_{be}=200\Omega+81\times\frac{26}{1.6}\Omega\approx1.52\text{k}\Omega$$

（3）
$$A_u=\frac{81\times1}{1.52+81\times1}\approx0.98$$

$$R_i=[300//(1.52+81\times1)]\text{k}\Omega\approx64.7\text{k}\Omega$$

$$R_O=\left[2//\frac{1.52}{81}\right]\text{k}\Omega\approx18.8\Omega$$

4.1　填空题

1. 甲，乙，甲乙
2. 交越失真
3. 高，78.5%
4. 共射极，共集电极

5. 无穷大，无穷大，0
6. 无穷大，0，同相端，反相端
7. 电压，电流，串联，并联
8. 负反馈，正反馈
9. 正，负
10. 50，50，1

4.2 选择题

1. A　2. C　3. B　4. D　5. C

4.3 判断题

1. √　2. ×　3. ×　4. ×　5. ×

4.4 分析计算题

1. 解：

$$P_{om}=\frac{U_{om}^2}{2R_L}=\frac{15^2}{2\times10}W\approx11.3W$$

$$P_{DC}=\frac{2U_{CC}^2}{\pi R_L}=\frac{2\times15^2}{10\pi}W\approx14.3W$$

$$P_C=P_{DC}-P_o=3W$$

$$\eta=\frac{P_{om}}{P_{DC}}=\frac{\pi}{4}=78.5\%$$

2. 解：

先求两级放大电路的源电压增益。

$$R_{i2}=R_{B3}//[r_{be}+(1+\beta)R_L']=430k\Omega//[1k\Omega+101\times1.5k\Omega]\approx113k\Omega$$

$$A_{u1}=\frac{-\beta(R_{C1}//R_{i2})}{r_{be}+(1+\beta)R_{E1}}=\frac{-100(6//113)k\Omega}{(1+101\times0.2)k\Omega}\approx-26.9$$

$$A_{u2}\approx1$$

$$A_u=A_{u1}A_{u2}=-26.9$$

又

$$R_i=R_{B1}//R_{B2}//[r_{be}+(1+\beta)R_{E1}]=120//24//(1+101\times0.2)k\Omega\approx10.3k\Omega$$

故两级放大电路的源电压增益为

$$A_{us}=\frac{R_i}{R_s+R_i}A_u=\frac{10.3}{2+10.3}\times(-26.9)\approx-22.5$$

两级放大电路的输出电压有效值为

$$U_o=|A_{us}|U_s=22.5\times10mV=225mV$$

3. 解：

a）（R_f引入）电压并联负反馈。

b）（R_e引入）电流串联负反馈。

4. 解：

（1）电流并联负反馈。

（2）稳定输出电流。

（3）$A_{uf}=-\frac{R_L}{R_1}\left(1+\frac{R_f}{R_2}\right)=-\frac{10}{20}\times\left(1+\frac{40}{10}\right)=-2.5$

5.1 填空题

1. 53，01111111

2. 与、或、非

3. 公式法，卡诺图法

4. $(A+B)(\bar{A}+\bar{B})$

5. 1，2，3，4，5，6

6. 高电平或悬空

7. 高电平或悬空

8. 记忆

9. 00100101

10. 2500，50，50

5.2 选择题

1. B　2. A　3. B　4. A　5. C

5.3 分析计算题

1. 解：

（1）$(8C)_{16}=(10001100)_2=(140)_{10}$

（2）$(3D.BE)_{16}=(111101.10111111)_2=(61.75)_{10}$

（3）$(8F.FF)_{16}=(10001111.11111111)_2=(143.99609375)_{10}$

（4）$(10.00)_{16}=(10000.00000000)_2=(16.00000000)_{10}$

2. 解：

对应的逻辑函数式为

$$Y=\bar{A}\bar{B}C+\bar{A}B\bar{C}+A\bar{B}\bar{C}$$

3. 解：

a）$Y=\overline{\overline{A\bar{B}C}\cdot\overline{B\bar{C}}}=A\bar{B}C+B\bar{C}$

b）$Y=\overline{\overline{\bar{A}+C}+\overline{A+\bar{B}}+\overline{B+\bar{C}}}=ABC+\bar{A}\bar{B}\bar{C}$

4. 解：

（1）$Y=\bar{A}BC+A\bar{B}C+ABC+\bar{A}\bar{B}C$

（2）$Y=A\bar{B}\bar{C}D+\bar{A}BCD+ABCD+\bar{A}\bar{B}\bar{C}D+\bar{A}\bar{B}CD+\bar{A}B\bar{C}D$

（3）$Y=A\bar{B}\bar{C}\bar{D}+A\bar{B}\bar{C}D+A\bar{B}C\bar{D}+A\bar{B}CD+AB\bar{C}\bar{D}+AB\bar{C}D+ABC\bar{D}$

$+ABCD+\bar{A}B\bar{C}\bar{D}+\bar{A}B\bar{C}D+\bar{A}BC\bar{D}+\bar{A}BCD+\bar{A}\bar{B}CD$

（4）$Y=AB+BC+CD=AB\bar{C}\bar{D}+AB\bar{C}D+ABC\bar{D}+ABCD$

$$+\bar{A}BC\bar{D}+\bar{A}BCD+A\bar{B}CD+\bar{A}\bar{B}CD$$

(5) $Y=L\bar{M}\bar{N}+L\bar{M}N+\bar{L}M\bar{N}+LM\bar{N}+\bar{L}\bar{M}N+\bar{L}MN$

5. 解：

(1) $Y=A\bar{B}+\bar{A}C+\bar{C}+D=\bar{A}+\bar{B}+\bar{C}+D$

(2) $Y=\bar{A}C\bar{D}+\bar{A}\bar{C}D+B\bar{C}D+A\bar{C}D+\bar{A}C\bar{D}=\bar{C}D+\bar{A}C\bar{D}$

(3) $Y=\overline{\overline{AB}D}+\bar{A}\bar{B}\bar{C}+B\bar{C}D+\bar{A}\bar{C}BD+\bar{D}=AB+\bar{D}+\bar{A}B\bar{C}+B\bar{C}+\bar{A}B\bar{C}$

$$=AB+\bar{D}+\bar{A}\bar{C}$$

(4) $Y=A\bar{B}D+\bar{A}\bar{B}\bar{C}D+\bar{B}CD+(\bar{A}+B)\bar{C}(B+D)$，用卡诺图化简后得到

$$Y=B\bar{C}+\bar{B}D$$

(5) 用卡诺图化简。填写卡诺图时在大反号下各乘积项对应的位置上填0，其余位置填1。卡诺图中以双线为轴左右对称位置上的最小项也是相邻的。化简后得

$$Y=\bar{A}E+CE+B\bar{E}+\bar{D}\bar{E}$$

AB \ CDE	000	001	011	010	110	111	101	100
00	1	1	1	0	0	1	1	1
01	1	1	1	1	1	1	1	1
11	1	0	0	1	1	1	1	1
10	1	0	0	0	0	1	1	1

6. 解：

(1) $Y=AB+BC+AC=\overline{\overline{AB}\cdot\overline{BC}\cdot\overline{AC}}$

(2) $Y=(\bar{A}+B)(A+\bar{B})C+\overline{BC}=(AB+\bar{A}\bar{B})C+\bar{B}+\bar{C}=A+\bar{B}+\bar{C}=\overline{\bar{A}BC}$

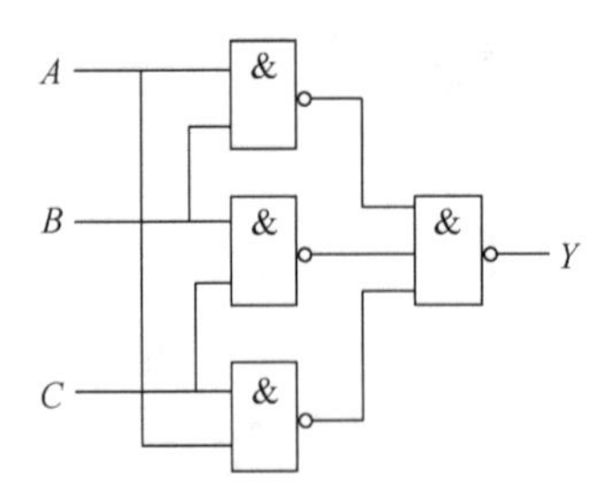

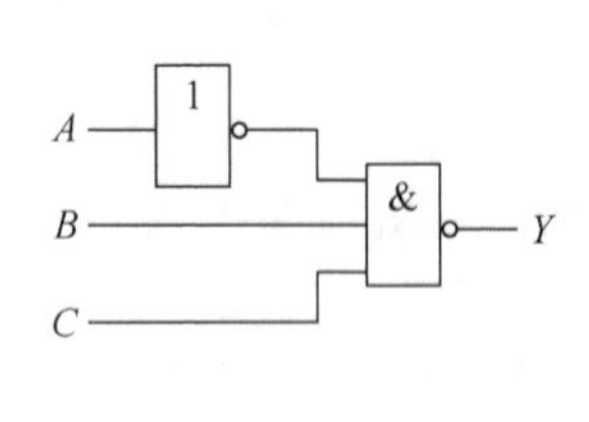

(3) $Y=\overline{AB\bar{C}+A\bar{B}C+\bar{A}BC}=\bar{A}\bar{B}\bar{C}+\bar{A}\bar{B}C+\bar{A}B\bar{C}+A\bar{B}\bar{C}+ABC$

$$=\bar{A}\bar{B}+\bar{A}\bar{C}+\bar{B}\bar{C}+ABC=\overline{\overline{\bar{A}\bar{B}}\cdot\overline{\bar{A}\bar{C}}\cdot\overline{\bar{B}\bar{C}}\cdot\overline{ABC}}$$

(4) $Y=A\,\overline{BC}+\overline{(\overline{A\bar{B}}+AB+BC)}=A\,\overline{BC}+A\bar{B}\cdot\overline{\bar{A}\bar{B}}\cdot\overline{BC}=\overline{ABC}=\overline{\overline{A\,\overline{BC}}}$

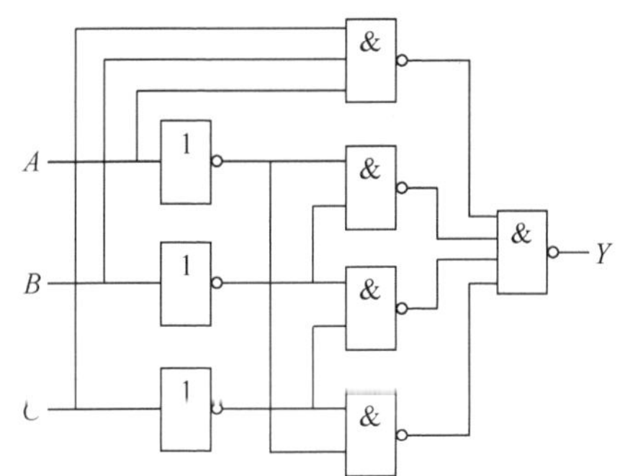

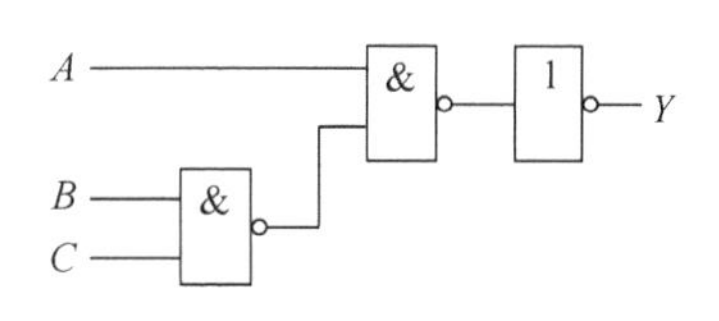

6.1 填空题

1. 7

2. 10111111

3. 低电平

4. 最高

5. 本位，低位进位

6. 2^N

7. 二进制代码

8. BCD代码，0~9十个十进制数

9. 半加器

10. 阳极，阴极

6.2 选择题

1. D　2. C　3. C　4. A　5. B

6.3 判断题

1. ×　2. √　3. ×　4. √　5. ×

6. √　7. √　8. ×　9. ×　10. √

6.4 分析计算题

1. 解：

$$
\begin{aligned}
Z(A, B, C) &= AB + \overline{A}C = AB(C + \overline{C}) + \overline{A}C(B + \overline{B}) \\
&= ABC + AB\overline{C} + \overline{A}BC + \overline{A}\overline{B}C \\
&= m_1 + m_3 + m_6 + m_7 \\
&= \overline{\overline{m_1} + \overline{m_3} + \overline{m_6} + \overline{m_7}}
\end{aligned}
$$

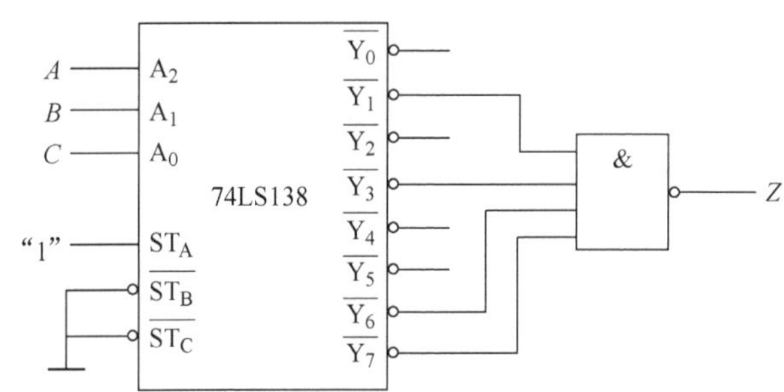

2. 解：

真值表见下表：

二进制代码				循环码				二进制代码				循环码			
A_3	A_2	A_1	A_0	Y_3	Y_2	Y_1	Y_0	A_3	A_2	A_1	A_0	Y_3	Y_2	Y_1	Y_0
0	0	0	0	0	0	0	0	1	0	0	0	1	1	0	0
0	0	0	1	0	0	0	0	1	0	0	1	1	1	0	1
0	0	1	0	0	0	1	1	1	0	1	0	1	1	1	1
0	0	1	1	0	0	1	0	1	0	1	1	1	1	1	0
0	1	0	0	0	1	1	0	1	1	0	0	1	0	1	0
0	1	0	1	0	1	1	1	1	1	0	1	1	0	1	1
0	1	1	0	0	1	0	1	1	1	1	0	1	0	0	1
0	1	1	1	0	1	0	0	1	1	1	1	1	0	0	0

由真值表得到

$$Y_3 = A_3, Y_2 = A_3 \oplus A_2, Y_1 = A_2 \oplus A_1, Y_0 = A_1 \oplus A_0$$

逻辑图如下图所示：

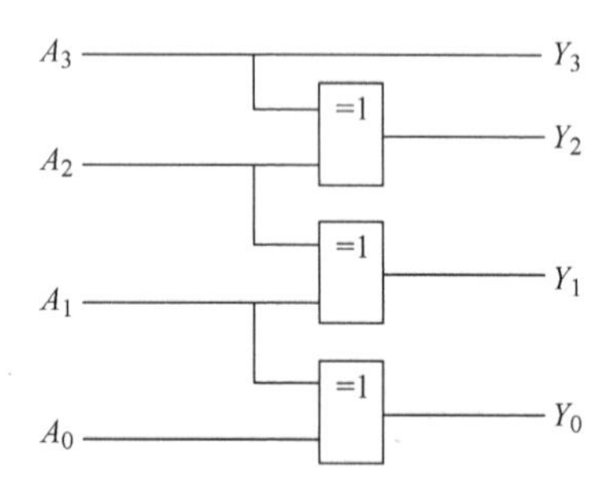

3. 解：

令 $A = A_2$，$B = A_1$，$C = A_0$。将 $Y_1Y_2Y_3$ 写成最小项之和形式，并变换成与非-与非形式。

$Y_1 = \sum m_i(i = 5,\ 7) = \overline{\overline{Y_5}\ \overline{Y_7}}$

$Y_2 = \sum m_j(j = 1,\ 3,\ 4,\ 7) = \overline{\overline{Y_1}\ \overline{Y_3}\ \overline{Y_4}\ \overline{Y_7}}$

$Y_3 = \sum m_k(k = 0,\ 4,\ 6) = \overline{\overline{Y_0}\ \overline{Y_4}\ \overline{Y_6}}$

用外加与非门实现之，如下图所示。

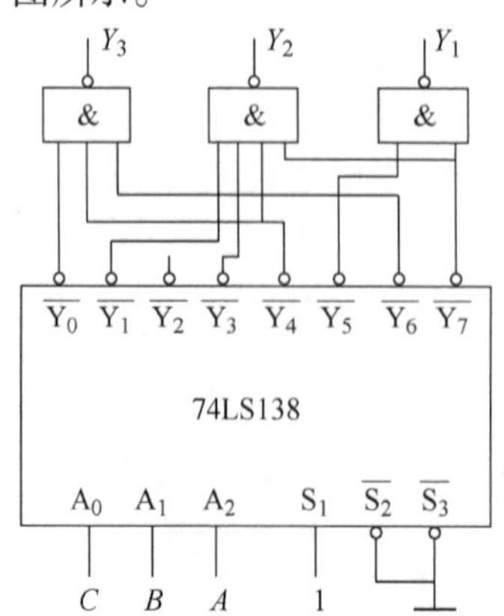

4. 解：

4 选 1 数据选择器表达式为

$$Y = \overline{A}_1\,\overline{A}_0 D_0 + \overline{A}_1 A_0 D_1 + A_1\,\overline{A}_0 D_2 + A_1 A_0 D_3$$

而所需的函数为

$$\begin{aligned} Y &= A\overline{B}\,\overline{C} + \overline{A}\,\overline{C} + BC = A\overline{B}\,\overline{C} + \overline{A}\,\overline{B}\,\overline{C} + \overline{A}B\overline{C} + \overline{A}BC + ABC \\ &= \overline{A}\,\overline{B}\,\overline{C} + \overline{A}B \cdot 1 + AB\overline{C} + ABC \end{aligned}$$

与 4 选 1 数据选择器逻辑表达式比较，则令

$$A = A_1, B = A_0, D_0 = \overline{C}, D_1 = 1, D_2 = \overline{C}, D_3 = C$$

接线图如下图所示。

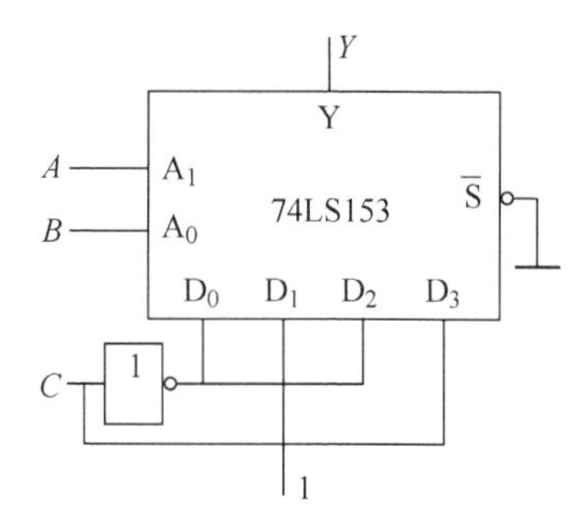

7.1　填空题

1. 2，8
2. $RS=0$
3. 同步时序逻辑电路，异步时序逻辑电路
4. 4
5. 空翻，主从，边沿
6. RS，JK，D
7. 串行输入
8. 当前时刻的输入，原状态
9. 稳态
10. 8，16

7.2　选择题

1. D　2. B　3. B　4. D　5. C

7.3　判断题

1. ×　2. ×　3. √　4. ×　5. ×

6. ×　7. √　8. ×　9. ×　10. √

7.4　分析计算题

1. 解：

$J_1 = \overline{Q_2 Q_3}$，$K_1 = 1$；$J_2 = Q_1$，$K_2 = \overline{\overline{Q_1}\,\overline{Q_3}}$，$J_3 = Q_1 Q_2$，$K_3 = Q_2$

$Q_1^{n+1} = \overline{Q_2 Q_3}\,\overline{Q_1}$，$Q_2^{n+1} = Q_1\overline{Q_2} + \overline{Q_1}\,\overline{Q_3} Q_2$；$Q_3^{n+1} = Q_1 Q_2 \overline{Q_3} + \overline{Q_2} Q_3$

$Y = Q_2 Q_3$

电路的状态转换图如下图所示，电路能够自启动。

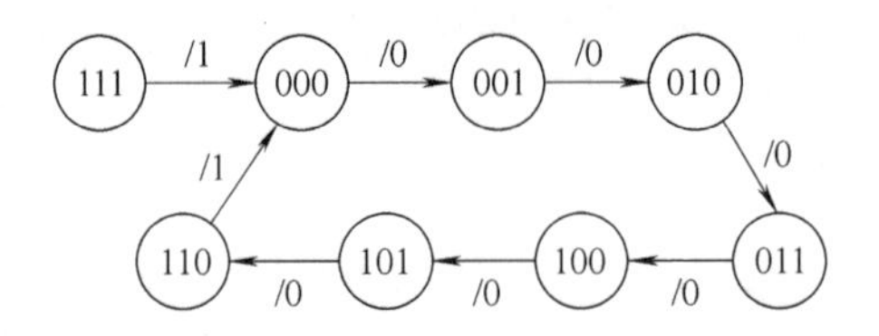

2. 解：

这是一个十进制计数器。计数顺序是 0~9 循环。状态转换图略。

3. 解：

可用多种方法实现十三进制计数器，根据功能表，现给出两种典型用法，它们均为十三进制加法计数器。

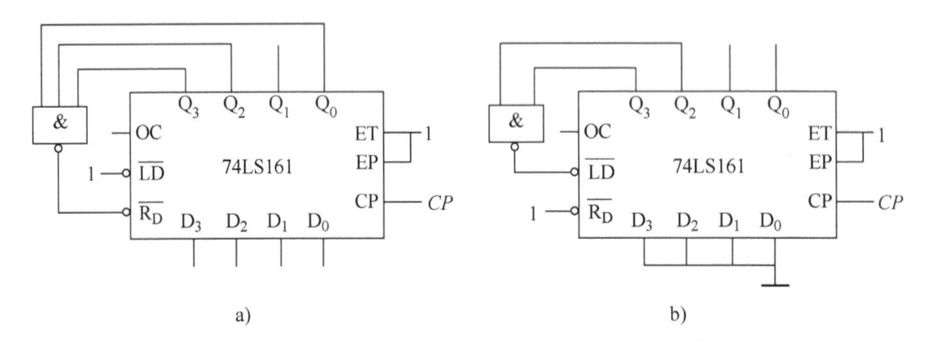

a) b)

4. 解：

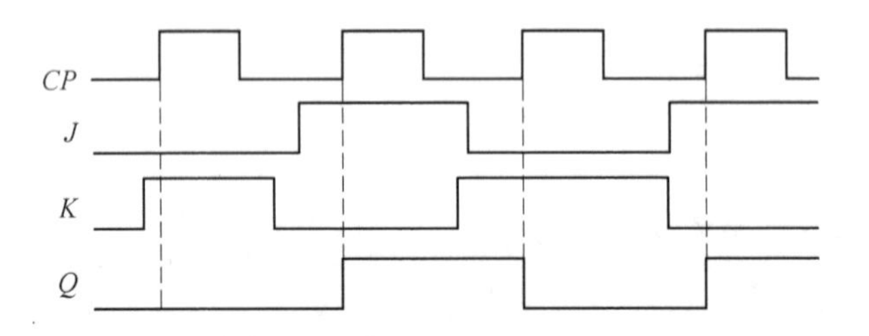

8.1 填空题

1. 多谐振荡器，单稳态触发器，施密特触发器
2. 脉冲宽度，脉冲周期
3. 滞回，1
4. 石英晶体，暂稳态
5. 脉冲鉴幅器，电平比较器
6. 定时，整形，延时
7. 无稳态电路
8. 稳态，稳态，暂稳态，暂稳态，稳态

8.2 选择题

1. C　　2. C　　3. D　　4. B　　5. B

8.3 判断题

1. √ 2. × 3. × 4. × 5. √

6. √ 7. × 8. √ 9. √ 10. √

8.4 分析计算题

1. 解：

电阻分压器包括三个5kΩ电阻，对电源U_{DD}分压后，确定比较器（C_1、C_2）的参考电压分别为$U_{R1}=\frac{2}{3}U_{DD}$，$U_{R2}=\frac{1}{3}U_{DD}$。（如果C-U端外接控制电压U_C，则$U_{R1}=U_C$，$U_{R2}=\frac{1}{2}U_C$）。

2. 解：

多谐振荡器，能产生矩形脉冲。

3. 解：

（1）

$$U_{T+}=\left(1+\frac{R_1}{R_2}\right)U_{TH}=\left(1+\frac{10}{30}\right)\times\frac{15}{2}\text{V}=10\text{V}$$

$$U_{T-}=\left(1-\frac{R_1}{R_2}\right)U_{TH}=\left(1-\frac{10}{30}\right)\times\frac{15}{2}\text{V}=5\text{V}$$

$$\Delta U_T=U_{T+}-U_{T-}=5\text{V}$$

（2）

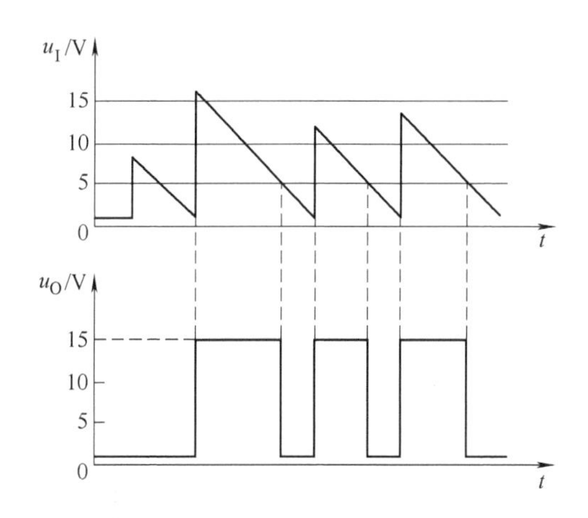

4. 解：

$$T=T_1+T_2=(R_1+2R_2)C\ln2=(5.1+2\times5.1)\times10^3\times0.01\times10^{-6}\times0.7\text{s}\approx107\mu\text{s}$$

$$f=1/T\approx9.35\text{kHz}$$

参 考 文 献

[1] 付植桐．电子技术［M］．5 版．北京：高等教育出版社，2016.
[2] 康华光．电子技术基础：模拟部分［M］．4 版．北京：高等教育出版社，1999.
[3] 康华光．电子技术基础：数字部分［M］．4 版．北京：高等教育出版社，2000.
[4] 莫正康．半导体变流技术［M］．2 版．北京：机械工业出版社，2004.
[5] 丁昊，黄焕林．从零开始学 Arduino 电子设计（创意案例版）［M］．北京：机械工业出版社，2018.
[6] 成立，王振宇．数字电子技术基础［M］．3 版．北京：机械工业出版社，2016.
[7] 杨欣，胡文锦，张延强．实例解读模拟电子技术完全学习与应用［M］．北京：电子工业出版社，2013.
[8] 杨清德，柯世民．电子元器件识别与检测咱得这么学［M］．北京：机械工业出版社，2018.
[9] 张军，颜西苑．从零起步动手学电子［M］．北京：人民邮电出版社，2018.
[10] 杨欣，诺克斯，王玉凤，等．电子设计从零开始［M］．2 版．北京：清华大学出版社，2016.